高职高专环保类专业教材系列

水质检验技术

王 虎 主编
陈建华 温 泉 副主编

科学出版社
北 京

内 容 简 介

本书依据国家水质检验工职业技能鉴定高级工考核大纲，按照企业水质检验岗位的实际工作过程设计主题单元（章），以典型的水质检验实训项目为载体组织章节内容，设计了岗位基础知识、布点采样、指标测定、数据处理、水质评价、职业技能鉴定等6个主题单元（章）及与之对应的21个技能实训项目。

本书可作为高职高专院校城市水净化、给水排水、环保、水利等专业的教材，也可作为水质检验工职业技能鉴定的培训教材和水质检验分析工作者的参考资料。

图书在版编目(CIP)数据

水质检验技术/王虎主编. —北京：科学出版社，2011.2
(高职高专环保类专业教材系列)
ISBN 978-7-03-029925-3

Ⅰ.①水… Ⅱ.①王… Ⅲ.①水质分析-高等学校：技术学校-教材 ②水质监测-高等学校：技术学校-教材 Ⅳ.①TU991.21②X832

中国版本图书馆CIP数据核字（2011）第002475号

责任编辑：张 斌/责任校对：柏连海
责任印制：吕春珉/封面设计：东方人华平面设计部

科学出版社出版
北京东黄城根北街16号
邮政编码：100717
http://www.sciencep.com

北京虎彩文化传播有限公司印刷
科学出版社发行 各地新华书店经销

*

2011年2月第 一 版 开本：787×1092 1/16
2021年8月第四次印刷 印张：19 1/2
字数：462 000

定价：51.00元

（如有印装质量问题，我社负责调换〈虎彩〉）
销售部电话 010-62134988 编辑部电话 010-62135235（VZ04）

高职高专环保类专业系列教材
专家委员会

高职高专环保类专业系列教材
编写委员会

序

环境保护是我国的一项基本国策，而环境保护教育又是环保工作的重要基础。因此必须加强环境学科相关知识在实践中的应用，提高我国环保类专业学生的环境科研、监管能力，注重学生实践操作能力的培养，努力提高环保专业课程体系的整体性、系统性、实用性。

环境管理作为人类自身行为管理的一种活动，是在20世纪60年代末开始随着全球环境问题的日益严重而逐步形成、发展的，它揭示了人类社会活动与人类生存环境的对立统一关系。在人类社会中，环境—社会—经济组成了一个复杂的系统，作为这个系统核心的人类为了生存发展，需要不断地开发利用各种自然资源和环境资源，而无序无节制的开发利用，导致地球资源急剧消耗，环境失调，从而影响人类的生存和发展。为遏制这种趋势及其蔓延，人类开始研究并采取措施推动资源的合理开发利用，推进环境保护及其自我修复能力的提高，努力实现人类的可持续发展。环境—社会—经济系统能否实现良性循环，关键在于人类约束以及影响这一系统的方法和手段是否有效，这种方法和手段就是环境管理。

环境管理随着人类环保实践活动的推进而不断演变。相当长的时期内，人们直接感受到的环境问题主要是局部地区的环境污染。人类沿袭工业文明的思维定式，把环境问题作为一个单纯的技术问题，其环境管理实质上只是污染治理，主要的管理原则是“污染者治理”和末端治理模式。随着末端治理走到环境污染治理的尽头，加之生态破坏、资源枯竭其他环境问题的进一步凸现，人们开始从经济学的角度去探寻环境问题的根源与对策，通过“环境经济一体化”使“环境成本内部化”，将环境管理原则变为“污染者负担，利用者补偿”，从而推进了源头削减、预防为主和全过程控制的管理模式的形成。人们在科学发展、保护环境的长期追求与探索中，逐步认识到环境问题是人类社会在传统自然观和发展观支配下导致的必然结果，其管理和技术手段都是“治标不治本”的，只有在改变传统的发展观基础上产生的财富观、消费观、价值观和道德观，才能从根本上解决环境问题。因而环境管理不是单纯的技术问题，也不是单纯的经济问题和社会问题，而是人与自然和谐、经济发展与环境保护相协调的全方位综合管理。

加强课题研究，通过课程设计和构建，着力解决高等职业教育环保类专业人才培养和社会需求，以就业为导向，坚持改革创新，努力提高学生的职业能力，使学生将课堂与工作现场直接对接，进一步理解目前的学习如何为将来的职业服务，从而提高学生学习的积极性、针对性，提高教学质量，这是我国环保职业教育必须坚持的方向。

非常高兴的是，2009 年 4 月，由长沙环境保护职业技术学院牵头，集合全国与环境保护相关的本科及职业院校、企业、科研机构等近百家单位共同组建的环境保护职业教育集团正式成立，这是我国目前环保职教领域阵容最大的产学研联合体。该集团的成立，在打造环保职业教育品牌和提升环保职业教育综合实力上，将产生深远影响。

本套教材的作者都是长期从事环保高职教育的一线教师，具有丰富的教学经验，在相关领域又有比较丰富的环保实践经验，在承担相关环保科研与技术服务中，将潜心研究的科研成果与最新技术、方法、政策、标准等体现于职业教育的教材之中，使本套教材具有鲜明的职业性、实践性，对环保职业教育具有较好的指导与示范作用。

衷心希望这套教材的出版发行，能为我国环保教育事业的发展发挥积极的推动作用。

祝光耀

2010 年 3 月 10 日

祝光耀：中国环境与发展国际合作委员会秘书长，原国家环保总局副局长。

前言

高等职业教育既不是中专、技校教育培养普通工人，也不是普通高等教育培养学术研究型人才，而是一种新的教育类型，培养的是服务生产、管理一线的高层次技术型应用人才。高职毕业生不仅要具备一定的专业知识理论，更要具备满足行业岗位需求的专业技能和进行技术更新改造的创新意识。因此，在高职教育教学实践中，要以国家职业技能鉴定考核大纲和工作岗位能力要求为导向，以从一线生产过程中提炼加工的具体项目任务为教学载体，使学生在完成这些具体工作任务（实训项目）的过程中体会、总结、归纳技术理论和专业知识，培养学生获取知识、提高技能和进行技术创新等方面的能力。

《水质检验技术》一书作为高等教育（高职高专环保类）“十一五”规划教材，是国家社会科学基金（教育科学）“十一五”规划课题“以就业为导向的职业教育教学理论与实践研究”子课题“以就业为导向的高等职业教育环保类专业教学整体解决方案研究”（BJA060049-ZKT028）的研究成果之一。本书把杨凌职业技术学院等数家高职院校多年探索实践“以就业为导向、工作任务（实训项目）为载体的理（论）—实（践）一体化教学”的经验整理提炼而成的，旨在探索高职院校水质检验技术课程教学与国家水质检验工职业技能鉴定和用人单位水质检验岗位就业三者有机融合的有效途径，为我国高职教育教学改革与实践添砖加瓦。

水质检验技术是城市水净化、给水排水、城市水利等专业的核心课程，其目的是使学生获得从事工业废水处理、市政给排水处理等行业水质检验分析工作所需的专业技能和知识理论。因此，本书以高级水质检验工培养为目标、水质检验岗位工作过程为主线，设计了岗位基础知识、布点采样、指标测定、数据处理、水质评价和职业技能鉴定等 6 个主题单元（章），以极具代表性的水质指标检验技能实训项目为载体，组织教材章节内容，希望实现水质检验课程教学与高级水质检验工职业技能鉴定的对接。

本书由杨凌职业技术学院王虎担任主编，包头轻工职业技术学院陈建华和辽宁石油化工职业技术学院温泉担任副主编。第一章、第六章及第三章第三节由王虎编写；第二章由温泉编写；第四章由陈建华编写；第五章及第三章第六节由杨凌职业技术学院周广阔编写；第三章第一节由福建交通职业技术学院李英编写；第三章第二节由安徽水利水电职业技术学院崔执应编写；第三章第四节由黑龙江生物科技职业技术学院李宏罡编写；第三章第五节由江苏城市职业技术学院刘海霞编写。西北农林科技大学水利与建筑工程学院胡田田教授和西安创业水务有限公司北石桥污水处理厂杨振锋高级工程师对本书的编写大纲及全书内容进行了审核，在此向他们表示衷心感谢。

本书力求推进课程教学的项目引导、理实一体化改革，实践先进高职教学理念。限于编者水平，其中不妥之处在所难免，恭请各位专家、同仁及广大读者批评指正，多提宝贵意见。

目　　录

第一章　水质检验基础

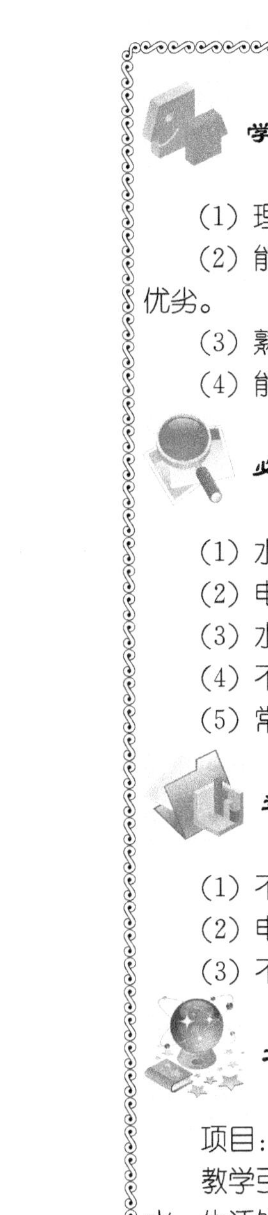

学习目标

（1）理解并掌握水质、水质指标、水质标准和水质检验的含义。

（2）能根据用水需求确定水质考查指标，能根据水质指标值判断水样水质优劣。

（3）熟悉水质检验实验室的技术要求和水质检验岗位工作职责。

（4）能完成水样电导率测定和纯水纯度等级分析。

必备知识

（1）水质、水质指标、水质标准和水质检验的含义及联系。

（2）电导率仪操作方法和电导法测定水纯度等级技术。

（3）水质检验实验室环境要求及安全制度。

（4）不同等级纯水、不同纯度药剂及试剂的贮存及选用方法。

（5）常用水质标准的使用方法。

选修知识

（1）不同等级纯水制备方法。

（2）电导率仪工作原理。

（3）不同行业水质检验岗位工作职责。

项目引导

项目：不同水质水样的感观比较、水质检验岗位工作职责分析。

教学引导：日常生产生活中，我们经常听到诸如地下水、地表水、淡水、咸水、生活饮用水、工业用水、污水、蒸馏水、纯净水和矿物质水等不同的“水”，它们有什么异同？产生差异的原因是什么？同是地下水，有些地方的地下水甘甜，而有些却苦涩；有些地方的水长期饮用延年益寿，有的却引发诸多疾病。产生这种现象的原因是什么？如何测定和分析水样的水质优劣？什么样的水饮用有利健康？

什么样的水排入自然界会引发环境污染问题？甲乙二人分别应聘到市政自来水公司化验室和污水处理厂化验室，他们各自的工作有什么区别？若二人都渴望尽快胜任各自岗位的工作，早日成长为一名合格水质检验员，那么他们需要重点学习的专业知识和掌握的专业技能有什么异同？本章将引导大家在解决上述现实问题的过程中，掌握有关水质、水质标准、水质检验和水质检验岗位等方面的知识和技能。

课前思考题

（1）蒸馏水、自来水与污水的感官表现及水质有哪些差异？为什么？

（2）哪些类型企业设有水质检验岗位？水质检验岗位的工作职责是什么？

（3）分析实验室对用水水质的要求有哪些？如何判定纯水纯度等级？

（4）在水质检验实验室工作应遵守哪些规章制度？应掌握哪些自救常识？

第一节　水质、水质指标与水质标准

一、水质与水质指标

水质即水的品质，是指水及其所含杂质共同表现出来的综合特性。水质指标是指水体中除水分子以外所含其他物质的种类和数量，是描述或表征水质质量优劣的参数。日常所说的水（天然水）实质上是含有多种物质的水溶液，因而水质指标数量繁多，且因用途不同而异。一般来说，天然水、生活饮用水以及工业污水的常用水质指标也有十几项到几十项不等。根据水中杂质的性质不同，可将水质指标分为物理性水质指标、化学性水质指标和生物性水质指标三类。

1. 物理性指标

1）感官物理指标

感官物理指标包括温度、色度、浊度、透明度和臭度。

2）非感官物理性指标

非感官物理性指标包括悬浮物（SS）、电导率（EC）和放射性等，放射性指标主要是总 α、总 β、铀、镭和钍等。

2. 化学性指标

1）一般化学性水质指标

一般化学性水质指标包括 pH、酸度、碱度、硬度、总含盐量和一般有机物等。

2）有毒有害化学性水质指标

有毒有害化学性水质指标包括汞、铅、镉等重金属，以及氰化物、氟化物、多环芳烃和农药。

3）氧平衡指标

氧平衡指标包括溶解氧（DO）、化学需氧量（COD）、生化需氧量（BOD）、总需氧量（TOD）等。

3. 生物学指标

生物学指标主要是微生物学指标，包括细菌总数、总大肠菌群、粪链球菌、藻类和病毒等。

二、水质标准

水质标准是指为了保护人群健康、防治环境污染、满足行业部门对给水水质的要求，由国家权威部门或行业委员会依据有关法律政策，对水中杂质含量或水质指标规定的限量阈值。水质标准一般包括水环境质量标准和排放标准。

（一）水环境质量标准

我国目前常用的水环境质量标准主要有生活饮用水卫生标准（GB 5749—2006）、城市杂用水水质标准（GB/T 18920—2002）、地面水环境质量标准（GB 3838—2002）、农田灌溉用水水质标准（GB 5084—1992）和渔业水质标准（GB 11607—1989）等。

1. 生活饮用水卫生标准（GB 5749—2006）

本标准规定了生活饮用水水质卫生要求、生活饮用水水源水质卫生要求、集中式供水单位卫生要求、二次供水卫生要求、涉及生活饮用水卫生安全产品卫生要求、水质监测和水质检验方法。本标准适用于城乡各类集中式供水的生活饮用水，也适用于分散式供水的生活饮用水。生活饮用水卫生标准水质常规指标及限值见表 1.1，农村小型集中式供水和分散式供水部分水质指标及限值见表 1.2。

表 1.1　生活饮用水卫生标准（GB 5749—2006）水质常规指标及限值

指　　标		限　　值
微生物指标	总大肠菌群(MPN/100mL 或 CFU/100mL)	不得检出
	耐热大肠菌群(MPN/100mL 或 CFU/100mL)	不得检出
	大肠埃希氏菌(MPN/100mL 或 CFU/100mL)	不得检出
	菌落总数/(CFU/mL)	100
毒理指标	砷/(mg/L)	0.01
	镉/(mg/L)	0.005
	铬/(六价,mg/L)	0.05
	铅/(mg/L)	0.01
	汞/(mg/L)	0.001
	硒/(mg/L)	0.01

续表

指 标		限 值
毒理指标	氰化物/(mg/L)	0.05
	氟化物/(mg/L)	1.0
	硝酸盐/(以N计,mg/L)	10(地下水源限制时为20)
	三氯甲烷/(mg/L)	0.06
	四氯化碳/(mg/L)	0.002
	溴酸盐/(使用臭氧时,mg/L)	0.01
	甲醛/(使用臭氧时,mg/L)	0.9
	亚氯酸盐/(使用二氧化氯消毒时,mg/L)	0.7
	氯酸盐/(使用复合二氧化氯消毒时,mg/L)	0.7
感官性状和一般化学指标	色度(铂钴色度单位)	15
	浑浊度(NTU-散射浊度单位)	1(水源与净水技术条件限制时为3)
	臭和味	无异臭、异味
	肉眼可见物	无
	pH(pH单位)	不小于6.5且不大于8.5
	铝/(mg/L)	0.2
	铁/(mg/L)	0.3
	锰/(mg/L)	0.1
	铜/(mg/L)	1.0
	锌/(mg/L)	1.0
	氯化物/(mg/L)	250
	硫酸盐/(mg/L)	250
	溶解性总固体/(mg/L)	1000
	总硬度/(以$CaCO_3$计,mg/L)	450
	耗氧量/(COD_{Mn}法,以O_2计,mg/L)	3(水源限制原水耗氧量>6mg/L时为5)
	挥发酚类(以苯酚计,mg/L)	0.002
	阴离子合成洗涤剂/(mg/L)	0.3
放射性指标	总α放射性/(Bq/L)	0.5(指导值)
	总β放射性/(Bq/L)	1(指导值)

注：①MPN表示最可能数，CFU表示菌落形成单位；

②水样检出总大肠菌群时，应进一步检验大肠埃希氏菌或耐热大肠菌群，否则不必检验大肠埃希氏菌或耐热大肠菌群；

③放射性指标超过指导值，应进行核素分析和评价，判定能否饮用。

表 1.2　农村小型集中式供水和分散式供水部分水质指标及限值

指　　标		限　　值
微生物指标	菌落总数/(CFU/mL)	500
毒理指标	砷/(mg/L)	0.05
	氟化物/(mg/L)	1.2
	硝酸盐/(以 N 计,mg/L)	20
感官性状和一般化学指标	色度(铂钴色度单位)	20
	浑浊度(NTU-散射浊度单位)	3(水源与净水技术条件限制时为 5)
	pH(酸碱度单位)	不小于 6.5 且不大于 9.5
	溶解性总固体/(mg/L)	1500
	总硬度/(以 $CaCO_3$计,mg/L)	550
	耗氧量/(COD_{Mn}法,以 O_2计,mg/L)	5
	铁/(mg/L)	0.5
	锰/(mg/L)	0.3
	氯化物/(mg/L)	300
	硫酸盐/(mg/L)	300

2. 城市杂用水水质标准（GB/T 18920—2002）

城市杂用水水质标准如表 1.3 所示。

表 1.3　城市杂用水水质标准及限值

序号	项　　目	用　　途				
		冲厕	道路清扫、消防	城市绿化	车辆冲洗	建筑施工
1	pH	6.0～9.0				
2	色/度≤	30				
3	臭	无不快感				
4	浊度/NTU≤	5	10	10	5	20
5	溶解性总固体/(mg/L)≤	1500	1500	1000	1000	—
6	五日生化需氧量(BOD_5)/(mg/L)≤	10	10	20	10	15
7	氨氮/(mg/L)≤	10	10	20	10	20
8	阴离子表面活性剂/(mg/L)≤	1.0	1.0	1.0	0.5	1.0
9	铁/(mg/L)≤	0.3	—	—	0.3	—
10	锰/(mg/L)≤	0.1	—	—	0.1	—
11	溶解氧/(mg/L)≤	1.0				
12	总余氯/(mg/L)	接触30min 后≥1.0,管网末端≥0.2				
13	总大肠杆菌/(个/L)≥	3				

3. 景观环境用水的再生水水质标准（GB/T 18921—2002）

景观环境用水的再生水水质标准如表 1.4 所示。

表 1.4 景观环境用水的再生水水质标准及限值 单位：mg/L

<table>
<tr><th rowspan="2">序号</th><th rowspan="2">项目</th><th colspan="3">观赏性景观环境用水</th><th colspan="3">娱乐性景观环境用水</th></tr>
<tr><th>河道类</th><th>湖泊类</th><th>水景类</th><th>河道类</th><th>湖泊类</th><th>水景类</th></tr>
<tr><td>1</td><td>基本要求</td><td colspan="6">无漂浮物，无令人不愉快的臭和味</td></tr>
<tr><td>2</td><td>pH(无量纲)</td><td colspan="6">6.0～9.0</td></tr>
<tr><td>3</td><td>五日生化需氧量(BOD_5)≤</td><td>10</td><td colspan="2">6</td><td colspan="3">6</td></tr>
<tr><td>4</td><td>悬浮物(SS)≤</td><td>20</td><td colspan="2">10</td><td colspan="3">—</td></tr>
<tr><td>5</td><td>浊度/NTU≤</td><td colspan="3">—</td><td colspan="3">5</td></tr>
<tr><td>6</td><td>溶解氧≥</td><td colspan="3">1.5</td><td colspan="3">2.0</td></tr>
<tr><td>7</td><td>总磷(以 P 计)≤</td><td>1.0</td><td colspan="2">0.5</td><td>1.0</td><td colspan="2">0.5</td></tr>
<tr><td>8</td><td>总氮≤</td><td colspan="6">15</td></tr>
<tr><td>9</td><td>氨氮(以 N 计)≤</td><td colspan="6">5</td></tr>
<tr><td>10</td><td>粪大肠杆菌/(个/L)≤</td><td colspan="2">10000</td><td>2000</td><td colspan="2">500</td><td>不得检出</td></tr>
<tr><td>11</td><td>余氯≥</td><td colspan="6">0.05</td></tr>
<tr><td>12</td><td>色度/度≤</td><td colspan="6">30</td></tr>
<tr><td>13</td><td>石油类≤</td><td colspan="6">1.0</td></tr>
<tr><td>14</td><td>阴离子表面活性剂≤</td><td colspan="6">0.5</td></tr>
</table>

注：①对于需要通过管道输送再生水的非现场回用情况采用加氯消毒方式，而对于现场回用情况不限制消毒方式；

②若使用未经过除磷脱氮的再生水作为景观环境用水，鼓励使用本标准的各方在回用地点积极探索通过人工培养具有观赏价值水生植物的方法，使景观水体的氮磷满足此表要求，使再生水中的水生植物有经济合理的出路；

③“—”表示对此项无要求；

④氯接触的时间不应低于 30min 的余氯，对于非加氯消毒方式无此项要求。

（二）污水排放标准

目前主要的污水排放标准有《污水综合排放标准（GB 8978—1996）》、《城镇污水处理厂污染物排放标准（GB 18918—2002）》、《医院污水综合排放标准（GBJ 48—1983）》和一些不同工业的水污染物排放标准等。按照国家综合排放标准与国家行业排放标准不交叉执行的原则，造纸工业执行《造纸工业水污染物排放标准（GB 3544—1992）》，船舶工业执行《船舶工业污染物排放标准（GB 4286—1984）》，海洋石油开发工业执行《海洋石油开发工业含油污水排放标准（GB 4914—1985）》，纺织染整工业执行《纺织染整工业水污染物排放标准（GB 4287—1992）》，肉类加工工业执行《肉类加工工业水污染物排放标准（GB 13457—1992）》，合成氨工业执行《合成氨工业水污染物排放标准（GB 13458—1992）》，钢铁工业执行《钢铁工业水污染物排放标准（GB 13456—1992）》，磷肥工业执行《磷肥工业水污染物排放标准（GB 15580—1995）》，烧碱、聚氯乙烯工业执行《烧碱、聚氯乙烯工业水污染物排放标准（GB 15581—1995）》，其他水污染物排放均执行《污水综合排放标准（GB 8978—1996）》。

1. 污水综合排放标准（GB 8978—1996）

污水综合排放标准适用于现有单位水污染物的排放管理，以及建设项目的环境影响评价、建设项目环境保护设施设计、竣工验收及其投产后的排放管理。标准按照污水排放去向和受纳污水的地表水域使用功能要求，分别执行一、二、三级标准，对于禁止新建排污口的保护区的已有排污口应按水体功能要求，实行污染物总量控制。

按所排放的污染物性质和控制方式的不同，标准将污染物分为两类：

（1）第一类污染物是指能在环境或动植物体内蓄积，对人体健康产生长远不良影响者。该类污染物不分行业和污水排放方式，也不分受纳水体的功能类别，一律在车间或车间处理设施排放口采样，其最高允许排放浓度必须符合本标准要求。第一类污染物最高允许排放浓度见表 1.5。

表 1.5　第一类污染物最高允许排放浓度

序　　号	污　染　物	最高允许排放浓度/(mg/L)
1	总汞	0.05
2	烷基汞	不得检出
3	总镉	0.1
4	总铬	1.5
5	六价铬	0.5
6	总砷	0.5
7	总铅	1.0
8	总镍	1.0
9	苯并（a）芘	0.00003
10	总铍	0.005
11	总银	0.5
12	总 α 放射性	1Bq/L
13	总 β 放射性	10Bq/L

（2）第二类污染物是指长远影响小于第一类污染物的污染物。一般在排污单位排放口采样，其最高允许的排放浓度必须符合本标准要求。1997 年 12 月 31 日前建设单位的第二类污染物最高允许排放浓度见表 1.6，1998 年 1 月 1 日前建设单位的第二类污染物最高允许排放浓度见表 1.7。

表 1.6 第二类污染物最高允许排放浓度

(1997 年 12 月 31 日前建设的单位) 单位：mg/L

序号	污染物	适用范围	一级标准	二级标准	三级标准
1	pH	一切排污单位	6～9	6～9	6～9
2	色度(稀释倍数)	染料工业	50	180	—
		其他排污单位	50	80	—
3	悬浮物(SS)	采矿、选矿、选煤工业	100	300	—
		脉金选矿	100	500	—
		边远地区砂金选矿	100	800	—
		城镇二级污水处理厂	20	30	—
		其他排污单位	70	200	400
4	五日生化需氧量(BOD_5)	甘蔗制糖、苎麻脱胶、湿法纤维板、染料、洗毛工业	30	100	600
		甜菜制糖、酒精、味精、皮革、化纤浆粕工业	30	150	600
		城镇二级污水处理厂	20	30	—
		其他排污单位	30	60	300
5	化学需氧量(COD)	甜菜制糖、合成脂肪酸、湿法纤维板、染料、洗毛、有机磷农药工业	100	200	1000
		味精、酒精、医药原料药、生物制药、苎麻脱胶、皮革、化纤浆粕工业	100	300	1000
		石油化工工业(包括石油炼制)	100	150	500
		城镇二级污水处理厂	60	120	—
		其他排污单位	100	150	500
6	石油类	一切排污单位	10	10	30
7	动植物油	一切排污单位	20	20	100
8	挥发酚	一切排污单位	0.5	0.5	2.0
9	总氰化合物	电影洗片(铁氰化物)	0.5	5.0	5.0
		其他排污单位	0.5	0.5	1.0
10	硫化物	一切排污单位	1.0	1.0	2.0
11	氨氮	医药原料药、染料、石油化工工业	15	50	—
		其他排污单位	15	25	—
12	氟化物	黄磷工业	10	20	20
		低氟地区(水体含氟量<0.5mg/L)	10	20	30
		其他排污单位	10	10	20
13	磷酸盐(以 P 计)	一切排污单位	0.5	1.0	—
14	甲醛	一切排污单位	1.0	2.0	5.0

续表

序号	污染物	适用范围	一级标准	二级标准	三级标准
15	苯胺类	一切排污单位	1.0	2.0	5.0
16	硝基苯类	一切排污单位	2.0	3.0	5.0
17	阴离子表面活性剂(LAS)	洗涤剂合成工业	5.0	15	20
		其他排污单位	5.0	10	20
18	总铜	一切排污单位	0.5	1.0	2.0
19	总锌	一切排污单位	2.0	5.0	5.0
20	总锰	合成脂肪酸工业	2.0	5.0	5.0
		其他排污单位	2.0	2.0	5.0
21	彩色显影剂	电影洗片	2.0	3.0	5.0
22	显影剂及氧化物总量	电影洗片	3.0	6.0	6.0
23	元素磷	一切排污单位	0.1	0.3	0.3
24	有机磷农药(以P计)	一切排污单位	不得检出	0.5	0.5
25	粪大肠菌群数	医院①、兽医院及医疗机构含病原体污水	500个/L	1000个/L	5000个/L
		传染病、结核病医院污水	100个/L	500个/L	1000个/L
26	总余氯(采用氯化消毒的医院污水)	医院①、兽医院及医疗机构含病原体污水	＜0.5②	＞3(接触时间≥1h)	＞2(接触时间≥1h)
		传染病、结核病医院污水	＜0.5②	＞6.5(接触时间≥1.5h)	＞5(接触时间≥1.5h)

注：①指床位数在50个以上的医院；

②指加氯消毒后须进行脱氯处理须达到本标准。

表1.7　第二类污染物最高允许排放浓度

(1998年1月1日后建设的单位)　　单位：mg/L

序号	污染物	适用范围	一级标准	二级标准	三级标准
1	pH	一切排污单位	6～9	6～9	6～9
2	色度(稀释倍数)	一切排污单位	50	80	—
3	悬浮物(SS)	采矿、选矿、选煤工业	70	300	—
		脉金选矿	70	400	—
		边远地区砂金选矿	70	800	—
		城镇二级污水处理厂	20	30	—
		其他排污单位	70	150	400

续表

序号	污染物	适用范围	一级标准	二级标准	三级标准
4	五日生化需氧量(BOD_5)	甘蔗制糖、苎麻脱胶、湿法纤维板、染料、洗毛工业	20	60	600
		甜菜制糖、酒精、味精、皮革、化纤浆粕工业	20	100	600
		城镇二级污水处理厂	20	30	—
		其他排污单位	20	30	300
5	化学需氧量(COD)	甜菜制糖、合成脂肪酸、湿法纤维板、染料、洗毛、有机磷农药工业	100	200	1000
		味精、酒精、医药原料药、生物制药、苎麻脱胶、皮革、化纤浆粕工业	100	300	1000
		石油化工工业(包括石油炼制)	60	120	—
		城镇二级污水处理厂	60	120	500
		其他排污单位	100	150	500
6	石油类	一切排污单位	5	10	20
7	动植物油	一切排污单位	10	15	100
8	挥发酚	一切排污单位	0.5	0.5	2.0
9	总氰化合物	一切排污单位	0.5	0.5	1.0
10	硫化物	一切排污单位	1.0	1.0	1.0
11	氨氮	医药原料药、染料、石油化工工业	15	50	—
		其他排污单位	15	25	—
12	氟化物	黄磷工业	10	15	20
		低氟地区(水体含氟量＜0.5mg/L)	10	20	30
		其他排污单位	10	10	20
13	磷酸盐(以P计)	一切排污单位	0.5	1.0	—
14	甲醛	一切排污单位	1.0	2.0	5.0
15	苯胺类	一切排污单位	1.0	2.0	5.0
16	硝基苯类	一切排污单位	2.0	3.0	5.0
17	阴离子表面活性剂(LAS)	一切排污单位	5.0	10	20
18	总铜	一切排污单位	0.5	1.0	2.0
19	总锌	一切排污单位	2.0	5.0	5.0
20	总锰	合成脂肪酸工业	2.0	5.0	5.0
		其他排污单位	2.0	2.0	5.0
21	彩色显影剂	电影洗片	1.0	2.0	3.0

续表

序号	污染物	适用范围	一级标准	二级标准	三级标准
22	显影剂及氧化物总量	电影洗片	3.0	3.0	6.0
23	元素磷	一切排污单位	0.1	0.1	0.3
24	有机磷农药(以P计)	一切排污单位	不得检出	0.5	0.5
25	乐果	一切排污单位	不得检出	1.0	2.0
26	对硫磷	一切排污单位	不得检出	1.0	2.0
27	甲基对硫磷	一切排污单位	不得检出	1.0	2.0
28	马拉硫磷	一切排污单位	不得检出	5.0	10
29	五氯酚及五氯酚钠(以五氯酚计)	一切排污单位	5.0	8.0	10
30	可吸附有机卤化物(AOX)(以Cl计)	一切排污单位	1.0	5.0	8.0
31	三氯甲烷	一切排污单位	0.3	0.6	1.0
32	四氯化碳	一切排污单位	0.03	0.06	0.5
33	三氯乙烯	一切排污单位	0.3	0.6	1.0
34	四氯乙烯	一切排污单位	0.1	0.2	0.5
35	苯	一切排污单位	0.1	0.2	0.5
36	甲苯	一切排污单位	0.1	0.2	0.5
37	乙苯	一切排污单位	0.4	0.6	1.0
38	邻-二甲苯	一切排污单位	0.4	0.6	1.0
39	对-二甲苯	一切排污单位	0.4	0.6	1.0
40	间-二甲苯	一切排污单位	0.4	0.6	1.0
41	氯苯	一切排污单位	0.2	0.4	1.0
42	邻-二氯苯	一切排污单位	0.4	0.6	1.0
43	对-二氯苯	一切排污单位	0.4	0.6	1.0
44	对-硝基氯苯	一切排污单位	0.5	1.0	5.0
45	2,4-二硝基氯苯	一切排污单位	0.5	1.0	5.0
46	苯酚	一切排污单位	0.3	0.4	1.0
47	间-甲酚	一切排污单位	0.1	0.2	0.5
48	2,4-二氯酚	一切排污单位	0.6	0.8	1.0
49	2,4,6-三氯酚	一切排污单位	0.6	0.8	1.0
50	邻苯二甲酸二丁酯	一切排污单位	0.2	0.4	2.0
51	邻苯二甲酸二辛酯	一切排污单位	0.3	0.6	2.0
52	丙烯腈	一切排污单位	2.0	5.0	5.0
53	总硒	一切排污单位	0.1	0.2	0.5

续表

序号	污染物	适用范围	一级标准	二级标准	三级标准
54	粪大肠菌群数	医院①、兽医院及医疗机构含病原体污水	500个/L	1000个/L	5000个/L
		传染病、结核病医院污水	100个/L	500个/L	1000个/L
55	总余氯（采用氯化消毒的医院污水）	医院①、兽医院及医疗机构含病原体污水	<0.5②	>3（接触时间≥1h）	>2（接触时间≥1h）
		传染病、结核病医院污水	<0.5②	>6.5（接触时间≥1.5h）	>5（接触时间≥1.5h）
56	总有机碳（TOC）	合成脂肪酸工业	20	40	—
		苎麻脱胶工业	20	60	—
		其他排污单位	20	30	—

注：①指床位数在50个以上的医院；
②指加氯消毒后须进行脱氯处理须达到本标准。

2. 城镇污水处理厂污染物排放标准（GB 18918—2002）

城镇污水是指城镇居民生活污水，机关、学校、医院、商业服务机构及各种公共设施排水，以及允许排入城镇污水收集系统的工业废水和初期雨水等。对进入城镇污水收集系统的污水进行净化处理的污水处理厂就是城镇污水处理厂。城镇污水处理厂污染物排放标准适用于城镇污水处理厂出水、废气排放和污泥处置（控制）的管理和居民小区和工业企业内独立的生活污水处理设施污染物的排放管理。

该标准根据污染物的来源及性质，将污染物控制项目分为基本控制项目和选择控制项目两类。基本控制项目主要包括影响水环境和城镇污水处理厂一般处理工艺可以去除的常规污染物，以及部分一类污染物，共19项。选择控制项目包括对环境有较长期影响或毒性较大的污染物，共计43项。基本控制项目必须执行。选择控制项目，由地方环境保护行政主管部门根据污水处理厂接纳的工业污染物的类别和水环境质量要求选择控制。

标准根据城镇污水处理厂排入地表水域环境功能和保护目标，以及污水处理厂的处理工艺，将基本控制项目的常规污染物标准值分为一级标准、二级标准、三级标准。一级标准分为A标准和B标准。一类重金属污染物和选择控制项目不分级。

一级标准的A标准是城镇污水处理厂出水作为回用水的基本要求。当污水处理厂出水引入稀释能力较小的河湖作为城镇景观用水和一般回用水等用途时，执行一级标准的A标准。

城镇污水处理厂出水排入地表水Ⅲ类功能水域（划定的饮用水水源保护区和游泳区除外）、海水Ⅱ类功能水域和湖、库等封闭或半封闭水域时，执行一级标准的B标准。

城镇污水处理厂出水排入地表水Ⅳ、Ⅴ类功能水域，或海水Ⅲ、Ⅳ类功能海域时，执行二级标准。

非重点控制流域和非水源保护区的建制镇的污水处理厂，根据当地经济条件和水污染控制要求，采用一级强化处理工艺时，执行三级标准。但必须预留二级处理设施的位置，分期达到二级标准。

城镇污水处理厂水污染物排放基本控制项目，执行表 1.8 和表 1.9 的规定。选择控制项目按表 1.10 的规定执行。

表 1.8　基本控制项目最高允许排放浓度（日均值）　　单位：mg/L

序号	基本控制项目	一级标准	一级标准	二级标准	三级标准
		A 标准	B 标准		
1	化学需氧量（COD）	50	60	100	120[①]
2	生化需氧量（BOD_5）	10	20	30	60[①]
3	悬浮物（SS）	10	20	30	50
4	动植物油	3	5	20	—
5	石油类	3	5	15	—
6	阴离子表面活性剂 0.5	1	2	5	—
7	总氮（以 N 计）	15	20	—	—
8	氨氮（以 N 计）[②]	5（8）	8（15）	25（30）	—
9	总磷（以 P 计）	0.5	1	3	5
10	色度（稀释倍数）	30	30	40	50
11	pH	6～9	6～9	6～9	6～9
12	粪大肠菌群数/（个/L）	103	104	104	—

注：①当进水 COD 大于 350mg/L 时去除率应大于 60%，当进水 BOD 大于 160mg/L 时去除率应大于 50%；
②括号外数值为水温>120℃时的控制指标，括号内数值为水温≤120℃时的控制指标。

表 1.9　部分一类污染物最高允许排放浓度（日均值）　　单位：mg/L

序号	项目	标准值
1	总汞	0.001
2	烷基汞	不得检出
3	总镉	0.01
4	总铬	0.1
5	六价铬	0.05
6	总砷	0.1
7	总铅	0.1

表 1.10 选择控制项目最高允许排放浓度（日均值） 单位：mg/L

序号	选择控制项目	标准值	序号	选择控制项目	标准值
1	总镍	0.05	23	三氯乙烯	0.3
2	总铍	0.002	24	四氯乙烯	0.1
3	总银	0.1	25	苯	0.1
4	总铜	0.5	26	甲苯	0.1
5	总锌	1.0	27	邻-二甲苯	0.4
6	总锰	2.0	28	对-二甲苯	0.4
7	总硒	0.1	29	间-二甲苯	0.4
8	苯并(a)芘	0.00003	30	乙苯	0.4
9	挥发酚	0.5	31	氯苯	0.3
10	总氰化物	0.5	32	1,4-二氯苯	0.4
11	硫化物	1.0	33	1,2-二氯苯	1.0
12	甲醛	1.0	34	对硝基氯苯	0.5
13	苯胺类	0.5	35	2,4-二硝基氯苯	0.5
14	总硝基化合物	2.0	36	苯酚	0.3
15	有机磷农药(以P计)	0.5	37	间-甲酚	0.1
16	马拉硫磷	1.0	38	2,4-二氯酚	0.6
17	乐果	0.5	39	2,4,6-三氯酚	0.6
18	对硫磷	0.05	40	邻苯二甲酸二丁酯	0.1
19	甲基对硫磷	0.2	41	邻苯二甲酸二辛酯	0.1
20	五氯酚	0.5	42	丙烯腈	2.0
21	三氯甲烷	0.3	43	可吸附有机卤化物(AOX以Cl)	1.0
22	四氯化碳	0.03			

第二节 水质检验

水质检验是利用化学、物理和生物学手段对影响水质优劣的指标参数进行测定分析以确定其质量优劣等级或污染状况的过程，主要包括水样采集、指标测定、数据处理、质量控制和结果分析等技术环节。水质检验工作对于城市给排水处理、城市污水处理、企业废水处理和水制品企业生产工艺控制等都具有重要意义。

一、水质检验目的

一个完整的水质检验工作程序应该是：分析工作任务和制订工作方案→布点采样和样品运输保存→指标测定→数据处理→综合评价→编写报告。因此，接到一个水质检验工作后，首先要认真分析该任务的工作对象、目的和要求，并据此制订科学可行且满足客户需求的工作方案（计划），是保证水质检验工作圆满完成的基础。

水质检验的对象可分为环境水体、水污染源和特殊水样，环境水体主要是指江、河、湖、水库、海水等地表水和地下水，水污染源主要是指生活污水和各种工业废水，特殊水样主要是为某种目的而特别采集的水样。水质检验的对象不同，其目的也大不相同，主要可分为以下几种情况：

(1) 对江、河、水库、湖泊等地表水和地下水中的污染因子进行测定分析，判断水质优劣，为水资源开发利用和用水处理工艺选择提供依据。

(2) 对生产废（污）水的污染物含量进行测定分析，了解本企业的废（污）水排放是否符合国家排放标准，为企业预算排污缴费金额，实现增收截流、提高效益提供依据。

(3) 对企业各水处理设施的进水、出水水质进行检验分析，为了解工艺设施运行状况、调整运行参数、实现设施的高效运行提供依据。

(4) 纯净水等水制品企业对原料水和产品水的水质进行检验分析，判断产品质量是否达标，为企业提升产品质量和调整生产工艺提供基础数据。

(5) 对本企业的水污染事故进行应急监测，分析判断事故原因及危害，为选择控制措施、减少企业损失提供依据。

二、水质检验项目

（一）生活饮用水水质检测项目

《生活饮用水水质卫生标准》（GB 5749—2006）中将反映生活饮用水水质的检测指标分为常规检测项目和非常规检测项目。

1. 常规检测项目

水质常规检测项目包括总大肠菌群数、耐热大肠菌群数、大肠埃希氏菌数和菌落总数等 4 项微生物指标；砷、镉、铬（六价）、铅、汞、硒、氰化物、氟化物、硝酸盐、三氯甲烷（氯仿）、四氯化碳、溴酸盐、甲醛、亚氯酸盐、氯酸盐等 15 项毒理指标；色度、浑浊度、臭和味、肉眼可见物、pH、铝、铁、锰、铜、锌、氯化物、硫酸盐、溶解性总固体、总硬度、耗氧量、挥发酚类、阴离子合成洗涤剂等 17 项感官性状和一般化学指标；总 α 放射性比活度、总 β 放射性比活度等 2 项放射性指标。

此外，对于市政自来水，其常规水质指标还包括游离氯（氯气及游离氯制剂）、总氯（氯胺）、臭氧、二氧化氯等 3 项消毒剂指标。

2. 非常规检验测项目

水质非常规检测项目包括贾第鞭毛虫、隐孢子虫等 2 项微生物指标；锑、钡、铍、硼、钼、镍、银、铊、氯化氰、一氯二溴甲烷、二氯一溴甲烷、二氯甲烷、二氯乙酸、1,2-二氯乙烷、三氯甲烷、1,1,1-三氯乙烷、三氯乙酸、三氯乙醛、2,4,6-三氯酚、三溴甲烷、七氯、马拉硫磷、五氯酚、六六六、六氯苯、乐果、对硫磷、灭草松、甲基对硫磷、百菌清、呋喃丹、林丹、毒死蜱、草甘膦、敌敌畏、莠去津、溴氰菊酯、2,4-滴、滴滴涕、乙苯、二甲苯、1,1-二氯乙烯、1,2-二氯乙烯、1,2-二氯苯、1,4-二氯苯、三氯乙烯、三氯苯、六氯丁二烯、丙烯酰胺、四氯乙烯、甲苯、邻苯二甲酸二（2-乙基己基）酯、环氧氯丙烷、苯、苯乙烯、苯并（a）芘、氯乙烯、氯苯、微囊藻毒素-LR等59项毒理指标；氨氮、硫化物、钠等3项感官性状和一般化学指标。

（二）工业废（污）水监测项目

工业废（污）水污染的监测项目与企业类型密切相关，企业所属行业不同，监测项目不同，但大体分为两类情况。

1. 执行污水综合排放标准（GB 8978—1996）的企业

这些企业包括矿山开采、有色金属冶炼及加工、焦化、石油化工（包括炼制）、合成洗涤剂、制革、发酵及酿造、纤维、制药、农药等工业及电影洗片、城镇二级污水处理厂等，其排放废水的监测项目分为两类。

1）第一类污染物

第一类污染物包括总汞、烷基汞、总镉、总铬、六价铬、总砷、总铅、总镍、苯并（a）芘、总铍、总银、总α放射性、总β放射性等13项，要求其在车间或车间处理设施排放口采样测定。

2）第二类污染物

第二类污染物包括pH、色度、悬浮物、生化需氧量、化学需氧量、石油类、动植物油、挥发酚、总氰化物、硫化物、氨氮、氟化物、磷酸盐、甲醛、苯胺类、硝基苯类、阴离子表面活性剂、总铜、总锌、总锰、彩色显影剂、显影剂及氧化物总量、磷、有机磷农药、乐果、对硫磷、甲基对硫磷、马拉硫磷、五氯酚及五氯酚钠、可吸附有机卤化物、三氯甲烷、四氯化碳、三氯乙烯、四氯乙烯、苯、甲苯、乙苯、邻-二甲苯、对-二甲苯、间-二甲苯、氯苯、邻-二氯苯、对二氯苯、对-硝基氯苯、2,4-二硝基氯苯、苯酚、间-甲酚、2,4-二氯酚、2,4,6-三氯酚、邻苯二甲酸二丁酯、邻苯二甲酸二辛酯、丙烯腈、总硒、粪大肠菌群数、总余氯、总有机碳等56项，要求其在单位总排放口采样测定。

另外，还需测量废（污）水排放量；对于排放含有放射性物质的废（污）水，还须测定辐射防护标准要求测定的项目。

2. 不执行污水综合排放标准（GB 8978—1996）的企业

这些企业包括造纸工业、船舶工业、海洋石油开发工业、纺织染整工业、肉类加工工业、合成氨工业、钢铁工业、磷肥工业、烧碱和聚氯乙烯工业、医院和城镇污水处理厂等，这些企业的生产废水分析项目应选择其各自行业的水污染物排放标准中规定的项目。如造纸工业废水的测定项目参考《造纸工业水污染物排放标准（GB 3544—1992)》，医院排水分析项目参考《医院污水综合排放标准（GBJ 48—1983)》等。

城镇污水处理厂出水监测项目根据《城镇污水处理厂污染物排放标准（GB 18918—2002)》确定；企业污水处理厂出水的监测项目，依据企业所属行业污水排放标准确定；具体某个污水处理设施的进水、出水监测项目，根据该处理设施工艺运行监控的需要而定。

（三）地表水体水质检测项目

江河、湖泊、渠道、水库等地表水体的水质监测项目选择应依据《地表水环境质量标准》（GB 3838—2002）确定。标准将水质监测项目分为基本项目、集中式生活饮用水地表水源地补充项目和集中式生活饮用水地表水源地特定项目三类。

1. 基本项目

本项目包括水温、pH、溶解氧、高锰酸盐指数、化学需氧量、五日生化需氧量、氨氮、总氮（湖、库）、总磷、铜、锌、硒、砷、汞、镉、铅、六价铬、氟化物、氰化物、硫化物、挥发酚、石油类、阴离子表面活性剂、粪大肠菌群等24项。

2. 集中式生活饮用水地表水源地补充项目

本项目包括硫酸盐、氯化物、硝酸盐、铁、锰等5项。

3. 集中式生活饮用水地表水源地特定项目

本项目包括三氯甲烷、四氯化碳、三溴甲烷、二氯甲烷、1,2-二氯乙烷、环氧氯丙烷、氯乙烯、1,1-二氯乙烯、1,2-二氯乙烯、三氯乙烯、四氯乙烯、氯丁二烯、六氯丁二烯、苯乙烯、甲醛、乙醛、丙烯醛、三氯乙醛、苯、甲苯、乙苯、二甲苯、异丙苯、氯苯、1,2-二氯苯、1,4-二氯苯、三氯苯、四氯苯、六氯苯、硝基苯、二硝基苯、2,4-二硝基甲苯、2,4,6-三硝基甲苯、硝基氯苯、2,4-二硝基氯苯、2,4-二氯苯酚、2,4,6-三氯苯酚、五氯酚、苯胺、联苯胺、丙烯酰胺、丙烯腈、邻苯二甲酸二丁酯、邻苯二甲酸二（2-乙基己基）酯、水合肼、四乙基铅、吡啶、松节油、苦味酸、丁基黄原酸、活性氯、滴滴涕、林丹、环氧七氯、对硫磷、甲基对硫磷、马拉硫磷、乐果、敌敌畏、敌百虫、内吸磷、百菌清、甲萘威、溴氰菊酯、阿特拉津、苯并（a）芘、甲基汞、多氯联苯、微囊藻毒素-LR、黄磷、钼、钴、铍、硼、锑、镍、钡、钒、钛、铊等80项。

为全面评价地表水水质，有时还需进行生物学调查和监测，如水生生物群落调查、生产力测定、细菌学检验、毒性及致突变试验等。

（四）水质检验项目的选择原则

1. 优先监测原则

影响天然水体水质的化学物质有上百万种，虽然一般只把有毒化学污染物质的分析控制作为重点，但这样也有数十万种，可见要一一分析每一项水质指标是不现实的。因此一般是有重点和针对性地对部分水质指标，特别是污染物指标进行监测和控制。环境工作者把数学上的“优先过程选择”引入环境污染物的筛选，确立了优先选择原则，就是对众多有毒污染物进行分级排队，从中筛选出潜在危害性大，在环境中出现频率高的污染物作为监测和控制对象。这些被选上的污染物称为环境优先污染物，简称为优先污染物（priority pollutants）。对优先污染物进行的监测称为优先监测。

随着科学技术和社会经济的发展，生产、使用化学物质品种不断增加，导致进入水体的污染物质种类繁多，特别是那些持久性有毒有机污染物，如艾氏剂、狄氏剂、DDT、毒杀芬等农药，二噁英类、多氯联苯类、酞酸酯类等雌性激素，以及苯并（a）

芘等多环芳烃类等，它们的含量虽然低，但具有致畸、致突变、致癌、引起遗传变异等危害作用，受到世界各国的高度重视，也逐渐被列为优先监测污染物。

2. 已有成熟的分析测定技术

有些污染物虽然毒性较大、对水质影响显著，符合优先监测原则，但是目前还没有成熟的测定分析方法，那也是不能作为分析指标的。

3. 国家水质标准规定的必测项目

实际工作中，水质检验指标的选择除参考优先监测原则外，还应根据水质检验目的的不同，选择相应的国家水环境质量标准或水污染物排放标准中规定的项目，以更好地满足客户要求水质检验的目的。

三、水质检验技术

水质检验技术包括采样技术、测试技术、数据处理技术和水质评价技术。关于采样技术、数据处理技术和水质评价技术将分别在后面章节中介绍，本节重点介绍水质指标测试技术。

（一）常用水质指标测试技术

1. 化学、物理技术

化学、物理分析技术多用于水样污染物的含量及成分分析，可分为重量法分析、容量分析和仪器分析等。仪器分析法是以物理、化学分析法为基础的分析方法，已广泛应用于水中污染物的定性和定量分析。仪器分析法又可分为光谱分析法、色谱分析法、电化学分析法、放射分析法和流动注射分析法等，其中光谱分析法包括可见分光光度法、紫外分光光度法、红外光谱法、原子吸收光谱法、原子发射光谱法、X-荧光射线分析法、荧光分析法和化学发光分析法等，色谱分析法包括气相色谱法、高效液相色谱法、薄层色谱法、离子色谱法、色谱-质谱联用技术，电化学分析法包括极谱法、溶出伏安法、电导分析法、电位分析法、离子选择电极法和库仑分析法，放射分析法包括同位素稀释法和中子活化分析法。

2. 生物技术

生物技术也称作生物监测技术，是利用植物、动物和微生物在污染环境中所表现出的异常特征或产生的特殊物质等信息来判断环境水体水质优劣的一种水质监测方法。水质生物监测包括水生生物体内污染物含量测定，观察生物在水环境中受伤害症状及生理生化反应，观测水体生物群落结构和种类变化等手段来判断水环境质量。例如，利用某些对特定污染物敏感的水生动植物或微生物（指示生物）在环境中受伤害的症状，可以对水体污染作出定性和定量的判断。

3. 常用水质分析方法及测定项目

常用水质分析方法及测定项目见表 1.11。

表 1.11 常用水质分析方法及测定项目

分析方法			测定项目
重量法			悬浮物、可滤残渣、矿化度、SO_4^{2-}、石油类
容量法			酸度、碱度、溶解氧、CO_2、总硬度、Ca^{2+}、Mg^{2+}、氨氮、Cl^-、CN^-、S^{2-}、COD、BOD_5、高锰酸盐指数、游离氯和总氯、挥发酚等
仪器分析法	光谱分析法	紫外-可见分光光度法	Ag、As、Be、Ba、Co、Cr、Cu、Hg、Mn、Ni、Pb、Fe、Sb、Zn、Th、U、B、P、氨氮、NO_2^-、NO_3^-、凯氏氮、总氮、F^-、CN^-、SO_4^{2-}、S^{2-}、游离氯和总氯、浊度、挥发酚、甲醛、三氯乙醛、苯胺类、硝基苯类、阴离子表面活性剂、石油类等
		原子吸收法	K、Na、Ag、Ca、Mg、Be、Ba、Cd、Cu、Zn、Ni、Pb、Sb、Fe、Mn、Al、Cr、Se、In、Ti、V、S^{2-}、SO_4^{2-}、Hg、As等
		非色散红外吸收法	总有机碳、石油类等
		荧光分光光度法	苯并（a）芘等
		等离子体发射光谱法	K、Na、Ca、Mg、Ba、Be、Pb、Zn、Ni、Cd、Co、Fe、Cr、Mn、V、Al、As等
		气体分子吸收光谱法	NO_2^-、NO_3^-、氨氮、凯氏氮、总氮、S^{2-}
	色谱分析法	离子色谱法	F^-、Cl^-、NO_2^-、SO_4^{2-}、HPO_4^{2-}等
		气相色谱法	苯系物、挥发性卤代烃、挥发性有机化合物、三氯乙醛、五氯酚、氯苯类、硝基苯类、六六六、DDT、有机磷农药、阿特拉津、丙烯腈、丙烯醛、元素磷等
		高效液相色谱法	多环芳烃、酚类、苯胺类、邻苯二甲酸酯类、阿特拉津等
		气相色谱-质谱法	挥发性有机化合物、半挥发性有机化合物、苯系物、二氯酚和五氯酚、邻苯二甲酸酯和己二酸酯、有机氯农药、多环芳烃、二噁英类、多氯联苯、有机锡化合物等
		电化学法	电导率、Eh、pH、DO、酸度、碱度、F^-、Cl^-、Pb、Ni、Cu、Cd、Mo、Zn、V、COD、BOD、可吸附有机卤素、总有机卤化物等
比色法和比浊法			I^-、F^-、色度、浊度等
生物监测法			浮游生物测定、着生生物测定、底栖动物测定、鱼类生物调查、初级生产力测定、细菌总数测定、总大肠菌群测定、粪大肠菌群测定、沙门氏菌属测定、粪链球菌测定、生物毒性试验、Ames试验、姐妹染色体交换（SCE）试验、植物微核试验等

（二）选择水质检验技术的原则

为使数据具有可比性，原国家环境保护总局将现行水质监测分析方法分为三类：A类方法为国家或行业的标准方法，其成熟性和准确度好，是评价其他分析方法的基准方法，也是环境污染纠纷法定的仲裁方法；B类为统一方法，是经研究和多个单位的实验验证表明是成熟的方法；C类为试用方法，是在国内少数单位研究和应用过，或直接从发达国家引进，供监测科研人员试用的方法。A类和B类方法均可在水质监测与执法中使用。

水质检验分析时科学选择水质分析方法是获得准确结果的关键因素之一，其选择应遵循以下原则：

（1）灵敏度和准确度能满足测定要求。

（2）方法成熟。

（3）抗干扰能力好。

（4）操作简便。

四、水质检验岗位（部门）

一般在市政给水、城市污水处理、企业废液污染控制、水制品、食品饮料、制药等行业的企业中都设有水质检验部门或水质检验岗位。这些岗位大体可分为给水处理和排水（城市污水或工业废水）处理两大类，下面以最具代表性的污水（废水）处理厂水质检验岗位（部门）和市政供水企业水质检验岗位（部门）为例，介绍水质检验岗位的工作职责。

（一）污水处理厂水质检验岗位（部门）工作职责

（1）遵守公司及厂部各项规章制度，遵守劳动纪律，加强业务知识学习，熟练掌握水质检测、污水入网及排放标准，熟悉污水处理厂工艺流程，提高分析水平和操作技能。

（2）按国标要求认真做好对各入网企业、泵站及污水处理厂进出水的水质检测分析工作，完成各化验分析项目，认真填写原始记录，及时提交化验报告，努力做到检测数据准确无误。

（3）认真贯彻执行“安全第一、预防为主、综合治理”方针，规范穿戴，正确使用化学分析仪器，安全使用各类药品，做好各类分析仪器、玻璃器皿的使用检查、维护保养和危化品的管理工作。

（4）及时分析各类水质状况，配合公司相关科室做好污水入网工作，及时交流信息。做好水质分析报告及相关台账的整理保管工作，积极配合环保部门的水质监测工作。

（5）定期做好化验数据分析，出具城网污水水质分析报告，为设施运行提供依据。

（6）做好化验室日常卫生保洁工作，保持工作环境整洁。

（7）做好安全和事故防范工作，建立突发事故应急预案。

（8）积极工作，认真完成厂部下达的各项工作任务。

（二）供水企业水质检验岗位（部门）工作职责

（1）认真贯彻执行国家有关水质的各项政策、法令、标准规程和制度。负责本公司范围内水质管理和水质检验工作。

（2）严格按照《生活饮用水卫生标准》（GB 5749—2006）和《生活饮用水标准检验方法》（GB 5750—2006），对生活饮用水和水源水水质进行检验和监测。

(3) 按化工部行业标准《水处理剂硫酸铝检验方法》(HG 2227—1991) 对净水剂硫酸铝进行检验。

(4) 负责城市供水(包括原水、出厂水和管网水)的定期检验，并对水质状况作出统计、分析和评价；定期对水源水和新水源水水质进行监测。

(5) 对水处理剂进行检验，并指导各水厂进行加药加氯工作。

(6) 对水质资料进行收集、整理和归档，并按规定向有关部门报送各种水质检验报表。

(7) 负责培训水厂化验室检验人员，指导水厂化验室水质检验工作。

(8) 开展水质分析和水质污染处理研究，为提高净水工艺提供科学依据。

(9) 协助管道工对新装管道进行冲洗消毒工作，并取水样进行检验，检验合格后发出通知书。

(10) 发现水质问题及时报告生产技术科和主管经理，同时积极查找原因，提出处理意见。

(11) 负责编报月度年度分析仪器和化验药品的购置计划，并协助组织购买。

五、水质检验人员

为了保证水质检验工作的高效有序开展，本着“各有侧重，相互配合，相互制约”的原则，一般按所从事具体工作的性质要求，将在水质检验室(部门)的工作人员分为水质检验员、质量管理员、设备器皿管理员、样品管理员、报表管理员、试剂药品管理员、安全卫生管理员。

水质检验员负责按照国家或企业规定程序采集试样，采用国家或行业标准方法进行水质指标检测，对检测结果进行初步评价，并撰写水质检验报告。

质量管理员负责对检(化)验员的检测结果进行验正，对各类报表、报告进行审核，对各类原始数据进行审核，并负责监督自配试剂所用的容器、标签、配置浓度及配制日期是否正确。

报表管理员负责对检测报告进行收集并归档，并在检测报告完成当日建立电子文档；对各类原始资料进行收集并归档；对技术资料及检验标准方法进行收集、归档。

样品管理员负责水样(样品)的采集、登记、运送及存放保管工作，并在采样过程中发现异常情况时及时向班组长汇报，尽早通知相关科室及人员。

试剂药品管理员负责对化验室内药品试剂的采购、使用、报废进行监督和管理，对有毒药品试剂进行单独存放保管，用时应有两人在场，共同称取，并负责做好药品使用及剩余量的登记工作。

设备器皿管理员负责对化验室内的仪器设备、玻璃器皿进行管理，对化验室内的仪器设备的校准和检定进行管理；负责对化验室设备事故及时上报，并参与事故调查处理工作。

安全、卫生管理员负责对实验室内配置的安全设施应定期检查，保证完好；负责监督化验室清洁卫生工作及危化品等安全存放工作。

第三节　水质检验实验室基础

一、实验用水

(一) 纯水级别

水是检验分析类实验室最常用的试剂之一，稀释配制试剂、洗涤实验器具等都需要大量使用它。水目视观察应为无色透明的液体，而天然水或自来水中含有氯化物、碳酸盐、泥沙等杂质，偏离了水的本性，不能直接用于水质检验分析实验，必须进行纯化。通常把未经纯化的水称之为原水，把经纯化处理的水称之为纯水。分析实验室用水的原水应为饮用水或适当纯度的水，分析实验室用水的纯水分为一级水、二级水和三级水三个级别。

1. 一级水

一级水用于有严格要求的分析试验，包括对颗粒有要求的试验。如高压液相色谱分析用水。一级水可用二级水经过石英设备蒸馏或离子交换混合床处理后，再经 0.2 μm 微孔滤膜过滤来制取。

2. 二级水

二级水用于痕量分析等试验，如原子吸收光谱分析用水。二级水可用多次蒸馏或离子交换等方法制取。

3. 三级水

三级水用于一般化学分析试验，可用蒸馏或离子交换等方法制取。

分析实验室用不同级别纯水的技术要求见表 1.12；不同级别纯水的用途、制备及贮存方法见表 1.13。

表 1.12　分析实验室不同级别纯水的技术规格

纯水级别	pH (25℃)	电导率 (25℃) /(×10^3 μS/m)	吸光度 (254nm，1cm 光程)	可氧化物质 /(mg/L)	蒸发残渣 (105℃±2℃) /(mg/L)	可溶性硅 SiO_2/(mg/L)
一级	—	≤0.01	≤0.001	—	—	≤0.01
二级	—	≤0.10	≤0.01	<0.08	≤1.0	≤0.02
三级	5.0～7.5	≤0.50	—	<0.40	≤2.0	—

注：①一级水、二级水难于测定其真实的 pH，因而对 pH 范围不做规定；

②一级水、二级水的电导率需用新制备的水“在线”测定；

③在一级水的纯度下难于测定其可氧化物质和蒸发残渣，因而对其限量不做规定，可用其他条件和制备方法来保证一级水的质量。

表 1.13　不同级别纯水制备与储存方法一览表

级别	用　　途	制　　备	贮　　存
一级	高效液相色谱分析用水；配置超痕量级（μg/L）分析用试液	将二级纯水用石英蒸馏器蒸馏或用混合床离子交换柱处理	不可贮存
二级	AAS分析用；配置痕量级（μg～mg/L）分析试液	将三级纯水经过双级复合床离子交换柱	用专用、密闭的聚乙烯容器适时贮存
三	化学分析用水；配置分析级（mg/L）物质用试液；配置测定有机物（BOD、COD）用试液	将市政自来水通过单级复合床离子交换柱，或用金属或玻璃蒸馏器蒸馏	用专用、密闭聚乙烯容器或玻璃容器贮存

注：贮存纯水的新容器在使用前，需用 20%的盐酸浸泡 2～3d，再用自来水反复冲洗，并注满待贮存水浸泡6h以上。

（二）纯水检验

1. pH 测定

量取 100mL 水样，用 pH 计测定 pH，具体测定方法见本书第三章第二节。

2. 电导率测定

电导率是表征纯水纯度的重要指标之一，用电导率仪测定纯水电导率值是检测纯水纯度等级最常用的方法。

1）一、二级水

用于一、二级水测定的电导仪，应配备电极常数为 0.01～0.1 cm^{-2}的“在线”电导池，并具有温度自动补偿功能。若电导仪不具温度补偿功能，可装“在线”热交换器，使测量时水温控制在（25±1)℃；或记录水温度，换算成（25±1)℃下的电导率值，换算公式见本章技能实训。

2）三级水

用于三级水测定的电导仪，应配备电极常数为 0.1～1 cm^{-2}的电导池，并具有温度自动补偿功能。若电导仪不具温度补偿功能，可装恒温水浴槽，使待测量水样温度控制在（25±1)℃；或记录水温度，换算成（25±1)℃下的电导率值。

3. 可氧化物质测定

1）二级水

量取 1000mL 二级水注入烧杯中，加入 5.0mL 硫酸溶液（ρ=200g/L)，混匀；加入 1.00mL 高锰酸钾标准溶液[$c(1/5\ KMnO_4)$=0.01 mol/L]，混匀，盖上表面皿，加热至沸腾并保持 5min，溶液的粉红色不得完全消失。

2）三级水

量取 200mL 三级水置于烧杯中，加入 1.0mL 硫酸[$\rho(H_2SO_4)$=200g/L]，混匀。加入 1.00mL 高锰酸钾标准滴定溶液[$c(1/5\ KMnO_4)$=0.01 mol/L]，混匀，盖上表面皿，加热至沸并保持 5min，溶液的粉红色不完全消失，则可判断水的可氧化物质含量合格。

4. 吸光度测定

将水样分别注入 1 cm 和 2 cm 吸收池中，在紫外可见分光光度计上于 254 nm 处，以 1 cm 吸收池中水样为参比，测定 2 cm 吸收池中水样的吸光度。如仪器的灵敏度不够时，可适当增加测量吸收池的厚度。

5. 蒸发残渣测定

1）水样预浓集

量取 1000mL 二级水（三级水取 500mL ），将水样分几次加入旋转蒸发器的蒸馏瓶中，于水浴上减压蒸发（避免蒸干），待水样蒸至约 50mL 时，停止加热。

2）测定

将上述预浓集的水样转移至一个已于（105±2)℃恒重的玻璃蒸发皿中，并用 5～10mL 水样分 2～3 次冲洗蒸馏瓶，将洗液与预浓集水样合并，于水浴上蒸干，并在(105±2)℃的电烘箱中干燥至恒重。残渣质量不得大于 1.0mg。

6. 可溶性硅的限量试验

量取 520mL 一级水（二级水取 270mL)，注入铂皿中，在防尘条件下亚蒸发至约 20mL 时停止加热。冷至室温后，加 1.0mL 钼酸铵溶液（50g/L)，摇匀。放置 5min 后，加 1.0mL 草酸溶液（50g/L)，摇匀。放置 1min 后，加 1.0mL 对甲氨基酚硫酸盐溶液（米吐尔，2g/L)，摇匀。转移至 25mL 比色管中，稀释至刻度，摇匀，于 60℃水浴中保温 10min。目视观察，试液的蓝色不得深于标准。

标准是取 0.50mL 二氧化硅标准溶液（1mL 溶液含有 1mg SiO_2)，加入 20mL 水样后，从加 1.0mL 钼酸铵溶液（50g/L）起与样品试液同时同样处理。

无论是自制的或购买的商品纯水均应按 GB/T 6682—1992 规定的试验方法检验合格后方能使用。分析实验室用纯水的标准检验方法，一般生产企业可通过测定电导率值来判定纯水的质量，或用化学方法检验水中的阳离子、氯离子，同时用指示剂测 pH，也可大致判定纯水是否合格。又因为电导率测定的仪器化程度较高、操作相对简单，故实验室经常通过测定纯水水样的电导率值来判断其纯度等级。

（三）实验常用纯水

1. 去离子水

去离子水是用离子交换柱（由阳离子交换树脂和阴离子交换树脂以一定形式组合而成）法处理制得的纯水。去离子水一般含金属杂质极少，但可能会含有微量树脂浸出物和树脂崩解微粒，因而适于配制痕量金属分析用的试液，但不适于配制有机分析试液。

2. 蒸馏水

蒸馏水就是用蒸馏法制得的纯水，常含有少量的可溶性气体和挥发性物质，其质量等级明显受蒸馏器材质及结构的影响。下面介绍几种常见蒸馏器及其所得蒸馏水的质量。

1）金属蒸馏器

金属蒸馏器的内壁多为纯铜、黄铜、青铜或镀锡的材质。用这种蒸馏器制得的蒸馏水一般会含有微量金属杂质，如含 Cu^{2+} 约 10～200mg/L，电导率大于 10.0μS/cm（25℃），只适用于清洗容器和配制一般试液。

2）玻璃蒸馏器

玻璃蒸馏器内壁所用材料一般是含 80％二氧化硅的低碱高硅硼酸盐硬质玻璃。经蒸馏得的纯水，一般会含有痕量金属，如含 5 μg/L 的 Cu^{2+}，还可能有微量的玻璃溶出物如 B、As 等，其电导率约为 2.0μS/cm（25℃）；适用于配制一般定量分析试液，不宜用于配制分析重金属或痕量非金属试液。

3）石英蒸馏器

石英蒸馏器含二氧化硅 99.9％以上。用该类蒸馏器制得的蒸馏水，仅含有痕量金属杂质，不含玻璃溶出物，电导率约为 0.3～0.5μS/cm（25℃）；适用于配制进行痕量非金属分析的试液。

4）亚沸蒸馏器

亚沸蒸馏器是由石英制成的自动补液蒸馏装置，其热源功率很小，使水在沸点以下缓慢蒸发，因而不存在雾滴污染问题。该类蒸馏装置制得的蒸馏水，几乎不含金属杂质，适用于配制除可溶性气体和挥发性物质以外的各种物质的痕量分析用试液。

亚沸蒸馏器常作普通纯水的深度纯化处理装置，可与其他纯水装置（如离子交换纯水器等）联用，使所得纯水的电导率在 0.06μS/cm（25℃）以下。但要注意妥善保存，该纯水一旦接触空气，在不到 5min 内，其电导率值可迅速升至 0.5μS/cm（25℃）。

3. 特殊要求的纯水

在分析某些指标时，对实验用纯水中的一些特定物质含量有最高限量要求（含量愈低愈好），即应使用特殊要求纯水。如测水中的氯要用无氯水，测氨氮用无氨水，测 TOC 用无二氧化碳水，测挥发酚用无酚水，测痕量铅用无铅水等。这些特殊要求纯水的制备方法如下：

1）无氯水

加入亚硫酸钠等还原剂将水中余氯还原为氯离子，以联邻甲苯胺检查不显黄色。用带缓冲球的全玻璃蒸馏器（以下各项的蒸馏同此）蒸馏制得。

2）无氨水

加入硫酸至 $pH<2$，使水中各种形态的氨（或胺）均转变为不挥发的盐类，收集馏出液即得，但应注意避免实验室空气中氨对纯水的污染。

3）无二氧化碳水

可煮沸法或曝气法制得：①煮沸法是将蒸馏水或去离子水煮沸 10min 以上（需水多时），或使水量蒸发 10％以上（需水少时），加盖，冷却至室温即得；②曝气法是将惰性气体或纯氮气通入蒸馏水或去离子水中至饱和后即得。无二氧化碳水应贮于附带有碱石灰管的可密封玻璃瓶中。

4）无铅（重金属）水

用“H”型强酸性阳离子交换树脂处理原水即得。其贮水器使用前，先要用 6mol/L硝酸溶液浸泡过夜，再用无铅水洗净。

5）无砷水

一般蒸馏水和去离子水均能达到基本无砷的要求。应避免使用软质玻璃制成的蒸馏器、贮水瓶和树脂管。进行痕量砷分析时，必须使用石英蒸馏器、石英贮水瓶、聚乙烯的树脂管。

6）不含有机物的蒸馏水

加入少量高锰酸钾碱性溶液，使水呈紫红色，进行蒸馏即得。若蒸馏过程中红色褪去应补加高锰酸钾。

7）无酚水

无酚水可用加碱蒸馏法或活性炭吸附法制备。加碱蒸馏法是向水中加入氢氧化钠至pH>11（使水中的酚生成不挥发的酚钠）后蒸馏制得。

活性炭吸附法是先将粒状活性炭在150～170℃干燥箱中烘烤活化2h以上后置于干燥器内冷至室温；再将处理好的活性炭装入预先盛有少量水（避免炭粒间存留气泡）的层析柱中，使蒸馏水（或去离子水）缓慢（一般流速不超过100mL/min）通过柱床；将适量起始出水（略多于装柱时预先加入的水量）返回柱中后，正式收集无酚纯水。此柱所能制备的无酚水数量，一般约为所用炭粒表观容积的1000倍。

二、试剂与试液

（一）试剂分类及选用

1. 试剂分类

化学试剂是检验分析工作中不可缺少且最常用的物质之一，因此，了解化学试剂的性质、用途、保管及有关选购等方面的知识非常必要。化学试剂种类繁多，通常根据用途分为通用试剂、基准试剂、生化试剂、生物染色剂等。表1.14列出了化学试剂的门类、等级和标志。

表1.14 化学试剂的门类、等级和标志一览表

试剂门类	质量级别	代号	标签颜色	特点	用途
通用试剂	优级纯	G.R	深绿色	主体成分含量高，杂质含量低	用于精密的科学研究和痕量分析
	分析纯	A.R	金光红色	主体成分含量略低于优级纯，杂质含量略高	用于一般科学研究和定量分析
	化学纯	C.P	中蓝色	品质略低于分析纯，但高于实验试剂	用于工业品检验和化学定性实验
基准试剂	—	—	深绿色	纯度高于优级纯，被检杂质项目多，但杂质总含量低	用于容量分析标准溶液浓度的标定和pH计的定位
生化试剂	—	—	咖啡色	试剂种类特殊，纯度并非一定很高	用于生命科学研究
生物染色剂	—	—	玫红色	特殊的有色生化试剂	用于生物切片、细胞等的染色

质量高于优级纯的高纯试剂和超纯试剂，目前国际上也无统一的规格，常以“9”的数目表示产品的纯度。在规格栏中标以4个9，5个9，6个9，…，如：

4个9表示纯度为99.99%，杂质总含量不大于1×10^{-2}%；

5个9表示纯度为99.999%，杂质总含量不大于1×10^{-3}%；

6个9表示纯度为99.9999%，杂质总含量不大于1×10^{-4}%；依此类推。

2. 试剂选用

选用化学试剂的原则是根据检验分析工作的实际需要，选用不同纯度和不同包装的试剂。一般配制痕量分析用试液应选用优级纯试剂，以降低空白值、避免杂质干扰；标准滴定溶液浓度标定用试液应选用基准试剂，要求其纯度达到（100±0.05）%；进行仲裁分析应选用优级纯和分析纯试剂；进行一般分析则可选用分析纯或化学纯试剂。

此外，也可以根据分析方法的不同，选用不同等级的试剂。配制配合滴定用试液，常选用分析纯试剂，以避免试剂中所含杂质金属离子对指示剂的封闭作用；分光光度法、原子吸收分析等高精度定量分析，常选用纯度较高的试剂，以降低试剂的空白值。

（二）试（溶）液浓度

溶液浓度是指一定量的溶液（或溶剂）中所含溶质的量。在国际标准和国家标准中，一般用A代表溶剂，用B代表溶质，则溶液浓度的表示方法有以下几种：

1. 物质的量浓度

B的物质的量浓度定义为单位体积B溶液中所含B的物质的量，符号为c_B，单位为mol/m^{3}或mol/L。即

$$c_B = \frac{n_B}{V} \tag{1.1}$$

式中：c_B——B的物质的量浓度，mol/L；

n_B——B的物质的量，mol；

V——溶液体积，L。

2. 质量浓度

B的质量浓度，符号为ρ_B，单位是kg/m^3，常用单位为g/L、mg/L、μg/mL等，定义为B的质量除以溶液体积，即

$$\rho_B = \frac{m_B}{V} \tag{1.2}$$

式中：ρ_B——B的质量浓度，kg/m^3；

m_B——B的质量，kg；

V——溶液体积，m^3。

3. 质量分数

B物质的质量分数，符号为w_B，定义为B的质量与混合物的质量之比，即

$$w_B = \frac{m_B}{m_A + m_B} \tag{1.3}$$

式中：m_B——溶质 B 的质量；

m_A——溶剂 A 的质量。

质量分数是相同物理量之比，为无量纲量，以纯小数表示，例如，市售的浓盐酸的浓度可表示为 $w(HCl)=0.38$，或 $w(HCl)=38\%$。

在微量和痕量分析中，过去常用 ppm 和 ppb 表示溶质含量，其含义为 10^{-6} 和 10^{-9}，现在这种表示方法已废止，应改用法定计量单位表示。例如某产品中含铁 5ppm，现应表示为 $w(Fe)=5\times10^{-6}$。

4. 体积分数

B 物质的体积分数浓度符号为 φ_B，定义为 B 的体积与相同温度 T 和压力 p 时的混合物的体积之比，即

$$\varphi_B = \frac{x_B V_{m,B}^*}{\sum_A x_A V_{m,A}^*} \tag{1.4}$$

式中：x_A、x_B——分别为 A 和 B 的摩尔分数；

$V_{m,A}^*$，$V_{m,B}^*$——分别为与混合物相同温度 T 和压力 p 时纯 A 和纯 B 的摩尔体积。

由于体积分数是相同物理量之比，为无量纲量，单位为 1，以纯小数表示。将液体试剂稀释时，多采用这种浓度表示方法，如 $\varphi(C_2H_5OH)=0.70$，也可以写成 $\varphi(C_2H_5OH)=70\%$，若用无水乙醇来配制这种浓度的溶液，可量取无水乙醇 70mL，加水稀释至 100mL。

5. 物质的量分数

B 的物质的量分数（摩尔分数）的符号为 x_B，定义为 B 的物质的量与混合物的物质的量之比，为无量纲单位，以纯小数表示，即

$$x_B = \frac{n_B}{\sum_A n_A} \tag{1.5}$$

式中：n_B——B 的物质的量；

$\sum_A n_A$——混合物的物质的量。

6. 体积比

体积比，符号为 ψ_B，为无量纲量，定义为溶质 B 的体积 V_B 与溶剂 A 的体积 V_A 之比，即

$$\psi = \frac{V_B}{V_A} \tag{1.6}$$

式中：V_B——溶质 B 的体积；

V_A——溶剂 A 的体积。

体积比浓度的用法如：

（1）1∶4 的稀硫酸溶液，即一份浓硫酸与四份水混合而成的溶液，记作 $\psi(H_2SO_4)=1:4$。

（2）王水的组成为 $\psi(HNO_3:HCl)=1:3$。

在实际应用中，将体积比写成 KNO_3 ∶ Na_2CO_3 = 1 ∶ 4、苯∶丙酮∶乙醇 = 5 ∶ 4 ∶ 1 是不妥当的。当然，如果写成 V（苯）∶V（丙酮）∶V（乙醇）= 5 ∶ 4 ∶ 1 形式，虽其含义是正确的，但不如用浓度符号的写法简洁。

（三）试液配制

配制符合分析要求的化学试液是检验分析中非常重要的工作环节之一，了解不同化学试液的性质、用途、贮存保管方法等方面的知识非常必要。水质检验实验中所用试液应根据实际需要，合理选用相应规格的试剂，按规定浓度和需要量正确配制。配好的试液需按规定要求妥善保存，注意空气、温度、光、杂质等影响。另外要注意保存时间，一般浓溶液稳定性较好，稀溶液稳定性较差。通常，较稳定的试剂，其 10^{-3} mol/L 溶液可贮存一个月以上，10^{-4} mol/L 溶液只能贮存一周，而 10^{-5} mol/L 溶液需当日配制，故许多试液常配成浓的贮备（存）液，临用时稀释成所需浓度（使用液）。配制的溶液均需注明配制日期和配制人员，以备查核追溯。由于各种原因，有时需对试剂进行提纯和精制，以保证分析质量。

1. 一般试液配制

水质检验试液分为一般试（溶）液和标准试（溶）液。一般试液是指非标准溶液，常用于溶解样品、调节 pH、分离或掩饰离子、显色等。一般试液配制的精度要求不高，只需保持 1～2 位有效数字。试剂质量用 0.01g 感量托盘天平称量，试剂体积用量筒量取。

2. 标准试液配制

标准溶（试）液是指已确定其主体物质浓度或其他特性量值的溶液，分为滴定分析用标准溶液和标准缓冲液两类。滴定分析用标准溶液，也称为容量分析用标准溶液或标准滴定溶液，主要用于测定试样的主体成分或常量成分，其浓度要求准确到 4 位有效数字，其浓度常用物质的量浓度表示。标准缓冲液是由 pH 基准试剂配制而成的具有准确的 pH 数值的标准溶液，多用于 pH 计的校准（定位）。这里仅介绍滴定分析用标准溶液的配制方法。

1）直接法配制

标准溶液配制方法有直接配制法和标定配制法两种，对于基准试剂就可用直接配制的方法获得。首先在分析天平上准确称取一定量的已干燥的基准物（基准试剂），再将其溶于纯水后转入已校正的容量瓶中，最后用纯水稀释至刻度，摇匀即可。

2）标定配制法

诸如市售浓盐酸（HCl 极易挥发）、固体氢氧化钠（易吸收空气中的水分和 CO_2）、高锰酸钾（不易提纯而易分解）等很多试剂，都不符合基准物的条件，因而都不能直接配制标准溶液。这些物质的标准溶液，就需要通过标定配制法获得。标定配制法一般是先将这些物质配成近似所需浓度的溶液，再用基准物测定其准确浓度。

标定就是用已知浓度的基准试剂测定未知浓度溶液准确浓度的过程。标准溶液标定方法常用的有直接标定法、间接标定法和比较标定法三种，其中直接标定法最为常用。

直接标定法是先准确称取一定量的基准物溶于纯水，再用待标定溶液滴定至反应完全，最后根据所消耗待标定溶液的体积和基准物的质量，计算出待标定溶液的基准浓度。例如，用基准物无水碳酸钠标定盐酸或硫酸溶液，基准邻苯二甲酸氢钾标定氢氧化钾-乙醇溶液等。

例 1.1 用直接标定法制备精确浓度的氢氧化钾-乙醇溶液。

解

第一步，配制：称取 30g 氢氧化钾，溶于 30mL 三级以上的纯水中，用无醛乙醇稀释至 1000mL。放置 5h 以上，取清液使用。

第二步，标定：称取 3g（精确至 0.0001 g）于 105～110℃烘至恒量的基准邻苯二甲酸氢钾，溶于 80mL 无二氧化碳的纯水中，加入 2 滴酚酞指示剂（$\rho=10g/L$），用配制好的氢氧化钾-乙醇液滴定至溶液呈粉红色，同时作空白试验。

第三步，计算，其准确浓度由下式计算：

$$c(KOH)=\frac{m}{(V_1-V_2)\times M(C_6H_4CO_2HCO_2K)} \tag{1.7}$$

式中：$c(KOH)$ ——标准溶液物质的量浓度；

m——邻苯二甲酸氢钾的质量；

V_1——标定试验消耗标准溶液的体积；

V_2——空白试验消耗标准溶液的体积；

$M(C_6H_4CO_2HCO_2K)$ ——邻苯二甲酸氢钾的摩尔质量。

如果欲配制的某标准溶液没有合适的用以标定的基准试剂，则只能采用间接标定法，即用另一已知浓度的标准溶液来标定。当然，间接标定的系统误差比直接标定的要大些。如用氢氧化钠标准溶液标定乙酸溶液，用高锰酸钾标准溶液标定草酸溶液等都属于这种标定方法。

用基准物直接标定标准溶液后，为了保证其浓度更准确，可再采用比较标定法进行验证。例如，盐酸标准溶液用基准物无水碳酸钠标定后，再用氢氧化钠标准溶液进行比较，既可以检验盐酸标准溶液浓度是否准确，也可考查氢氧化钠标准溶液的浓度是否可靠。

3）标准溶液制备相关规定

标准溶液浓度的准确程度直接影响分析结果的准确度，因而，《标准溶液的制备 GB/T 601—2002》对标准溶液制备的方法，使用的仪器、量具和试剂等方面都作了严格规定。

（1）配制标准溶液用水，至少应符合 GB/T 6682—1992 中三级水的规格。

（2）所用试剂纯度应在分析纯以上，标定所用的基准试剂应为容量分析工作中使用的基准试剂。

（3）所用分析天平及砝码应定期检定，所用滴定管、容量瓶及移液管均需定期校正。

（4）制备标准溶液的浓度系指 20℃时的浓度，在标定和使用时如果温度有差异，应按标准进行补正。

（5）标定标准溶液时，平行试验不得少于 8 次，两人各作 4 次平行测定，检测结果在按规定的方法进行数据的取舍后取平均值，浓度值取 4 位有效数字。

（6）凡规定用“标定”和“比较”两种方法测定浓度时，不得略去其中任何一种，浓度值以标定结果为准。

（7）配制浓度等于或低于 0.02 mol/L 的标准溶液时，应于临用前将浓度高的标准溶液用煮沸并冷却的纯水稀释，必要时重新标定。

（8）滴定分析标准溶液在常温（15～25℃）下的保存时间一般不得超过 60 d。

3. 溶液配制注意事项

（1）分析实验所用的溶液应用纯水配制，容器应用纯水洗 3 次以上，特殊要求的溶液应事先作纯水的空白值检验。

（2）溶液要用带塞的试剂瓶盛装，见光易分解的溶液要装于棕色瓶中，挥发性试剂、见空气易变质及放出腐蚀性气体的溶液瓶塞要严密；浓碱液应用塑料瓶装，如装在玻璃瓶中，要用橡皮塞塞紧，不能用玻璃磨口塞。

（3）每瓶试剂溶液必须有标明名称、浓度和配制日期的标签，标准溶液的标签还应标明标定日期、标定者。

（4）配制硫酸、磷酸、硝酸、盐酸等溶液时都应把酸倒入水中，对于溶解时放热较多的试剂不可在试剂瓶中配制，以免炸裂。

（5）用有机溶剂配制溶液时（如配制指示剂溶液），若有机物溶解较慢，应不时搅拌，可以在热水浴中温热溶液，不可直接加热；易燃溶剂要远离明火使用，有毒有机溶剂应在通风柜内操作，配制溶液的烧杯应加盖，以防有机溶剂的蒸发。

（6）要熟悉一些常用溶液的配制方法，如配制碘溶液应加入适量的碘化钾；配制易水解的盐类溶液（如 $SnCl_2$ 溶液）应先加酸溶解后，再以一定浓度的稀酸稀释。

（7）不能用手接触腐蚀性及有剧毒的溶液，剧毒溶液应作解毒处理，不可直接倒入下水道。

4. 试（溶）液标签

试液用容量瓶配制好后，要及时转移到合乎规定的试剂瓶中，盛装标准溶液的试剂瓶必须粘贴有内容齐全、字迹清晰、符号准确的标签。

1）一般试液标签

一般试（溶）液标签要书写的内容包括名称、浓度、介质、配制日期和配制人等 5 项，样式如图 1.1 和图 1.2 所示。

HAc-NaAc 缓冲溶液
pH＝6
配制人：×××
配制日期：2010. 9. 3

图 1.1　一般试（溶）液标签样式一

$\frac{w(SnCl_2)=20\%}{(20\%HCl)}$
配制人：×××
配制日期：2010. 9. 3

图 1.2　一般试（溶）液标签样式二

2）标准溶液标签

标准溶（试）液标签要书写的内容包括溶液名称、浓度类型、浓度值、介质、配制日期、配制温度、瓶号、校核周期和配制人等 9 项，两种常用书写样式如图 1.3

和图1.4所示。

2重铬酸钾标准滴定液 $c(1/6K_2Cr_2O_7)$ =0.06021 mol/L
配制温度：18℃　校核周期：半年 配制人：××× 配制日期：2010.9.3

图1.3　标准滴定溶液标签样式一

2为容器编号；18℃为配制时室温；×××为配制者姓名；2010.9.3为配制时间

3A 铜标准溶液 $\rho(Cu)$ =2μg/mL (5%HNO_3)
配制温度：20℃　校核周期：一年 配制人：××× 配制日期：2010.9.3

图1.4　标准滴定溶液标签样式二

3为容器编号；A为相同浓度溶液的顺序号；5% HNO_3 为介质

三、实验室环境要求

实验室空气中如含有固体、液体的气溶胶和污染气体，对痕量分析和超痕量分析会导致较大误差。例如，在一般通风柜中蒸发200g溶剂，可得6mg残留物，若在清洁空气中蒸发可降至0.08mg。因此，痕量和超痕量分析及某些高灵敏度的仪器应在超净实验室中进行或使用。超净实验室中空气清洁度常采用100号。这种清洁度是根据悬浮固体颗粒的大小和数量多少分类的（表1.15）。

表1.15　实验室室内空气清洁度分类

清洁度分类/号	工作面上最大污染颗粒数/(粒/m^2)	颗粒直径/μm
100	100	≥0.5
	0	≥5.0
10000	10000	≥0.5
	65	≥5.0
100000	100000	≥0.5
	700	≥5.0

要达到清洁度为100号标准，空气进口必须用高效过滤器过滤。高效过滤器效率为85%～95%。对直径为0.5～5.0μm颗粒的过滤效率为85%，对直径大于5.0μm颗粒的过滤效率为95%。超净实验室一般较小，约12 m^2，并有缓冲室，四壁涂环氧树脂油漆，桌面用聚四氟乙烯或聚乙烯膜，地板用整块塑料地板，门窗密闭，采用空调，室内略带正压，通风柜用层流。

没有超净实验室条件的，可采用相应措施，例如，样品的预处理、蒸干、消化等操作最好在专门的毒气柜内进行，并与一般实验室、仪器室分开；几种分析同时进行时应注意防止相互交叉污染；实验的环境清洁也可采用一些简易装置来达到目的。

四、实验室管理制度

（一）实验室安全制度

(1) 实验室内需设置通风橱、防尘罩、排气管道及消防灭火器材等各种必备的安全设施，并应定期检查，保证随时可供使用。

（2）使用电、气、水、火时，应按有关使用规则进行操作，保证安全。

（3）实验室内各种仪器、器皿应有规定的放置处所，不得任意堆放，以免错拿错用，造成事故。

（4）进入实验室应严格遵守实验室规章制度，尤其是使用易燃、易爆和剧毒试剂时，必须遵照有关规定进行操作。

（5）实验室内不得吸烟、会客、喧哗、吃零食或私用电器等。

（6）下班时要有专人负责检查实验室的门、窗、水、电、煤气等，切实关好，不得疏忽大意。

（7）实验室的消防器材应定期检查，妥善保管，不得随意挪用。

（8）一旦实验室发生意外事故时，应迅速切断电源、火源，立即采取有效措施，随时处理，并上报有关领导。

（二）药品使用管理制度

（1）实验用化学试剂应有专人负责发管，分类存放，定期检查使用和管理情况。

（2）易燃、易爆和危险物品要随用随领，不得在实验室内大量积存，少量存放应在阴凉通风的地方，并有相应安全保障措施。

（3）剧毒试剂应有专人负责管理，加双锁存放。批准使用后，应两人共同称量，登记用量。

（4）取用不同化学试剂的器皿（如药匙、量杯等）必须分开，每种试剂用一件器皿，至少洗净后再用，不得混用。

（5）使用氰化物时，切实注意安全，不在酸性条件下使用，并严防溅洒沾污。

（6）氰化物等剧毒试液的废液必须经适当处理后再倒入下水道，并用大量流水冲稀。

（7）使用有机溶剂和挥发性强的试剂的操作应在通风良好的地方或在通风橱内进行。

（8）任何情况下，都不允许用明火直接加热有机溶剂。

（9）稀释浓酸试剂时，应按规定要求操作和贮存。

（三）仪器使用管理制度

（1）各种精密贵重仪器以及贵重器皿（如铂器皿和玛瑙研钵等）要有专人管理，分别登记造册、建卡立档。

（2）仪器档案应包括仪器说明书、验收和调试记录、仪器的各种初始参数，定期保养维修、检定、校准以及使用情况的登记记录等。

（3）精密仪器的安装、调试、使用和保养维修均应严格遵照仪器说明书的要求，上机人员应该考核，考核合格方可上机操作。

（4）仪器使用前应先检查仪器是否正常，仪器发生故障时，应立即查清原因，排除故障后方可继续使用，严禁仪器带病运转。

（5）仪器用完之后，应将各部件恢复到所要求的位置，及时做好清理工作，盖好防尘罩。

（6）仪器的附属设备应妥善安放，并经常进行安全检查。

（四）样品管理制度

1. 按规程进行样品的采集、运输和保存

由于样品的特殊性，要求样品的采集、运送和保存等各环节都必须严格遵守有关规定，以保证其真实性和代表性。

2. 检测人员与采样人员共同制订采样计划

客户技术负责人应和采样人员、测试人员共同议定详细的工作计划，周密地安排采样和实验室测试间的衔接、协调，以保证自采样开始至结果报出的全过程中，样品都具有合格的（客户要求）代表性。

3. 特殊样品采集

采集特殊样品所需容器、试剂和仪器应由实验室测试人员准备好，提供给采样人员。需在现场进行处理的样品，应注明处理方法和注意事项。对采样有特殊要求时，应对采样人员进行培训。

4. 样品容器

样品容器的材质要符合水质检验分析的要求，容器应密塞、不渗不漏。样品容器的特殊处理，应由实验室测试人员负责进行。

5. 样品登记、验收和保存应遵守的规定

（1）样品采集后应及时贴好样品标签、填写好采样记录，将样品连同样品登记表、送样单在规定的时间内送交指定的实验室；填写样品标签和采样记录需使用防水墨汁，严寒季节圆珠笔不宜使用时，可用铅笔填写。

（2）如需对样品进行分装，则要求分样的容器应和样品容器材质相同，并填写同样的样品标签，注明“分样”字样，“空白”和“副样”都要分别注明。

（3）实验室应有专人负责样品的登记、验收，其内容包括样品名称和编号，样品采集点的详细地址和现场特征，样品的采集方式（是定时样、不定时样还是混合样），监测分析项目，样品保存所用的保存剂的名称、浓度和用量，样品的包装、保管状况，采样日期和时间，采样人、送样人及登记验收人签名等。

（4）样品验收过程中，如发现编号错乱、标签缺损、字迹不清、监测项目不明、规格不符、数量不足以及采样不合要求者，可拒收并建议补采样品。如无法补采或重采，应经有关领导批准方可收样，完成测试后，应在报告中注明。

（5）样品应按规定方法妥善保存，并在规定时间内安排测试，不得无故拖延。

（6）采样记录、样品登记表、送样单和现场测试的原始记录应完整、齐全、清晰，并与实验室测试记录汇总保存。

技能实训

项目一　不同水样的感官比较与水质分析

一、实训目的

（1）会根据水样感官差异初步判断水质优劣。

（2）掌握水质、水质指标、水质检验的含义及联系。

二、实验原理

水的感官指标主要有色度（水的颜色）、臭度（水的气味）、浊度（水混浊程度）和透明度（水透明程度）等4项。中学化学知识和生活经验告诉我们，水本身应是无色、无味的透明液体，因此越符合或越接近该感官标准的水样其水质越好，否则，就是有杂质进入。一般水的感官表现与该标准差异越大，说明进入水中的杂质种类越多、数量越大，则水质污染越严重、水质越差。可见，感官比较法判断水质好坏就是从水色深浅、气味浓淡、混浊程度和透明性好坏等方面，分析比较不同水样（蒸馏水、自来水与污水）的水质优劣。

三、实训准备

（一）仪器

烧杯、比色管、加热装置、玻璃棒。

（二）试剂

1. 蒸馏水

普通蒸馏水、去离子水或市售纯净水均可。

2. 自来水

实验室水龙头的自来水或干净地下水均可，但最好是硬度较大的天然水。

3. 污水

生活污水或工业废水均可，要求明显含有悬浮物、溶解性有色物和有臭味的挥发物等污染物质。

四、实训过程

（一）常温下不同水样的感官比较

（1）将学生分为6组，给每组分发蒸馏水、自来水和污水水样各1小瓶。

（2）各组对本组的3份水样分别进行水色深浅、气味浓淡、混浊程度和透明性好坏等4个方面分析比较。

(3) 取100mL烧杯3个，标记编号后分别加入等体积蒸馏水、自来水和污水水样，嗅其气味，将结果填入表1.16。

(4) 取50mL比色管3支，标记编号，分别加入50mL蒸馏水、自来水和污水水样，从比色管口自上而下观察其颜色、透明度和混浊程度，将结果填入表1.16。

表1.16 常温下不同水样的感官表现差异

水样编号	水样类型	颜色描述	气味描述	透明程度	混浊程度
1	蒸馏水				
2	自来水				
3	污水				

(5) 分析表1.16的测定结果，讨论并总结常温常压下3种水样在感官表现上的差异、产生原因及其中反映出的科学道理。

(二) 沸腾条件下不同水样的感官比较

(1) 将分发的蒸馏水、自来水和污水水样同时加热至沸腾，再次对3份水样分别观察和测定水色深浅、气味浓淡、混浊程度和透明性好坏等指标，将分析结果填入表1.17。注意闻味应在沸腾时进行，闻味者与加热者最好不是同一人。

表1.17 沸腾时不同水样的感官表现差异

水样编号	水样类型	颜色描述	气味描述	透明程度	混浊程度
1	蒸馏水				
2	自来水				
3	污水				

(2) 分析表1.17，讨论并总结沸腾后（高温条件下）3种水样在感官表现上的差异、产生原因及其中反映出的科学道理。

五、实训成果

1. 水质分析

教师引领学生把各组两次实验的结果整理汇总后填入表1.18。

表1.18 不同处理下各水样的感官表现差异

水样编号	水样类型	颜色描述		气味描述		透明程度		混浊程度	
		常温	高温	常温	高温	常温	高温	常温	高温
1	蒸馏水								
2	自来水								
3	污水								

2. 知识探究

教师组织学生对表 1.18 结论进行分析讨论和知识提炼，写出实训感想。

六、注意事项

(1) 水样颜色观察比较时，应把各个水样导入透明且容积相同的玻璃烧杯或比色管中，背景颜色应为白色，光线强度应尽量一致。

(2) 闻水样气味时要严格按嗅闻挥发性物质的操作规程进步，不得采用非法操作。

(3) 沸腾的水样应稍冷却后方能转入比色管比色，否则会损坏比色管。

(4) 工业污水加热时应在通风橱中进行。

项目二 实验用水纯度分析

一、实训目的

(1) 掌握电导率仪使用方法，会测定水样的电导率值。

(2) 掌握电导法测定水纯度技术，会用电导率仪测定分析实验用水的纯度等级。

二、实验原理

测定水质纯度的方法中较为常用的主要是化学分析法和电导法两种。化学分析法能够比较准确地测定水中各种不同杂质的成分和含量，但分析过程复杂费时，操作烦琐。而电导法不仅简单快速，且可实现连续自动检测。因此，实验室用的蒸馏水、去离子水和二次亚沸蒸馏水都可用电导法进行水质纯度检验。

（一）电导率测定原理

电导是电阻的倒数，是指在外电场作用下电解质溶液中的正负离子以相反方向移动的能力。电导率则是指距离 1 cm，截面积为 1 cm^2 的两电极间溶液所测得的电导值。当水中离解物质较少时，其电导率值与溶液中的离子含量成比例变化，因而，测定水样的电导率值可在短时间内间接推测其离解物质的含量。

电导是电阻的倒数，溶液的导电能力与溶液中正负离子的数目、离子所带的电荷数、离子在溶液中的迁移速度等因素有关。测量电导时，用两个电极插入溶液中，测定两极间的电阻值即可按下式计算出其电导值，即

$$L=\frac{1}{R}=\left(\rho\cdot\frac{l}{A}\right)^{-1}=\frac{1}{\rho}\cdot\frac{A}{l}=K\cdot\frac{A}{l}=K\cdot Q \tag{1.8}$$

式中：L——电导，S（西门子，S=1/Ω）；

R——电阻，Ω；

ρ——电阻率，Ω/cm；

l——电极间距离，cm；

A——电极板截面积，cm^2；

K——电导率，S/cm 或 1/（Ω·cm）；

Q——电极常数或电导池常数，1/cm。

则电导率 K 可按下式计算：

$$K=\frac{L}{Q} \tag{1.9}$$

溶液的导电性与温度密切相关，因而一般要求在25℃条件下测定水（溶液）的电导率；否则，应在测定电导率的同时测定水温，并将其带入电导率温度校正公式中进行校正。电导率温度校正公式为

$$K_s=\frac{K_t}{[1+\alpha(t-25)]} \tag{1.10}$$

式中：K_s——25℃时的电导率，μS/cm；

K_t——t℃时测得的电导率，μS/cm；

t—— 测电导率时的实际温度,℃；

α——各种离子电导率的平均温度系数，一般取0.022。

（二）电导法测定水纯度原理

由于天然水中一般含有极其微量的 Na^+、K^+、Ca^{2+}、Mg^{2+}、CO_3^{2-}、Cl^-、SO_4^{2-} 等多种离子，所以具有较强的导电能力，即具有较大的电导率值，且离子含量越大，导电能力越强，电导率值越大。水经过纯化处理后，其离子含量急剧降低，甚至为0，因而纯水的导电性较差，电导率值一般较小。一般水的纯度等级越高，离子含量越低，电导率值越小，不同级别纯水的电导率值见表1.12。因此，可通过测定电导率鉴定水的纯度。

三、实训准备

电导率仪（DDS-11A型或其他型号）、铂黑电导电极、光亮电导电极、磁力搅拌器、恒温水槽、温度计、其他玻璃器皿、水样（自来水、蒸馏水、去离子水、超纯水）。

四、实训过程

（一）电导率仪使用训练

1. 开机前准备

（1）DDS-11A型电导率仪功能旋钮分布见图1.5，开电源前，观察表针是否指零，如不指零，可调正表头上的螺丝，使表针指零。

（2）选定合适电导电极后，将电极接口插入电极插口（电导池处CELL）内，旋紧插口上的紧固螺丝，用电极夹夹紧电极的胶木帽，并固定在电极杆上。

（3）将仪器的“常数”旋钮调至与选定电导电极标注的常数值相等的位置处。

2. 电导电极的选择

（1）如被测溶液的电导率小于10μS/cm，则应选择DTS-1型光亮电极。

（2）如被测溶液的电导率在 $10\sim10^4$ μS/cm范围，则应选择使用DTS-1型铂黑

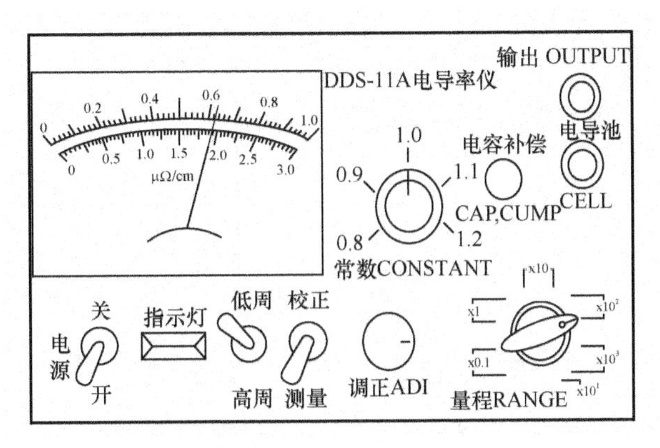

图 1.5　DDS-11A 型电导率仪功能旋钮示意图

电极。

(3) 如果被测溶液的电导率大于 $10^4\mu S/cm$，应则选用 DJS-10 型铂黑电极，此时将仪器的“常数”旋钮调节到所选电导电极标注常数的 1/10 位置处。

3. 校正

(1) 将“校正/测量”换挡开关扳至“校正”位置。

(2) 插接电源线，打开电源开关，并预热 3min（等指针完全稳定下来为止）调节校正（调正 ADI）旋钮，使电表满度指示。

4. 高低周选择

当使用第 1～8 量程，即被测溶液的电导率小于 $300\mu S/cm$ 时，选用“低周”挡；当使用 9～12 量程时，即被测溶液的电导率大于 $300\mu S/cm$ 时，则选用“高周”挡。

5. 测定

(1) 将“校正/测量”挡开关扳向“测量”挡，将电极浸入待测溶液中。

(2) 将“量程”选择开关扳至所需要的测量范围；如不知被测溶液电导率的大小，应先将其扳在最大电导率测量挡，然后逐挡下降（以防表针打弯），至表头指针位于表盘的 1/3～2/3 范围。

(3) 读数，用表指针的指示数乘以量程开关的倍率即为实际电导率。如图 1.6 所示“量程”在“$\times 10^2$”挡，指针指示为“1.95”，则被测溶液的电导率为 $1.95\times 10^2\mu S/cm$。

(4) 测量时，用第 1、3、5、7、9、11 各挡（黑色字符），则读数读表盘面上部的黑色数字刻度（0～1.0）；而当用第 2、4、6、8、10 各挡（红色字符），则读数读表盘面下部的红色数字刻度（0～3.0）。

（二）不同级别水的电导率测定

1. 取样

(1) 取样前用待测水反复清洗容器至少 3 次以上。

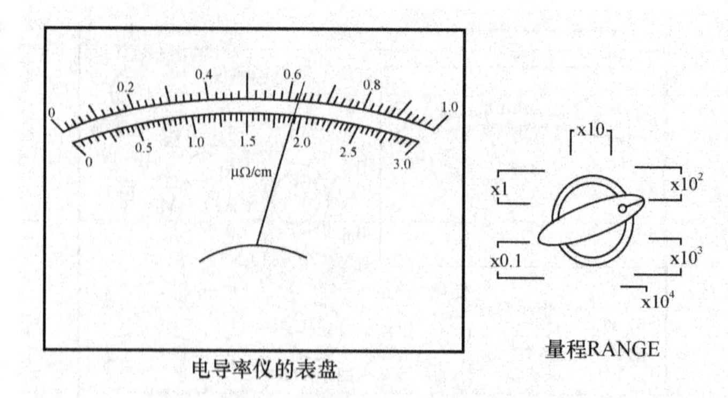

图 1.6 DDS-11A 型电导率仪的表盘示意图

(2) 取 3L 以上有代表性水样于干净的容器中，保证水样注满容器。

2. 贮存

各级纯水在贮存期间，其沾污物的主要来源是容器可溶成分的溶解、空气中的二氧化碳和其他杂质的溶入。因此，一级水不可贮存，应使用前制备；二级水、三级水可适量制备，但要求分别贮存在预先经同级水清洗过的相应容器中。各级纯水在运输过程中应避免沾污。

3. 测定

(1) 按要求调节好仪器，将“校正/测量”换挡开关扳至“测量”位置。

(2) 用 3 个烧杯分别盛适量的自来水、蒸馏水和超纯水。

(3) 将电极插入待测水样中，尽快读数。

(4) 测定电导率的同时测定水温。

五、实训成果

1. 数据记录

测定过程及时将测定数据填入表 1.19。

表 1.19 各水样电导率测定数据记录表

水样编号	实验用水类型	电导率 K_t /(μS/cm)	水样温度/℃	电导率 K_s (25℃) /(μS/cm)	纯度等级
1	超纯水				
2	去离子水				
3	蒸馏水				
4	自来水				

2. 温度校正

将实际测定的电导率值和温度值带入式 1.10 中计算的 25℃时电导率 K_s，并填入表 1.19中。

3. 确定不同水样的纯度等级

将自来水、蒸馏水、普通去离子水和超纯水的电导率值与表1.12不同等级纯水的电导率标准值比较，确定待测各种实验用水的纯度等级，并将结果填入表1.19。

六、注意事项

(1) 纯水电导率测试必须在洁净环境中进行，并采取适当措施，以避免对试样的沾污。

(2) 盛被测溶液的容器必须清洁，无离子沾污。

(3) 高纯水被盛入容器后应迅速测量，否则电导率增大很快，因为空气中CO_2会溶入水样中变成CO_3^{2-}使电导率快速增大。

(4) 电极的引线不能潮湿，否则将测不准。

(5) 用于一、二级水测定的电导率仪，应配备电极常数为0.01～0.1cm^{-2}的“在线”电导池，并具有温度自动补偿功能。

小结

本章在引导大家完成不同水质水样感官比较和电导率法分析不同实验用水纯度等级两个实训项目的过程中，认识理解水质、水质指标、水质标准、水质检验和水质检验工的含义及联系，了解熟悉水质检验岗位的工作职责和运行管理制度，掌握实验分析用水、试剂、试液的选用及配制方法，掌握感官比较法分析水样水质优劣和电导率法测定实验用水纯度级别技术。

作业

(1) 解释名词：

水质；水质指标；水质标准；水质检验；水质检验工；试液

(2) 分析比较污水处理厂与供水企业的水质检验部门工作职责的异同？

(3) 水质检验工作的基本程序是什么？

(4) 化学试剂按纯度不同可分为几级？各等级试剂分别适用于什么情况？如何快速判定试剂的纯度等级？

(5) 水质检验实验室对用水水质有哪些要求？纯水等级如何判定？不同等级纯水各用于什么情况？

(6) 如何依据水质标准判断考查水样水质的优劣？

(7) 在水质检验实验室工作应遵守和了解哪些规章制度？

(8) 常用的特殊用途水有哪些？各在什么情况下选用？如何制备？

知识链接

中国实验室国家认可制度

我国的实验室认可由中国实验室国家认可委员会（China national accreditation board for laboratories，简称CNAL）组织实施。CNAL是根据有关法律法规的规定，由国务院有关行政部门与实验室、检查机构认可方联合成立的国家认可机构；是经中国国家认证认可监督管理委员会批准设立并授权，统一负责实验室和检查机构认可及相关工作。CNAL是亚太实验室认可合作组织（APLAC）和国际实验室认可合作组织（ILAC）的正式成员，并签署了ILAC-MRA（相互承认协议）和APLAC-MRA（相互承认协议）。

CNAL认可的主要内容为：检测结果的公正性、质量方针与目标、组织与管理，如组织机构、技术委员会、质量监督网、权力委派，防止不恰当干扰、保护委托人机密和所有权、比对和能力验证计划等，质量体系、审核与评审。检测样品的代表性、有效性和完整性将直接影响检测结果的准确度，因此必须对抽样过程、样品的接收、流转、贮存、处置以及样品的识别等各个环节实施有效的质量控制。

为了规范质检机构和依照其他法律法规设立的专业检验机构的工作行为，提高检验工作质量，在1985年和1987年颁布了《中华人民共和国计量法》和《计量法实施细则》，规定了对检验机构的考核要求，并将对检验机构的考核称之为计量认证。

为了有效地对检验机构的工作范围、工作能力、工作质量进行监控和界定，规范检验市场秩序，提出对检验机构进行审查认可的要求，原国家技术监督局在1990年发布《标准化法实施条例》，以法规的形式明确了对设立检验机构的规划、审查条款，并将规划、审查工作称之为“审查认可（验收)”。

实验室认可是实验室的自愿行为。实验室为完善其内部质量体系和技术保证能力，向认可机构申请认可，由认可机构对其质量体系和技术能力进行评审，进而做出是否符合认可准则的评价结论。如获得认可证书，则证明其具备向用户、社会及政府提供自身质量保证的能力。

计量认证是中国政府对实验室的强制认可行为，是通过计量立法，对为社会出具公证数据的检验机构（实验室）进行强制考核的一种手段。审查认可（验收）是政府质量管理部门对依法设置或授权承担产品质量检验任务的质检机构设立条件、界定任务范围、检验能力考核、最终授权（验收）的强制性管理手段。

我国加入WTO后，为解决重复考核和与国际惯例接轨问题，于2000年10月24日制定发布了《产品质量检验机构计量认证/审查认可（验收）评审准则》，以替代原计量认证考核条款和审查认可（验收）条款，并已于2001年12月1日正式实施。

CNAL实验室认可，是我国完全与国际惯例接轨的一套国家实验室认可体系，目前已有亚太、欧洲、南非和南美洲等地区实验室认可机构承认其认可结果。

第二章　水样采集、保存和预处理

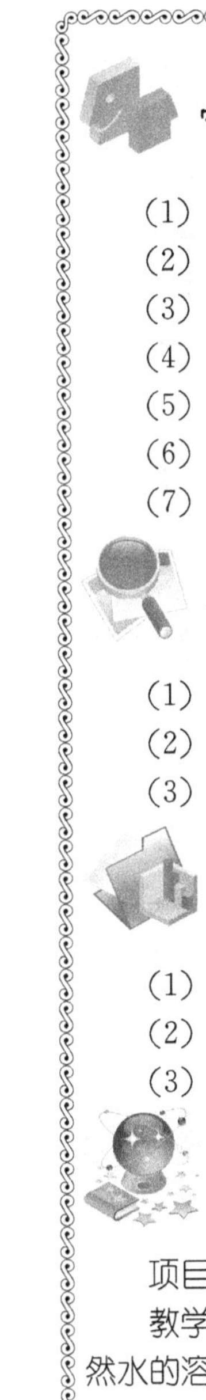

学习目标

（1）能简述采样前的准备工作要点。
（2）能简述布点采样的方法及注意事项。
（3）能简述水样运输保存的原则及方法。
（4）能简述水样预处理作用和各预处理方法的适用情况及注意事项。
（5）能完成水样的采集、运输和保存。
（6）能根据水质指标测定需要完成水样过滤、消解等预处理工作。
（7）能完成水样色度、溶解氧、氨氮和总氮等水质指标的测定。

必备知识

（1）采样点的布设原则及方法。
（2）水样采集、保存、运输的方法及注意事项。
（3）常见水样预处理方法的技术要点、操作规范及注意事项。

选修知识

（1）水质标准与水质指标标准检测方法。
（2）地表水及工业废水的流量测定方法。
（3）微波消解、离子交换等新兴的水样处理技术。

项目引导

项目1：水体溶解氧含量水平分析。

教学引导：溶解氧值是衡量河流等地表水体水质最重要的综合性指标之一。天然水的溶解氧含量取决于水体与大气中氧的平衡，其饱和含量与空气中氧的分压、大气压力、水温有密切关系。清洁地面水溶解氧一般接近饱和，但由于藻类等的作用溶解氧也可能过饱和。水体受有机、无机还原性物质污染后，溶解氧含量逐渐降低以至趋近于零，此时厌氧菌繁殖，水体水质恶化。所以可以用溶解氧值表示水体水质情况。天然水的溶解氧含量一般在 5～10mg/L，当低于 5mg/L 时就不能饮用。废水中溶解氧的含量取决于废水排出前的工艺过程，一般含量较低，工艺不同存在很大差异。碘量法是水体溶解氧值测定最经典方法之一。要用该方法准确地分析水体溶解氧含量，其关键不仅仅取决于滴定过程的准确性，还受水样代表性和采集方法合理性的影响。因此合理布点，科学采样，正确进行水样处理是获得代表性水样，得到反映被测水体溶解氧水平真实值的前提和基础。

项目 2：水体氨氮和总氮含量测定。

教学引导：生活污水和工业污水中含有大量含氮化合物，其进入水体会引起水体生态平衡破坏，使水质恶化。水体中含氮化合物包括无机氮和有机氮，有机氮在微生物作用下可逐渐分解变成无机氮。正确及时地测定水体总氮及各形态氮化物含量，有助于客观评价水体污染及自净状况。氨氮极易挥发，特别是碱性环境，因而氨氮水样采集、运输和保存过程中，采取必要措施防止氨氮挥发损失是保证水样代表性的关键。氨氮测定常用的方法有纳氏试剂分光光度法、滴定法和水杨酸-次氯酸盐分光光度法等，但都要求氨氮含量达到一定的浓度限值，再者当水样有色、混浊、含有大量干扰物也会显著影响测定的准确性。总氮测定常用方法是把水样中所有形态的氮化物转化为单一形态氮（硝酸盐），再按该单一形态氮的测定方法进行测定。可见，不论是氨氮测定，还是总氮测定，水样预处理都是必须重视的步骤。

本章就以水体溶解氧、氨氮和总氮含量的测定过程为案例，分析介绍水体水质检验的水样采集、运输、保存和预处理的关键技术及基本知识。

课前思考题

（1）进行河流等地表水体水质分析时，如何确定采样点？如何采样？

（2）分析工业废（污）水污染物含量状况时，怎样布设采样点？如何采样？

（3）分析污水处理厂水处理设施运行状况，应如何布设采样点？

（4）常用的水样采集器有哪些？各适用于什么情况？

（5）常用的盛水样容器有哪些？各适用于什么情况？

（6）水样采集前应做好哪些准备工作？采样过程除采样工作本身外还需要做哪些工作？

（7）常用的水样保存方法有哪些？各适用于什么情况？

（8）为什么要进行水样预处理？常用的水样预处理方法有哪些？各适用于什么情况？

第一节　水样采集

采集到代表性水样是获得水体可靠监测结果的前期和基础，因而水样采集是水质分析（监测）工作的核心环节之一。水样采集过程依次为采样点布设，采样时间、采样频率和采样量确定，采样器和采样方法选择，水样的保存、运输和预处理等。

一、采样点布设

（一）工业废水与城市污水水质监测的采样点布设

1. 工业废水水质监测的采样点布设

1）基础资料收集

（1）工业企业的性质、生产工艺、生产规模和能源类型。

（2）企业生产的工艺流程、工艺水平、原材料类型和产品类型。

（3）企业用水类型、水源、用水量、中水的重复利用率。

（4）企业排污口数量和布局、排污去向和控制方法。

（5）企业污水的污染物种类、排放强度、排放规律和污水处理情况。

2）采样点布设

水污染源一般经管或沟、渠排放，水的截面积较小，不需要水质分析断面，而直接从确定的采样点采样即可。

（1）监测分析一类污染物（包括汞、镉、砷、铅、六价铬、有机氯和强致癌物质等）的水样采集点应设在车间或车间设备排放口处。

（2）监测分析二类污染物（包括悬浮物、硫化物、挥发酚、氰化物、有机磷、石油类、铜、锌、氟及其化合物、硝基苯类和苯胺类）的水样采集点应设在工厂总排污口处。

（3）建有废水处理设施企业的废水采样点应在其处理设施的总排放口处，如果想了解企业污水处理设施的处理效果，则应分别在污水处理设施的进水口和出水口处设点采样。

（4）以水路形式排入公共水域的企业废水样品应从水路溢流堰的溢流中采样，用暗渠（管）排放污水的，应在排放口内、具有湍流状况且公共水域水不能倒流的地方布点采样。

2. 城市污水水质监测的采样点布设

1）基础资料收集

（1）城市人口数量、居民聚居区和工业园区位置及分布。

（2）城市主要排污企业的类型及分布。

（3）城市下水的收集、排放方式及水道管网布局。

（4）城市污水处理厂的布局及负荷情况。

2）采样点布设

（1）非居民生活排水支管接入城市污水干管的检查井处。

（2）城市污水干管的不同位置。

（3）污水进入地表水体的排放口。

（二）污（净）水处理厂运行状况监测的水样采集点布设

1. 基础资料收集

（1）污（净）水处理厂所在区域、规模、进水类型及变化规律。

（2）污（净）水处理的工艺流程、工艺水平、设施运行工况和负荷情况。

（3）污（净）水处理在线监测仪器的布局、安装位置和运行情况。

（4）出水的水质要求、去向和资源化利用情况。

2. 采样点的布设

（1）污（净）水处理厂的进水入口和处理工艺末端总排放口（水出厂口）处。

（2）各处理设施单元的水入口及出口。

（3）主要水质指标在线监测仪器的采样处。

（4）污泥排放口。

（三）地表水体水质监测采样点布设

1. 基础资料收集

（1）水体的水文、气候、地质和地貌特征（如水位、水量、流速及流向的变化等）；降雨量、蒸发量及历史上的水情；河流的宽度、深度、河床结构及地质状况；湖泊沉积物的特性、间温层的分布、等深线等。

（2）水体沿岸城市分布、污染源分布及其排污情况、城市给排水情况等。

（3）水体沿岸的资源现状和水资源的用途、饮用水源分布和重点水源保护区、水体流域土地功能及近期使用计划等。

（4）水体历年的水质分析资料等。

2. 河流水质监测的采样点布设

河流、湖泊和水库等地表水体水质监测采样点的布设方法一般是先根据河流环境情况设置监测断面，再根据河流水面宽度在监测断面上的确定采样垂线，最后根据采样垂线处水体深度确定采样点。

1）监测断面设置

对于江、河水系或其中某一河段常设置三种断面。

（1）对照断面：设置目的是了解河流进入监测河段前的水质状况和为该水体污染程度分析提供参比对照；设置位置在河流进入监测区域前没有各种污水流入或回流的地方；设置个数一般是一个河段只设一个对照断面，有重要支流时可酌情增加。

对一个水系或一条较长河流的完整水体进行污染分析时需要设置背景断面，一般设置在河流上游或接近河流源头未受或少受人类活动处，以便获得河流水质指标背景值。

(2) 控制断面：设置目的是与对照断面比较，以了解河流污染现状或变化趋势；设置位置一般在排污口下游500～1000m处，有特殊需要时在较大支流汇合口上游和汇合后与干流充分混合处、河流的入海口处、湖泊水库出入河口处、国际河流出入国境交界入出口处和城市功能区（城市饮水源区、水产资源集中的水域、主要风景游览区、水上娱乐区、重大水利设施处及特殊地区等）设施处也酌情设置，并尽可能采用已有的水文测量断面；设置数目按河段被污染情况、排污口分布、城市工业分布情况而定。

(3) 削减断面：设置目的是了解被污染河流经过水体自净作用后的水质情况；设置位置常选择污染物明显下降，其左、中、右三点浓度差异较小的地方，多在监测区最后一个排污口下游1500m以外的河段上。

河流水质分析监测断面典型设置如图2.1所示。

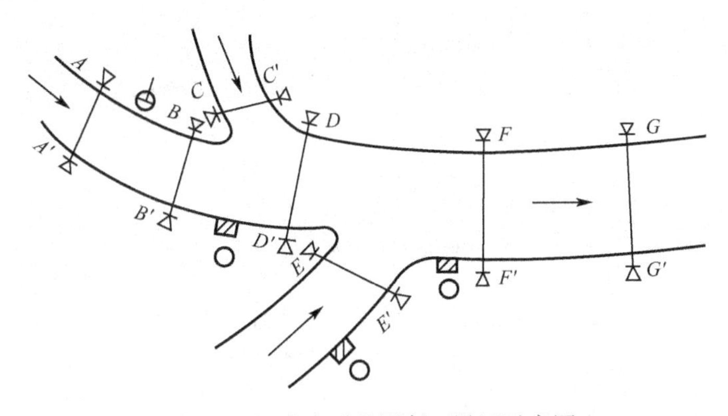

图2.1　河流水质监测断面设置示意图

→为水流方向；为自来水厂取水点；○为污染源；为排污口；

A-A^{1}为对照断面；B-B′、C-C^1、D-D^1、E-E^1、F-F^{1}为控制断面；G-G^{1}为消减断面

2) 采样垂线设置

(1) 当河面水宽小于50m时，设一条中泓垂线。

(2) 水面宽50～100m时，在左右近岸有明显水流处各设一条垂线。

(3) 水面宽100～1000m时，设左、中、右三条垂线。

(4) 水面宽大于1500m时至少设5条等距离垂线。

3) 采样点设置

(1) 水深小于或等于5m时，只在水面下0.3～0.5m处设一个采样点。

(2) 水深5～10m时，在水面下0.3～0.5m处和河底上0.5m处各设一个采样点。

(3) 水深10～50m时，要设三个采样点，水面下0.3～0.5m处一点，河底以上约0.5m处一点，1/2水深处一点。

(4) 水深超过50m时，应酌情增加采样点数。

4) 标志物设置

监测断面和采样点位置确定后，如果岸边无明显的天然标志，应立即设置人工标志物，如竖石柱、打木桩等。以后每次采样时以标志物为准，在同一点位上采样，以保证样品的代表性和可比性。

3. 湖泊水库水质监测的采样点布设

1）监测断面设置

湖泊和水库监测断面的设置原则与河流类似，也是根据其是单一水体还是复杂水体，以及汇入湖泊（水库）的河流数量、水体径流量、季节变化及动态变化、沿岸污染源分布等因素设置监测断面，如图 2.2 所示。

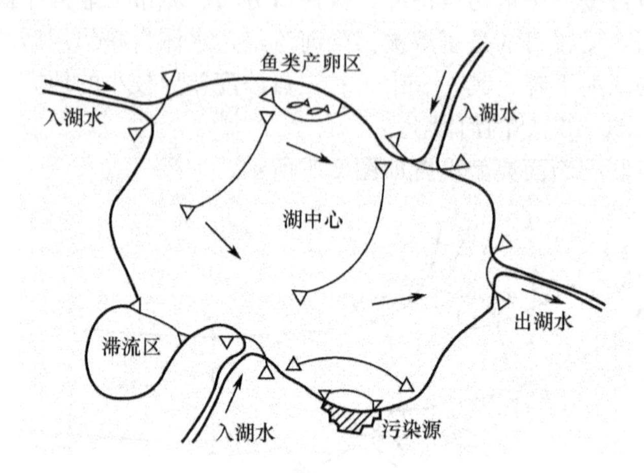

图 2.2 湖泊、水库水质监测断面设置示意图

为水质监测断面

（1）在进出湖、库的河流汇合处设水质分析断面。

（2）以功能区为中心（如城市和工厂的排污口、饮用水源、风景游览区、排灌站等），在其辐射线上设置弧形水质分析断面。

（3）在湖库中心，深、浅水区，滞流区，不同鱼类的回游产卵区，水生生物经济区等设置水质分析断面。

2）采样垂线和采样点设置

湖泊、水库监测断面的采样垂线和采样点的设置方法参考河流。

（四）地下水体水质监测采样点布设

1. 基础资料收集

（1）收集、汇总监测区域的水文、地质、气象等方面的有关资料和以往的水质分析资料。例如，地质剖面图、测绘图和水井的成套参数、含水层、地下水补给、径流和流向，以及温度、湿度、降水量等。

（2）调查监测区域内城市发展、工业分布、资源开发和土地利用情况，尤其是地下工程规模、应用等；了解化肥和农药的施用面积和施用量。

（3）测量或查知水位、水深，以确定采水器和泵的类型、所需费用和采样程序。

（4）调查污水灌溉、排污、纳污和地表水污染现状。

（5）在完成以上调查的基础上，确定主要污染源和污染物，并根据地区特点和与地下水的主要类型把地下水分成若干个水文地质单元。

2. 采样点布设

地下水分为潜水（浅层地下水）、承压水（深层地下水）和自流水，其中以浅层地下水水质监测最为常用。通常的做法是把各地质单元现有机井作为监测井进行采样和水质分析，如果要了解某特定水源的水质状况，则只需从该水源的任一自来水管中采样即可。如果要确定某种污染物的水平或垂直分布，以做出相应评价，则需要组织相关力量进行系统的采样和分析研究。

1）工农业生产和居民生活用地下水监测的采样点布设

用作城市居民生活饮用、工业生产和农田灌溉的地下水水质监测的采样应布设专门水质监测井，也可利用当下正在使用的现成机井进行采样。采样井位置确定后，应进行分区、分类、分级和统一编号，并设立明显标志物。一般水质监测井采样的采样点多设在液面下 0.3～0.5m 处。如果有间温层或多含水层分布，可按具体情况分层采样。

2）区域性地下水源监测的采样点布设

区域性或大面积的地下水域水质监测采样，可利用符合要求的已有机井或泉眼，选择有代表性的采样点。自喷泉水可在涌口处直接采样，不自喷泉水用抽水管采样。利用监测井采集水样时，必须在充分抽汲后进行，以保证水样能代表地下水水源。

3）污染区地下水监测的采样点布设

对于污染区（如污灌区、排污井附近）地下水监测，应注意地下水流向，分别在纵向（垂直于地下水流方向）和横向（平行于地下水流方向）布设采样井（点），井的数目和位置取决于监测目的、水层特点，以及污染物在含水层内的迁移情况。如果污染源在地下水位以上，则需要在包气带采样，以得到对地下水潜在威胁的真实情况。

4）背景值监测点布设

背景值常用作对照值和参考值用，其监测采样点一般设在污染区域以外未受或少受人为因素影响的地方。一般新开发区的背景值监测点设在引入污染源之前的区域。

二、采样时间和采样频率确定

（一）工业废水与城市污水水质监测的采样时间和采样频率确定

1. 工业废水监测采样时间和采样频率确定

一般情况下，可在一个生产周期内每隔 0.5h 或 1h 采样一次，将其混合后测定污染物的平均值。如果取几个生产周期（如 3～5 个周期）的污水样分析，可每隔 2h 取样 1 次。对于排污情况复杂、浓度变化大的污水，采样时间间隔要缩短，有时需要 5～10min 采样 1 次，这种情况最好使用连续自动采样装置。对于水质和水量变化比较稳定或排放规律性较好的工业废水，待找出污染物浓度在生产周期内的变化规律后，采样频率可大大降低。

2. 城市污水监测采样时间和采样频率确定

对于城市管网污水，由于管道内的污水已经充分混合，因而可在一年的丰、平、枯水季，从总排放口分别采集一次流量比例混合样，测定各污染物组分的平均浓度即可。一般是每4h采样一次，连续采集24h。

（二）污（净）水处理厂运行状况监测的水样采集时间和采样频率确定

在污（净）水处理厂，为指导调节水处理工艺参数，监控进、出水水质，每天都要从总进、出水口和随机选择的部分处理单元采集水样，对一些重要控制指标进行检验分析。通常取样频率为每2h一次，取24h混合样，以日均值计。

（三）地表水体水质监测采样时间和频率确定

1. 河流

一般较大水系的干流和中小河流要求全年采样不少于6次，采样时间为丰、枯和平水期，每期采样2次。若为潮汐河流，则全年采样3次，丰、平、枯水期各1次，每次采样2d，分别在大潮期和小潮期进行，每次应采集当天涨、退潮水样分别测定。对于流经城市工业园区、游览水域、饮用水源地的河流，以及污染较严重的河流，全年采样不少于12次，采样时间为每月1次。

2. 湖泊和水库

全年采样两次，枯水期和丰水期各1次。设有专门水质监测站的全年采样不少于12次，每月采样1次。

3. 背景断面

河流、湖泊等地表水体的背景断面均为每年采样1次。

（四）地下水水样采集的时间和频率确定

每年应在丰水期和枯水期分别采样，或按四季采样，有条件的水质分析站按月采样。每采一次样水质分析一次，10d后可再采一次水样进行水质分析。对有异常情况的井点，应适当增加采样及水质分析次数。

三、采样量确定

采样量确定应充分考虑水样性质、污染物浓度、预测水质指标数量以及分析方法等因素。正常浓度水样不同指标单次测定的需样量（不包括平行样和质控样）如表2.1所示。通常的实际采样量是欲分析的各水质指标测定所需样量之和乘以2后再增加20%～30%。

表 2.1　不同水质指标测定的需样量一览表

分析项目	水样采集量/mL	分析项目	水样采集量/mL	分析项目	水样采集量/mL
悬浮物	100	氯化物	50	溴化物	100
色度	50	重金属类	100	碘化物	100
臭	200	硬度	100	氰化物	500
浊度	100	酸度、碱度	100	硫酸盐	50
pH	50	溶解氧	300	硫化物	250
电导率	100	氨氮	400	COD	100
凯氏氮	500	BOD_5	1000	苯胺类	200
硝酸盐氮	100	油	1000	硝基苯	100
亚硝酸盐氮	50	有机氯农药	2000	砷	100
磷酸盐	50	酚	1000	氟化物	300

四、采样前准备

（一）采样器准备

1. 常见水样采集器及使用方法

1）采样桶和采样瓶

经常用聚乙烯塑料壶、金属桶或玻璃瓶采集浅层地表水体水样。一般用水样冲洗水桶、瓶子 2～3 次，再将其沉至水面下 0.3～0.5m 处采集。

2）简易采水器

简易采水器一般由塑料水壶和钢丝架组成（图 2.3），改良的 Kemmerer 采水器由带有软塞的滑动螺杆和水筒等部件组成（图 2.4），常用于采集地面水和地下水。将采水器放到预定深度，拉开塑料水壶进水口的软塞，待水灌满后提出水面，即可采集到水样。

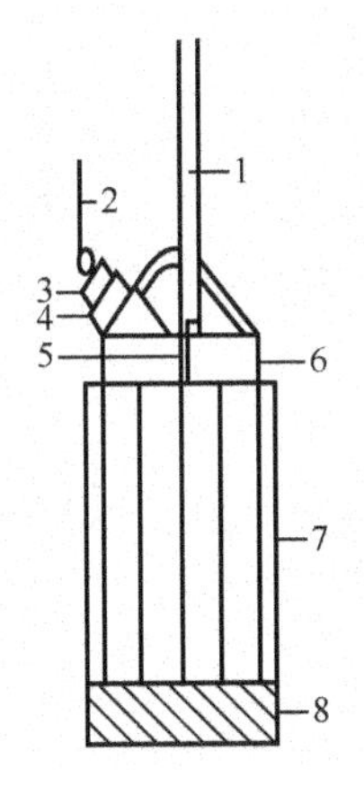

图 2.3　简易采水器

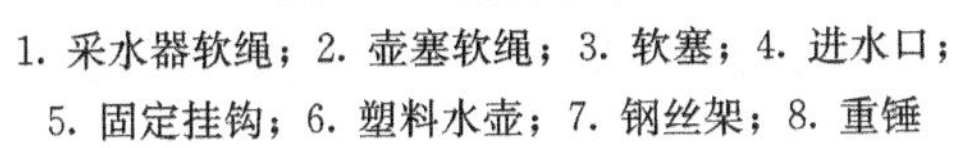

1. 采水器软绳；2. 壶塞软绳；3. 软塞；4. 进水口；5. 固定挂钩；6. 塑料水壶；7. 钢丝架；8. 重锤

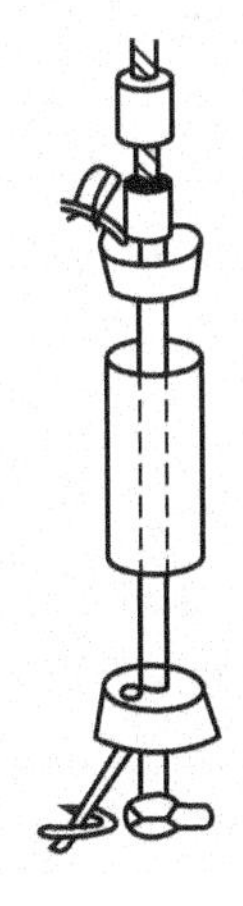

图 2.4　改良的 Kemmerer 采水器

3）单层采水器

单层采水器是一个装在金属框内用绳索吊起的玻璃瓶（图 2.5），框底有铅块，以增加重量，瓶口配塞，以绳索系牢，绳上标有高度。采样时，先将采水瓶降落到预定深度处，再将细绳上提把瓶塞打开，让水样充满水瓶，充满后立即提出采样器即可。单层采水器适用于水流平缓的深层水样的采集。

4）急流采水器

急流采水器（图 2.6）适用于水流湍急、流量较大水体的水样采集。采集水样时，打开铁框的铁栏，将样瓶用橡皮塞塞紧，再把铁栏扣紧，然后沿船身垂直方向伸入水深处，打开钢管上部橡皮管的夹子，水样便从橡皮塞的长玻璃管流入样瓶中，瓶内空气由短玻璃管沿橡皮管排出。

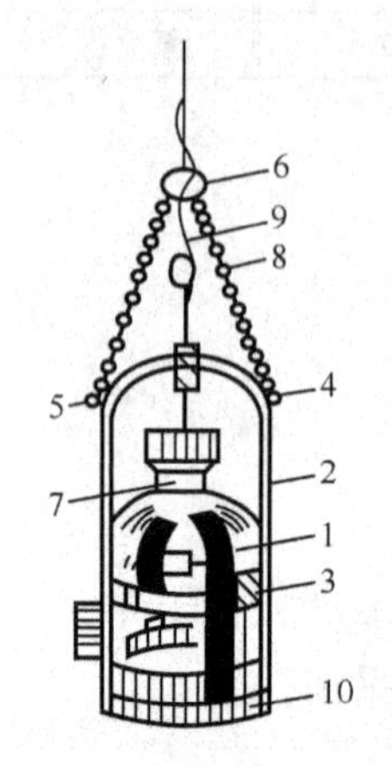

图 2.5 单层采水瓶

1. 水样瓶；2、3. 瓶架；4、5. 平衡挂钩；6. 瓶绳固定挂钩；7. 瓶塞；8. 采水瓶绳；9. 开塞软绳；10. 铅锤

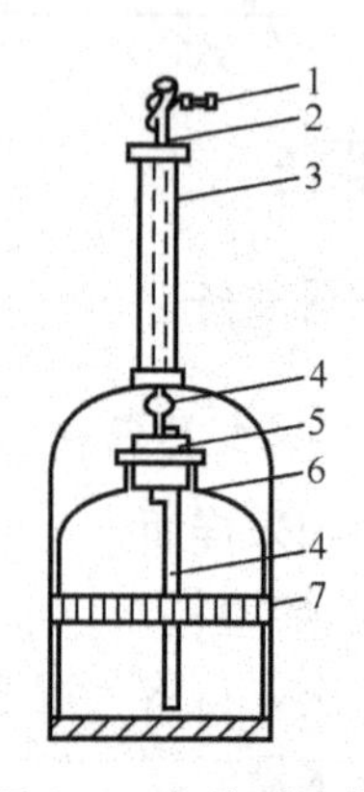

图 2.6 急流采水器

1. 夹子；2. 橡皮管；3. 钢管；4. 玻璃管；5. 橡皮塞；6. 玻璃取样瓶；7. 铁框

5）双层采样器

双层采样器（图 2.7）适用于采集欲测定溶解性气体含量的水样。采样时，先将采样器沉入要求水深处，再打开上部的橡胶管夹，使水样进入小瓶，将空气驱入大瓶并从连接大瓶短玻璃管排出，待水样进入大瓶并充满大瓶为止，把采样器提出水面后迅速密封。

6）深层采水器

深层采水器（图 2.8）用于采集地下水体或深层水体水样。采样时，将采水器下沉一定深度。扯动挂绳，打开瓶塞，待水灌满后，迅速提出水面，弃去上层水样，盖好瓶盖，并同步测定水深。

7）自动采水器

随着水质在线监测技术的发展，诸如电动采水器、连续自动定时采水器等也得到快速发展和广泛使用，特别是在污水处理厂、自来水厂、水源地和企业污水排放口等重点关注区域。

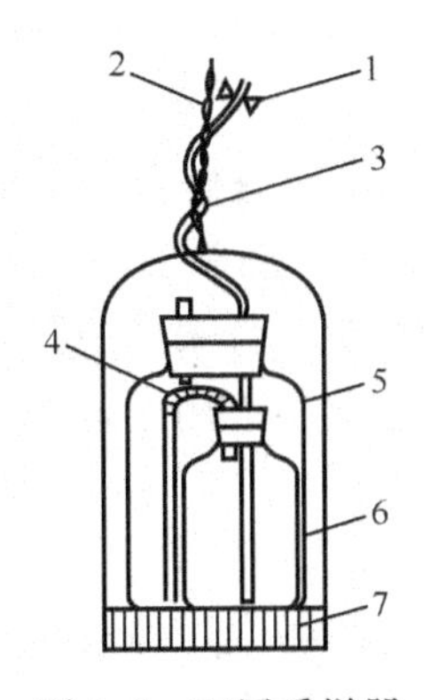

图 2.7　双层采样器

1. 夹子；2. 绳子；3. 橡皮管；4. 塑管；5. 大瓶；6. 小瓶；7. 带重锤的夹子

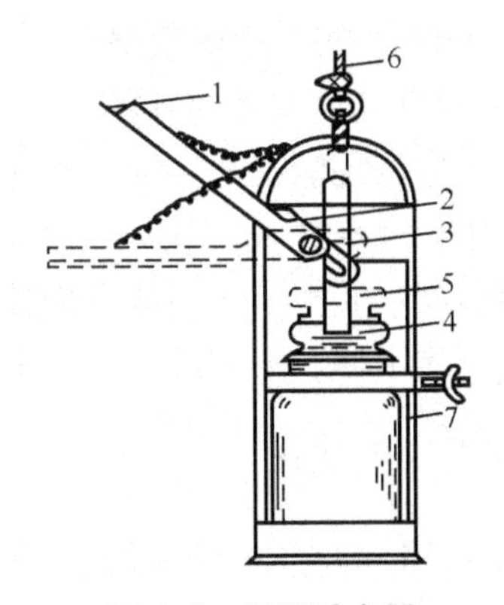

图 2.8　深层采水器

1. 叶片；2. 关闭杠杆；3. 开口杠杆；4. 玻璃关闭塞；5. 开口玻璃塞；6. 悬挂绳；7. 金属架

2. 采样器准备

采样前，根据采样需求选择适宜的水样采集器，清洗干净备用。先用自来水冲去灰尘等杂物、用洗涤剂去除油污，用自来水冲洗洗涤剂后，再用 10%盐酸或硝酸洗刷，用自来水冲洗干净后备用。

（二）盛样容器准备

1. 盛样容器选择

常用的盛水样容器有聚乙烯塑料容器和硬质玻璃容器。聚乙烯塑料和碳酸脂质的容器常用于盛装分析金属和无机物等水质指标的水样，如二氧化硅、钠、总碱度、氯化物、氟化物、电导率、pH 和硬度等。玻璃容器常用于盛装分析有机物指标和生物指标的水样。如果待测物为光敏物质应使用棕色玻璃瓶盛装，测定 DO 和 BOD 的水样必须用专用的容器盛装，测定微量有机物的样品应该用不锈钢质容器，分析某些特殊水质指标的水样还应采用惰性材料质容器盛装。常用的盛水样容器为各种类型的细口、广口和带有螺旋帽的瓶子，其瓶塞的选择也不容忽视。如橡胶塞不能用于盛装测定有机物和微生物水样的容器，磨口玻璃塞不能用于盛装强碱性水样的磨口玻璃瓶。此外，如果样品装在箱子中送往实验室分析，则必须配有可以防止瓶塞松动、防止样品溢漏污染的装置。

总之，选择盛水样的容器应遵循下列原则：①制造容器的材料具有化学和生物学惰性，一般不会出现样品组分与容器发生反应造成水样污染的情况；②容器壁吸附待测物或吸附极弱；③容易清洗干净，可反复使用；④大小形状适宜，方便使用和储运。

2. 盛水容器的处理

1）盛装测金属类水样的容器

先用洗涤剂清洗、自来水冲洗，再用 10%的盐酸或硝酸浸泡 8h，用自来水冲洗，最后用蒸馏水清洗干净。盛测重金属指标水样的玻璃容器及聚乙烯容器，通常采取用 1mol/L盐酸或硝酸浸泡 1～2d 后用去离子水冲洗的洗涤方法。还应注意盛测铬盐水样的容器不能用铬酸-硫酸洗液洗涤。

2）盛装测有机物水样的容器

先用重铬酸钾洗液浸泡24h，再用自来水冲洗，之后用质量分数为10%的盐酸溶液浸泡过夜，用自来水冲洗，最后用蒸馏水清洗干净。或是先洗涤剂洗涤，再自来水冲洗，最后用蒸馏水润洗。所用洗涤剂类型和容器材质要随待测组分来确定，盛测磷酸盐等植物营养物质水样、测定硅、硼和表面活性剂的水样的容器不能用含磷洗涤剂。

（三）其他工具准备

根据交通条件准备合适的陆上交通工具，有条件的还应准备专用的水质分析船和采样船，或其他适合船只。此外，还应准备皮卷尺、记号笔、签字笔、记录本、pH试纸、小烧杯、吸水纸、防碰撞垫料等采样辅助工具。

五、采样方法

（一）水样类型

1. 瞬时水样

瞬时水样是指某一时刻和地点从水体中随机采集的分散水样。该类水样无论是在水面、规定深度或底层采集，通常均可人工完成，也可用自动化设备采集。自动采样系统采集的是以预定时间或流量间隔为基础的一系列瞬时样品。

一般情况下，瞬时水样只代表采样当时采样点的水质，因而适用于下列情况：①水体水质稳定，或其组分在相当长的时间或相当大的空间范围内变化不大；②测定组分及含量随时间和空间变化水体水质的变化程度、频率和周期等水质的变化规律；③欲考察可能存在的污染物，或要确定污染物的出现时间、最高含量值、最低含量值等数据；④测定溶解气体、余氯、可溶性硫化物、微生物和 有机物等某些不稳定的指标参数。

2. 混合水样

混合水样是指在同一采样点上以时间、体积或是流量为基础，按照已知比例（间歇的或连续的）采集的瞬时水样混合在一起形成的样品，通常指“时间混合水样”。混合水样可自动或人工采集，混合单独样品可减少监测分析工作量、节约时间、降低试剂损耗。

混合水样不适用于被测组分在贮存过程中发生明显变化的情况，如测定挥发酚、油类、硫化物等，但非常适合于下列情况：①需测定平均浓度；②计算单位时间的质量负荷；③为评价特殊的、变化的或不规则的排放和生产运转的影响。

3. 综合水样

综合水样是指把不同采样点同一时间采集的各个瞬时水样混合后所得到的样品。综合水样的采集包括纵断面样品和横截面样品两种情况，前者是在特定位置采集一系列不同深度的水样，后者是在特定深度采集一系列不同位置的水样。综合水样是获得平均浓度的重要方式，在某些情况下更具有实际意义，如有时需要把代表断面上的各点水样混合或把几个污水排放口的污水按相对比例流量混合，以取其平均浓度。

采集综合水样，应视水体的具体情况和采样目的而定。如几条排污河渠建设综合污水处理厂，从各个河道取单样分析不如综合样更为科学合理，因为各股污水的相互反应可能对设施的处理性能及其成分产生显著的影响，由于不可能对相互作用进行数学预测，因此取综合水样可能提供更加可靠的资料。

4. 质量控制样品

为了克服或控制采样误差而在采样现场人工制备的特殊水样叫质量控制样，包括现场空白样、现场平行样和加标样。现场空白样是在采样现场，用纯水按样品采集步骤装瓶，与水样同样处理，以掌握采样过程中环境与操作条件对水质分析结果的影响。现场平行样是现场采集平行水样，用于反映采样与测定分析的精密度，采集时应注意控制采样操作条件一致。加标样是取一组平行水样，在其中一份中加入一定量的被测标准物溶液，两份水样均按规定方法处理。

（二）采样方法

1. 工业废（污）水样采集方法

工业废水和城市污水一般流量相对较小，且都有固定的排污口，所处位置也不复杂，因此所用采样方法和采样器也较简单。从浅埋的污水排放管（渠、沟）中采样，一般用采样器直接采集，或用聚乙烯塑料长把勺采样。对于埋层较深的排污水管（渠、沟），可将深层采水器或固定负重架的采样容器沉入监测井内一定深度的污水中采样，也可用塑料手摇泵或电动采水泵采样。在某些重点排污企业的重点排污口安装有在线实时自动采水器或连续自动定时采水器，可根据需求自动采集瞬时废水样或比例混合废水样，以提供更加全面及时的参数信息。

1）需采集瞬时废水样的情况

（1）企业生产工艺过程连续、恒定，废水污染组分及浓度随时间变化不大。

（2）绘制企业排污的“浓度-时间”关系曲线，计算排污的平均浓度和浓度峰值。

（3）欲考察可能存在的污染物，确定污染物的浓度峰（谷）值出现时间等数据。

（4）测定废水中溶解气体、可溶性硫化物、微生物和有机物含量等不稳定的指标参数。

2）需采集混合废水样的情况

（1）流量基本不变，污物的组分性质稳定、浓度随时间发生周期性变化工业废水的污物含量平均值分析（平均混合废水样）。

（2）流量不稳定的排污口污水污物含量平均值分析（平均比例混合废水样）。

3）需采集综合废水样的情况

（1）估测有多股工业废水进入的综合水域的污物平均浓度。

（2）多个污水排放口的综合排污强度分析。

2. 地表水水样采集方法

1）船只采样

利用船只到指定地点，用采样器采集一定深度的水样，适用于一般河流和水库采样。此法灵活，但采样地点不易固定，使所得资料可比性较差。

2）桥梁（索道）采样

桥梁（索道）采样是把架设在河流、水库上现有的桥梁（索道）处作为监测断面，采样人站在桥梁（索道）上利用深水采样器采集不同深度的水样。此采样法安全、可靠、方便，不受天气和洪水影响，并能横向、纵向准确控制采样点位置，因而适用于频繁采样。

3）涉水采样

采样时，采样者站在河流监测断面下游，向上游方向用塑料桶或简易采水器直接采集水样。适用于较浅的小河和靠近岸边水浅的采样点。

3. 地下水水样采集方法

地下水的水质比较稳定因而通常采集瞬时水样。

1）井水

从井中采集水样常利用抽水机等设备。采样时，启动抽水机后，要先放水数分钟，将积留在管道内的杂质及陈旧水排出，然后用采样容器接取水样。对于无抽水设备的水井，可选择适合的深层采水器采集水样。

2）自来水

先将水龙头完全打开，放水数分钟，排出管道中积存的死水后再采样。

3）泉水

自喷的泉水，可在涌口处出水水流的中心采样。采集不自喷泉水时，将停滞在抽水管的水汲出，新水更替之后，再进行采样。

（三）水样采集注意事项

（1）采样前必须用待采水样冲洗采样器 2～3 次后再进行正式采样，若需分析五日生化需氧量、有机物和细菌类指标，油类的水样除外。

（2）采样时不可搅动水底的沉积物，但要除去水面杂物、垃圾等漂浮物和泥沙等沉降性固体。

（3）采样同时应严格按相关要求认真填写“采样记录表”和样瓶标签。

（4）水样提出水面倒入盛样容器后应立即加盖盖紧、密封，贴好标签。

（5）如采样现场水体很不均匀而无法采到有代表性的样品，应详细记录不均匀情况和实际采样情况，并将现场情况向主管部门反映。

（6）要求现场测定的水质指标必须在现场进行。

（7）用于悬浮物、BOD_5、DO、硫化物、油类、余氯、粪大肠菌群、放射性等指标测定的水样，必须单独采样、定容，并全部用于测定。

（8）测定 BOD_5、DO 和挥发性有机污染物项目的水样采集时水样必须注满容器，溶解氧水样采集后还应在现场固定和盖好瓶塞后水封。

（9）采样结束前，应认真核对采样计划、采样记录与水样，如有错误或遗漏，应立即补采或重采。

（10）现场测试项目的样品应记下平行样的份数和体积，同时记录现场空白样和现场加标样的处置情况。

六、采样记录

采样时，要认真规范地填写采样记录表（一式三份）和水样标签。书写时用硬制铅笔和不溶性墨水笔，字迹要工整、清晰，忌涂改。

（一）水污染源监测采样记录表

1. 工业废（污）水采样记录表（表2.2）

表2.2　污水采样记录表

水质检验室：＿＿＿＿＿＿年度：＿＿＿＿＿＿

样品编号	企业名称	行业名称	采样口	采样口位置（车间/出厂口）	采样口流量/(m^3/s)	采样时间（×月×日）	颜色	臭	pH	备注

现场情况描述：＿＿＿＿＿＿＿＿＿＿＿＿＿＿＿＿＿＿

治理设施运行状况：＿＿＿＿＿＿＿＿＿＿＿＿＿＿＿＿

采样人员：＿＿＿＿＿＿企业接待人员：＿＿＿＿＿＿记录人员：＿＿＿＿

2. 工业废（污）水水样送检样表（表2.3）

表2.3　污水送检表

水质检验室：＿＿＿＿＿＿年度：＿＿＿＿＿＿

样品编号	企业名称	行业名称	采样口名称	采样日期（×月×日）	采样时间（×时×分）	备注

送样人员：＿＿＿＿＿＿接样人员：＿＿＿＿＿＿送检时间：＿＿＿＿＿＿

（二）污水处理设施运行状况监测采样记录表（表2.4）

表2.4　××污水处理厂运行监测记录表

采样年度：＿＿＿＿＿＿＿＿＿＿

样品编号	采样地点（处理设施）	采样日期	采样时间		颜色	臭	pH	温度/℃	其他水质指标参数			备注
			开始	结束								

采样人员：＿＿＿＿＿＿记录人员：＿＿＿＿＿＿审核人员：＿＿＿＿＿＿

（三）地表水采样记录表和水样送检表

1. 地表水采样记录表（表2.5）

表2.5　地表水采样记录表

水质检验室：____________________年度：____________

编号	河流（湖库）名称	采样日期与时间	断面名称	采样位置				气象参数					流速(m/s)	流量(m^3/s)	现场测定记录						备注
				断面号	垂线号	点位号	水深m	气温/℃	气压/kPa	风向	风速/(m/s)	相对湿度/%			水温/℃	pH	溶解氧/(mg/L)	透明度/cm	电导率/(μS/cm)	感官指标描述	

采样人员：____________________　记录人员：______________

2. 水样送检表（表2.6）

表2.6　水样送检登记表

样品编号	采样河流（湖、库）	采样断面及采样点	采样时间（月、日）	添加剂种类	添加剂数量	分析项目	备注

采样人员：______　送样人员：______　接样人员：__________送检时间：__________

（四）地下水采样记录表（表2.7）

表2.7　地下水采样记录表

水质监测井编号	水质监测井名称	采样日期	采样时间	采样方法	采样深度/m	气温/℃	天气状况	断面名称	现场测定记录									样品性状	样品瓶数量	固定剂加入情况	备注
									水位/m	水量(m^3/s)	水温/℃	色	臭和味	浑浊度	肉眼可见物	pH	电导率/(μS/cm)				

采样人员：________________　记录人员：________________

（五）水样标签

水样采集后，根据不同的水质分析要求，将样品分装成数份，并分别填写水样标签，贴于盛装水样的容器外壁上。水样标签应事先设计打印，内容及标签式样如图2.9所示。对于未知的特殊水样以及危险或潜在危险物质如酸，应用记号标出，并将现场水样情况作详细描述。

样品编号：__________ 业务代号：__________
样品名称：__________
采样地点：__________
添加保存剂种类和数量：__________
检测项目：__________
采样日期：__________ 采样时间：__________
采样人员：__________，__________，__________

图 2.9 水样标签式样

七、采样安全预防措施

（1）采样方案设计人员必须充分考虑气象、地形和水文条件，确保采样人员和仪器设备安全。

（2）采样操作人员必须掌握必备防护技术、采取必要的安全防护措施，避免在采样过程吸入有毒物质和人身伤害。

（3）如果无特殊要求应尽量用桥上采样来代替河岸边采样，尽可能避免从不安全的河岸等危险地点采样，如果不能避免，必须采取相应安全措施，并注意不要单人行动。

（4）工业废水大多具有腐蚀性，或者含有有毒或易燃物质，或者含有有害生物，为防止意外情况出现，采样期间必须采取必要的特殊防护措施。

（5）采样人员进入有毒气体环境中时，必须配备使用气体防毒面具、呼吸苏醒器具和其他安全设备。

（6）处理含放射性物质的样品和热排放物时要特别小心，必须采用成熟可靠的专门采样技术。

（7）水中或者靠近水处使用电动采样设备时有触电危险，因而选定采样点、维护保养设备时应采取必要的防护措施。

（8）安装在河、湖、渠岸边的水质监测仪器和采样设备要采取适当的防洪、防破坏等保护措施。

第二节 水样运输保存

一、引发水样变质的因素

水样运输、保存过程，采取科学防护措施的核心是使各种水质水样从采集到水质指标测定这段时间内的水样组分尽量不发生变化。因而，了解可能引起水样性质变化的各种因素及其影响规律，采取必要合理防护措施，防止水样水质少（免）受上述因素影响，对获得正确的实验数据尤为重要。

1. 物理因素

引起水样性质发生变化的物理因素主要有光照、温度、震动，敞露等保存条件及盛样容器材质稳定性等。光照会使水样某些成分发生分解和化学转化，温度升高或强震动会使得一些物质如氧、氰化物及汞等挥发，长期静置会使 $Al(OH)_3$、$CaCO_3$、$Mg_3(PO)_4$等沉淀，敞露可能导致水样与空气间发生 CO_2 等气体的挥发或溶入而引起pH、总硬度、酸（碱）度等指标变化，不良材质容器的内壁可能不可逆地吸附、吸收一些有机物或金属化合物等。

2. 化学因素

引起水样性质发生变化的化学作用主要有化合、配合、水解、聚合、氧化还原等，这些作用将会导致水样组成发生变化，例如空气中的氧能使二价铁、硫化物等氧化，使聚合物解聚或单体化合物聚合等。

3. 生物因素

常引起水样性质发生变化的生物作用主要是细菌等微生物的新陈代谢活动使水样中有机物的浓度和溶解氧浓度降低。

二、水样运输

采集的水样，除一部分项目在现场分析使用外，大部分水样要运到分析实验室进行水质指标的检验分析。在水样运输过程中，为使水样不受污染、损坏和丢失，保证水样的完整性、代表性，应注意以下几点：

(1) 用塞子塞紧采样容器，塑料容器要塞紧内、外塞子，有时需用封口胶或石蜡封口。

(2) 采样容器装箱时要用泡沫塑料或纸条作衬里和隔板进行分隔，防止碰撞损坏。

(3) 同一采样点的样品应装在同一包装箱内，如需分装为多个箱子时，需在每个箱内放入一份完整的与其他箱相同的采样记录表。

(4) 启运前应检查现场记录上的所有水样是否全部装箱，并用醒目色彩在包装箱顶部和侧面标上“切勿倒置”标记。

(5) 运输需冷藏样品，应将样品置于专门的隔热容器中，并放入制冷剂。

(6) 运输样品冬季应采取保温措施防止冻裂样品容器，夏季应避免日光直接照射，还要防止新污染物进入容器和沾污瓶口导致水样变质。

(7) 水样运送及交接过程应严格按照相关规定进行，并认真填写水样运输程序管理卡，确保每个水样及采样资料完整配套。

(8) 水样交接时，运送人和接收人必须根据采样记录和样品登记表清点和检查水样，并在登记表上签字，写明日期时间，送样单和采样记录应由双方各保存一份待查。

(9) 水样运输的最长时间不得超过 24h。

三、水样保存

（一）常用的水样保存方法

1. 冷藏和冷冻

冷藏法是把采集到的水样置于冰箱或冰-水浴中，在为 4℃左右的暗环境中保存。

冷冻法是把水样置于冰柜或制冷剂中，在−20℃左右温度下贮存。冷藏和冷冻的目的都是抑制微生物活动、减缓组分物理挥发、降低化学反应速率、延长水样保质时间的目的。这两种方法因不加化学试剂，故对以后的水质指标测定的负面影响较小。

2. 化学法

化学法是向水样中加入化学保护剂，以达到为防止样品组分在保存、运输过程中发生分解、挥发、氧化还原等变化。

1）加生物抑制剂

常用的生物抑制剂主要是 $HgCl_2$、$CuSO_4$、$CHCl_3$ 等重金属盐，实际操作中具体加何种试剂、加入量要视具体情况而定。如在测定氨氮、COD 的水样加入 $HgCl_2$，可抑制生物的氧化还原作用；测定酚的水样需先用 H_3PO_4 调至 pH 约为 4 时，再加入 $CuSO_4$，可抑制苯酚菌的分解活动。

2）加入酸或碱

加入强酸（如 HNO_3）或强碱（如 NaOH）改变水样的 pH，可使待测组分处于稳定状态。例如测定重金属时加 HNO_3 至 pH 为 1～2，既可防止重金属离子水解沉淀，又可避免其被器壁吸附。测氰化物时向水样中及时加 NaOH 至 pH 为 12，可防止氰离子水解挥发。

3）加入氧化剂或还原剂

用于测汞的水样，在采集到后需立即加入 HNO_3 至水样 pH 小于 1，并加入 $K_2Cr_2O_7$，使水样中的汞保持高价态，从而防止水样汞的挥发。测定硫化物的水样要加入抗坏血酸，以防止被测物被氧化。

采样化学法保存水样应当注意：①加入的保存剂要求不能干扰后续测定，且最好是优级纯的；②加入方法要正确，避免沾污；③保存剂可事先加入空瓶中，亦可在采样后立即加入水样中；④应做空白实验，扣除保存剂空白，对测定结果进行校正。

（二）常用水样保存技术

现行常用的水样保存技术及要求如表 2.8 所示。但必须明白，再先进的保存技术都是相对的，都不能完全保证水样水质良好如初，因而，要获得水质指标的准确数据，最好的办法是现采现测定，或尽量缩短运输、保存时间。

表 2.8　常用水样保存技术

待测项目	容器类别	保存方法	分析地点	可保存时间	建议
pH	P 或 G	—	现 场	—	现场直接测试
酸度及碱度	P 或 G	在 2～5℃ 暗处冷藏	实验室	24h	水样充满容器
臭	G	—	实验室	6h	最好在现场进行测试
电导率	P 或 G	冷藏于2～5℃	实验室	24h	最好在现场进行测试
色度	P 或 G	在 2～5℃ 暗处冷藏	现场、实验室	24h	—

续表

待测项目	容器类别	保存方法	分析地点	可保存时间	建议
悬浮物及沉积物	P或G	—	实验室	24h	单独定容采样
浊度	P或G	—	实验室	尽快	最好在现场测试
臭氧	—	—	现场	—	—
余氯	P或G	—	现场	—	最好在现场分析，如果做不到，在现场用过量NaOH固定。保存不应超过6h
二氧化碳	P或G	—	见酸碱度	—	—
溶解氧	溶解氧瓶	现场固定氧并存放在暗处	现场、实验室	几小时	碘量法加1mL的1mol/L高锰酸钾和2mL的1mol/L碱性碘化钾
油脂、油类、碳氢化合物、石油及衍生物	用分析使用的溶剂冲洗容器	现场萃取	实验室	24h	采样后立即加入在分析方法中所用的萃取剂，或进行现场萃取
		冷冻至−20℃	实验室	数月	
离子型表面活性剂	G	在2～5℃下冷藏	实验室	尽快	—
		硫酸酸化$pH<2$	实验室	48h	
非离子型表面活性剂	G	加入40%（V/V）的甲醛，使样品成为含1%（V/V）的甲醛溶液，在2～5℃下冷藏，并使水样充满容器	实验室	1月	—
砷	—	加H_2SO_4使$pH<2$	实验室	数月	不能使用硝酸酸化生活污水及工业废水
		加碱调节$pH=12$	实验室		应使用这种方法
硫化物	—	每100mL加2mL 2mol/L醋酸锌并加入2mL的2mol/L的NaOH并冷藏	实验室	24h	必须现场固定
总氰	P	用NaOH调节至$pH>12$	实验室	24h	—
COD	G	在2～5℃暗处冷藏	实验室	尽快	如果COD是因为存在有机物引起的，则必须加以酸化COD值低时，最好用玻璃瓶保存
		用H_2SO_4酸化至$pH<2$	实验室	1周	
		−20℃冷冻	实验室	1月	

续表

待测项目	容器类别	保存方法	分析地点	可保存时间	建议
BOD	G	在2～5℃暗处冷藏	实验室	尽快	BOD值低时，最好用玻璃容器
		−20℃冷冻	实验室	1月	
凯氏氮	P或G	用 H_2SO_4 酸化至pH＜2并于2～5℃冷藏	实验室	尽快	为了阻止硝化细菌的新陈代谢，应考虑加入杀菌剂如丙烯基硫脲或氯化汞或三氯甲烷等
氨氮	P或G				
硝酸盐氮	P或G	酸化至pH＜2并2～5℃冷藏	实验室	24h	有些废水样品不能保存，需要现场分析
亚硝酸盐氮	P或G	2～5℃冷藏	实验室	尽快	—
有机碳	G	用 H_2SO_4 酸化至pH＜2	实验室	24h	应该尽快测试，有些情况下可以应用干冻法（−20℃），建议于采样后立即加入在分析方法中所用的萃取剂，或在现场进行萃取
		2～5℃冷藏	实验室	1周	
有机氯农药	G	2～5℃冷藏	—	—	—
有机磷农药	—	2～5℃冷藏	实验室	24h	建议于采样后立即加入分析方法中所用萃取剂，或在现场进行萃取
“游离”氰化物	P	取决于分析方法	实验室	24h	—
酚	BG	用 $CuSO_4$ 抑制生化作用，并用 H_2PO_4 酸化或用NaOH调节至pH＞12	实验室	24h	保存方法取决于所用的分析方法
叶绿素	P或G	2～5℃下冷藏	实验室	24h	—
		过滤后冷冻滤渣	实验室	1月	
肼	G	用HCl调至1mol/L（每升样品100mL）并于暗处贮存	实验室	24h	—
洗涤剂	见表面活性剂				
汞	P、BG	—	实验室	2周	保存方法取决于分析方法
不可过滤态铝	P	在现场过滤并保存滤渣	实验室	1月	滤渣用于不可过滤态铝测定

续表

待测项目	容器类别	保存方法	分析地点	可保存时间	建议
可过滤铝	P	现场过滤，硝酸酸化滤液至 pH＜2	实验室	1月	—
总铝	P	酸化至 pH＜2	实验室	1月	取均匀样品消解后测定酸化时不能使用 H_2SO_4
钡、镉、铜、总铁、锰、镍、锡、铀、锌、铅	P或G	见总铝			
银	BG	见总铝			
总铬	P或G	酸化使 pH＜2	实验室	尽快	不得使用磨口及内壁已磨毛的容器，以避免对铬的吸附
六价铬	P或G	用氢氧化钠调节使 pH 至7～9	—	—	—
钴	P或BG	见可过滤铝	实验室	24h	酸化时不要用 H_2SO_4，酸化的样品可同时用于测钙和其他金属
钙	P或BG	将滤液酸化至 pH＜2	实验室	数月	酸化时不能使用 H_2SO_4
总硬度	—	见钙	—	—	—
镁	P或BG	见钙	—	—	—
锂	fl	酸化至 pH＜2	实验室	—	—
钾	P	见锂	—	—	—
铀	P	见锂	—	—	—
溴化物及含溴化合物	P或G	于2～5℃冷藏	实验室	尽快	样品应避光保存
氯化物	P或G	—	实验室	数月	—
氟化物	P	—	实验室	若样品是中性的可保存数月	—
碘化物	非光化玻璃	于2～5℃冷藏，加碱调整 pH＝8	实验室	24h～1个月	样品应避免日光直射
正磷酸盐	BG	于2～5℃冷藏	实验室	24h	样品应立即过滤并应尽快分析溶解的磷酸盐
总磷	BG	用 H_2SO_4 酸化至 pH＜2	实验室	24h～数月	—

续表

待测项目	容器类别	保存方法	分析地点	可保存时间	建议
硒	G 或 BG	用 NaOH 调节 pH>1.1	—	—	—
硅酸盐	—	过滤并用 H_2SO_4 酸化至 pH<2，于2～5℃冷藏	实验室	24h	—
总硅	P	—	实验室	数月	—
硫酸盐	P 或 G	于2～5℃下冷藏	实验室	一周	—
亚硫酸盐	P 或 G	在现场按每 100mL 水样加 1mL25%（M/M）的 EDTA 溶液	实验室	1周	—
硼及硼酸盐	P	—	实验室	数月	—
细菌总数 大肠菌总数 粪大肠菌 粪链球菌	灭菌容器 G	2～5℃冷藏	实验室	尽快	取氯化或溴化过的水样时，所用的样品瓶消毒之前，按每 125mL 加入 0.1mL 10%（M/M）的硫代硫酸钠以消除氯或溴对细菌的抑制作用。 对重金属含量高于0.01mg/L的水样，应在容器消毒之前，按每125mL 容积加入 0.3mL 的 15%（M/M）EDTA
浮游植物	G	加 40%（V/V）甲醛	实验室	1年	若发生脱色则应加更多的芦格氏溶液
浮游动物		加芦格氏溶液			
毒性试验	P 或 G	2～5℃冷藏，或冻结至−20℃	实验室	36h	保存期随所用分析方法不同

第三节　水样预处理

不论是天然水体水样，还是工业废水水样，其所含成分都十分复杂，大量干扰成分的存在对分析对象的测定会产生干扰，导致测定结果误差较大，甚至无法完成测定。有些水样的待测组分含量过低，达不到分析方法的最低测定限，或是待测组分的存在形态各异等原因无法进行定量分析。有些水样中常含有不同种类和数量的悬浮固体使水样混浊不清，致使指标测定分析无法进行。为解决这些问题就必须要在水样水质指标测定之前进行水样预处理。常用的水样预处理方法有过滤、离心、消解、富集与分离等，通常根据不同目的选择使用。

一、过滤和离心

过滤和离心都是处理浊液水样的常用方法，前者多用于密度小于水的悬浮固体，后者多用于密度大于水的沉淀颗粒。如果所采水样是用于测定某物质全量的，则采样后应立即加入保存剂，分析测定时充分摇匀后即可取样。但是如果要测定的是某组分的可溶态含量，则水样采集到后要尽快过滤，以有效除去藻类、细菌和悬浮物，以防止有效成分的损失、降解或形态变化，使保存期间水样水质稳定。测定水样不可滤态（溶解态）金属含量时也需要对水样进行过滤，以分离待测部分。

过滤一般用 0.45μm 的微孔膜或中速定量滤纸，前者多用于溶解性无机盐和重金属含量测定，后者多用于溶解性有机质测定。一般利用 0.45μm 的微孔膜，既可以方便地区分开溶解物和颗粒物，也可以截留所有的浮游植物和绝大多数的细菌。

加压过滤和真空抽滤可大大提高过滤的速度，但水样的损失较大，需要采样量充足，适用于过滤含有大量沉积物的河水水样。加压过滤通常要求使用超滤膜，连续的过滤有时可能造成滤膜堵塞，使滤液出流速度明显变小，这时就需要更换新膜。

使用过滤器时，应该注意滤器与溶液接触部分的材质，如硼硅玻璃、普通玻璃、聚四氟乙烯等，同时也要考虑过滤器的类型（真空还是加压）。玻璃过滤器使用橡胶塞子容易造成沾污，一般选择使用硼硅玻璃的真空抽滤系统。过滤以前，过滤器材应用稀酸洗涤，通常先用 1～3 mol/L 盐酸浸泡一夜，再用蒸馏水清洗，烘干后备用。未处理过的过滤膜表面极易吸附水中的镉、铅、汞等重金属离子，如利用未经处理的滤膜过滤含汞的海水样品，可能造成 10%～30%的汞损失；然而使用处理过的玻璃纤维过滤，汞的损失可降低至 7%以下。因而，一般用于过滤金属水样的滤膜，在使用前应先用 20mL 的 2 mol/L HNO_3 洗涤，再用 50～100mL 蒸馏水冲洗；且接收滤液的烧杯（或三角烧瓶）也必须用蒸馏水将酸冲洗干净，并将最初收集的 10～20mL 滤液弃去。

对于难以过滤的样品，可采用离心法进行处理。离心分离效率跟离心机的转速、离心时间以及被分离颗粒的密度和粒径大小密切相关，因而根据水样实际情况选择适宜离心机转速和离心时间非常重要。

二、消解

（一）水样消解概述

1. 水样消解的目的

破坏有机物；溶解悬浮物；将待测各种形态（价态）的元素氧化成稳定单一的高价态或转化为易于分离的无机化合物。

2. 消解好水样的标准

清澈；透明；无沉淀。

（二）水样消解方法

1. 湿法消解

水样的湿法消解就是将水样与强酸、氧化剂、催化剂等共置于密闭的回流装置，加热分解破坏有机物、氧化无机物的过程。

1）硝酸消解法

该法适用于较清洁的水样。操作方法是：①取水样 50～200mL 于烧杯中，加入5～10mL 浓 HNO_3，加热煮沸，蒸发至试液清澈透明，呈浅色或无色，否则，应补加 HNO_3 继续消解；②当液体蒸发至近干时，取下烧杯，稍冷后加 20mL 2% HNO_3 溶解盐分；③若有沉淀应过滤；④滤液冷至室温后转移到 50mL 容量瓶中定容，备用。

2）硝酸-高氯酸消解法

该法适用于含有机物、悬浮物较多的水样。操作方法是：①取适量水样于烧杯或锥形瓶中，加入 5～10mL 浓硝酸，加热消解至大部分有机物被分解；②取下烧杯稍冷，加 2～5mL 高氯酸，继续缓慢加热至开始冒白烟，若试液仍呈深色，再补加 HNO_3，继续加热至冒浓厚白烟将尽（但绝不可蒸至干涸）；③取下烧杯冷却，用 2%稀硝酸溶解，如有沉淀应过滤，滤液冷至室温定容备用。

3）硫酸-高锰酸钾消解法

该法常用于消解测定汞的水样。操作方法是：取适量的水样，加适量 H_2SO_4 和 5%$KMnO_4$，混匀后加热煮沸，冷却，滴加盐酸羟胺溶液破坏过量的高锰酸钾。

4）硝酸-硫酸消解法

硝酸和硫酸两种都具有强氧化能力的酸结合，可提进一步高消解温度和消解效果，但不适用于处理测定易生成难溶硫酸盐组分（如铅、钡、锶）的水样。操作方法是：先将硝酸加入水样中，加热蒸发至小体积，稍冷，再加入硝酸、硫酸，继续加热蒸发至冒大量白烟，冷却，加适量水，温热溶解可溶盐，若有沉淀，应过滤。常用的硝酸与硫酸的比例为 5：2，为提高消解效果，常加入少量过氧化氢。

5）碱分解法

该法适用于待测组分在酸性条件下蒸发易于挥发的水样。在水样中加入氢氧化钠和过氧化氢溶液，或者加入氨水和过氧化氨水溶液，加热至近干即可。碱的加入量不宜过多，一般 100mL 水样中加入氢氧化钠 1～3g 或氨水 5～10mL 即可。

2. 干法消解

干法消解即干灰化法，又称作高温分解法。本方法无需加入药剂、不污染样品，易于后续测定，但不适用于处理测定易挥发组分（如砷、汞、镉、硒、锡等）的水样。

干灰化法的操作方法是：①取适量水样于白瓷或石英蒸发皿中，置于水浴上蒸干；②移入马福炉内，于 450～550℃灼烧到残渣呈灰白色，使有机物完全分解除去；③取出蒸发皿，冷却，用适量 2% HNO_3（或 HCl）溶解样品灰分，过滤，滤液定容后备测定用。

三、富集和分离

当水样中待测组分含量低于分析方法的检测限时，就必须进行富集或浓缩；当有共存干扰组分时，就必须采取分离或掩蔽措施。富集和分离往往是不可分割、同时进行的。常用的富集和分离方法有气提（挥发）、蒸馏、溶剂萃取、离子交换、吸附、共沉淀、层析、低温浓缩等，要结合具体情况选择使用。

（一）气提和蒸馏

对于测定挥发度大或易转变为挥发度大污染组分的水样，可以利用气提法或蒸馏法进行处理，达到待测组分的富集和分离。

1. 气提法

气提法是把惰性气体通入水样（或处理过的水样）中，将欲测组分吹出，直接送入仪器测定，或导入吸收液吸收富集后再测定。该方法有三个典型应用实例：

1）冷原子荧光法测定水样中的微量汞

①先将汞离子用氯化亚锡还原为原子态汞（易挥发）；②通入惰性气体将汞（气态）带出并送入仪器测定。

2）分光光度法测定水中的硫化物

①使硫化物在磷酸介质中生成硫化氢；②用惰性气体将硫化氢气体载入乙酸锌-乙酸钠溶液中的吸收，实现分离（与母液分离）和富集。硫化物的气提分离装置如图 2.10 所示。

3）AgDDC 分光光度法测定污水砷含量

①将水样中的砷还原成三价，再与新生态［H］反应生成气态的 H_3As 气体；②利用生成的氢气将 H_3As 气体载入吸收液被吸收，实现富集分离；③富集了砷的吸收液用分光光度法测定。

2. 蒸馏法

如果待测组分与水样中的其他组分具有明显不同的沸点，就可用蒸馏法使其彼此分离，并同时实现水样消解和待测组分的富集。蒸馏法还可分为常压蒸馏、减压蒸馏、水蒸气蒸馏和分馏法等。

测定水样中的挥发酚和氰化物时，一般采用酸性介质下的常压蒸馏分离，蒸馏装置如图 2.11 所示；测定水样中的氨氮时，一般采用碱性介质下的常压蒸馏分离，蒸馏装

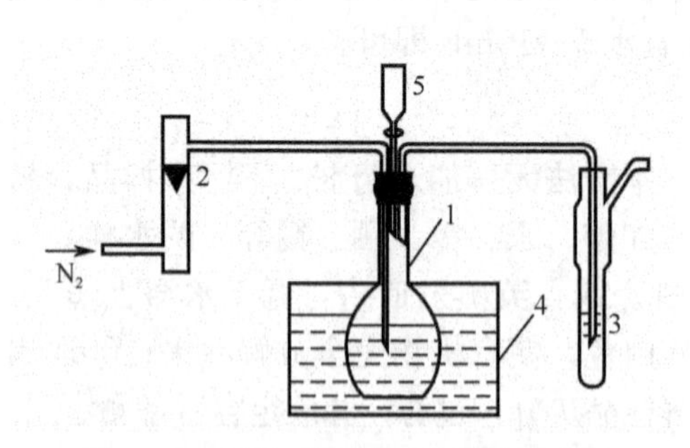

图 2.10 测定硫化物的吹气分离装置

1. 500mL 平底烧瓶（内装水样）；2. 流量计；3. 吸收管；4. 恒温水浴；5. 分液漏斗

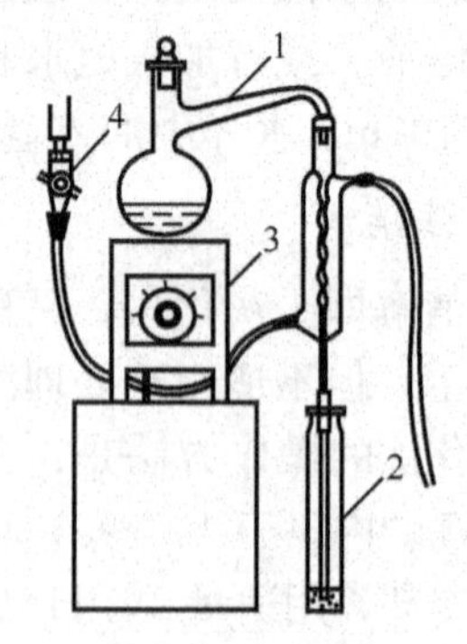

图 2.11 挥发酚、氰化物蒸馏装置

1. 500mL 全玻璃蒸馏器；2. 接收瓶；3. 电炉；4. 水龙头

置如图 2.12 所示。测定水样中的氟化物时，一般采用酸性介质下的水蒸气蒸馏分离，蒸馏装置如图 2.13 所示。

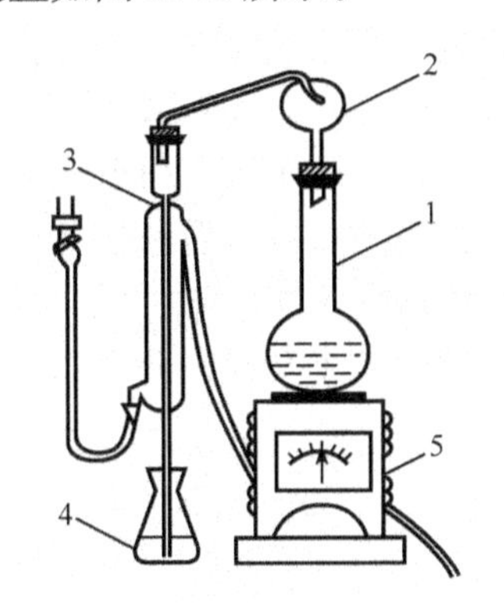

图 2.12 氨氮蒸馏装置

1. 凯氏烧瓶；2. 定氮球；3. 直形冷凝管；4. 收集瓶；5. 电炉

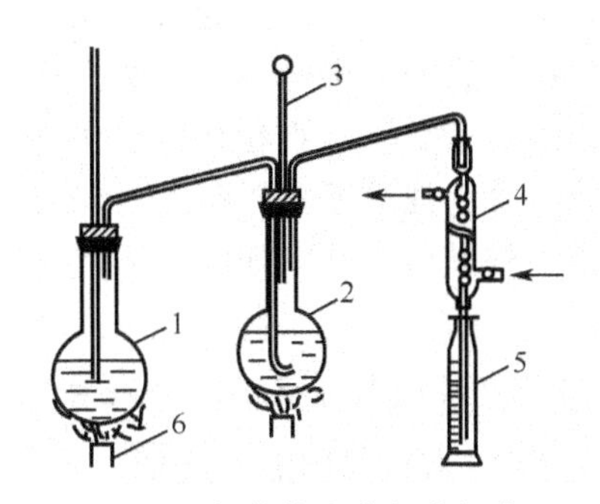

图 2.13 氟化物水蒸气蒸馏装置

1. 水蒸气发生瓶；2. 盛水样烧瓶；3. 温度计；4. 冷凝管；5. 接收瓶；6. 热源

（二）溶剂萃取法

溶剂萃取法是利用物质在互不相溶的两种溶剂中分配系数不同，进行组分的分离与富集。根据相似相溶原理，用一种与水不相溶的有机溶剂与水样一起混合振荡，然后放置分层，此时有一种或几种组分进入到有机溶剂中，另一些组分仍留在试液中，实现组分的分离、富集。该方法常用于常量元素的分离，以及痕量元素的分离、富集和有机有色化合物的分离、富集。

1. 有机物的萃取

分散在水相中的有机物质易被有机溶剂萃取，这是由于与水相比有机物质更容易溶解在有机溶剂中，利用此原理可以富集分散在水样中的有机污染物质。例如，用 4-氨基安替比林光度法测水中的挥发酚时，当酚含量低于 0.05mg/L 时，则水样经蒸馏分离后需再用三氯甲烷进行萃取浓缩；用紫外光度法测定水中的油和用气相色谱法测定有机农药（六六六、DDT）时，需先用石油醚萃取等。

2. 无机物的萃取

有机溶剂只能萃取水相中的有机物质，要想用有机溶剂萃取无机物，就要先加入一种试剂，将水相中的离子态组分转化易溶于有机溶剂的可萃取物质，即将其由亲水性变成疏水性。根据生成可萃取物类型的不同，可分为螯合物萃取体系、离子缔合物萃取体系、三元配合物萃取体系和协同萃取体系等。在水质指标测定分析中，螯合物萃取体系最为常见。螯合物萃取体系是指在水相中加入螯合剂，与被测金属离子生成易溶于有机溶剂的中性螯合物，从而被有机相萃取出来。例如，用分光光度法测水样 Hg^{2+}、Pb^{2+} 等重金属含量时，先加入双硫腙（螯合剂）与上述金属离子反应生成有机螯合物，再用 $CHCl_3$（或 CCl_4）萃取，实现待测离子的分离和富集。

（三）离子交换法

离子交换法是利用离子交换剂与溶液（水样）中的离子发生交换作用而使待测离子分离的方法。离子交换剂分为有机离子交换剂（离子交换树脂）和无机离子交换剂，其中离子交换树脂的应用更为广泛些。离子交换树脂根据官能团的不同，可分为阳离子交换树脂、阴离子交换树脂和特殊离子交换树脂。阳离子交换树脂按所含活性基团的酸性强弱不同，分为强酸型和弱酸型；阴离子交换树脂按所含活性基团的碱性强弱不同，分为强碱型和弱碱型；其中强酸型阳离子交换树脂和强碱型阴离子交换树脂在水样处理中最为常用。

1. 离子交换树脂分离的操作程序

1）交换树脂和洗脱液的选择

一般强酸型阳离子交换树脂用于富集金属阳离子，强碱型阴离子交换树脂用于富集强酸或弱酸阴离子。特殊离子交换树脂能与水样中的离子发生氧化、还原或螯合反应，而具有良好的选择性吸附能力。

阳离子交换树脂用盐酸作洗脱液，阴离子交换树脂用氯化钠、氢氧化钠或盐酸作洗脱液；为提高洗脱的选择性，也可用含有有机络合剂或有机溶剂的洗脱液。

2）树脂处理

①阳离子交换树脂用 4moL/L HCl 浸泡 1～2d 溶胀并去杂质，使其变成 H 型后，用蒸馏水洗至中性；②阴离子交换树脂用 NaOH 溶液浸泡 1～2d 溶胀并去杂质，使之转变成 OH 型。

3）装柱

盛装树脂的交换柱一般由玻璃、有机玻璃等制成，也可用滴定管代替。先向空柱内注满蒸馏水，再将处理好的树脂倾入其中，注意防止气泡进入树脂。为防止树脂露出水面和加水样过程树脂间隙会产生气泡，使交换不完全，应在树脂表面加盖玻璃丝。

4）交换

将水样以适宜流速（用活塞控制）注入到交换柱中，则欲分离离子从上到下一层层发生交换。交换完毕，用蒸馏水洗下残留的溶液及交换过程中形成的酸、碱、盐等。

5）洗脱

将洗脱液以适宜的速度倾入交换柱中，洗下交换树脂上的离子。

2. 离子交换树脂应用实例

离子交换树脂在富集和分离微量（或痕量）元素中应用较广泛。例如测定天然水中 k^+、Na^+、Ca^{2+}、Mg^{2+}、SO^{2-}、Cl^- 等组分，可取数升水样，分别流过阳离子交换柱和阴离子交换柱，再用稀 HCl 洗脱阳离子，用稀 $NH_3 \cdot H_2O$ 洗脱阴离子，则这些组分的浓度可增加数十倍至百倍。

（四）其他富集、分离方法

1. 共沉淀法

溶液中的一种难溶化合物在形成沉淀（载体）过程中，将共存于溶液中的某些痕量组分一起载带出来的现象，称作共沉淀。共沉淀的形成机理可分为表面吸附、包藏、混晶和异电荷胶态物质相互作用等。

1）利用吸附作用的共沉淀分离

$Fe(OH)_3$、$Al(OH)_3$、$MnO(OH)_2$ 等都是表面积大、吸附能力强的非晶形胶体沉淀，是富集效率较高的共沉淀载体。

2）利用生成混晶的共沉淀分离

当欲分离微量组分及沉淀剂组分生成沉淀时，如具有相似的晶格，就可能生成混晶共同析出。例如硫酸铅和硫酸锶的晶形相同，如果想分离水样中的痕量 Pb^{2+}，可加入适量的 Sr^{2+} 和过量的硫酸盐，生成 $PbSO_4$-$SrSO_4$ 的混晶，将痕量 Pb^{2+} 共沉淀出来。

3）利用有机共沉淀剂进行共沉淀分离

有机共沉淀剂的选择性较无机沉淀剂好，得到的沉淀也较纯净，并且通过灼烧可除去有机共沉淀剂，留下欲测元素。例如欲分离水样中的痕量 Ni^{2+}，可加入丁二酮肟二烷脂（不溶于水）的乙醇溶液，则析出固相的丁二酮肟二烷酯，便将丁二酮肟镍螯合物共沉淀出来。

2. 吸附法

吸附法是利用多孔性的固体吸附剂将水样中一种或数种组分吸附于表面，再用适宜溶剂加热或气吹等方法将欲测组分解吸出来，达到分离和富集的目的。按照吸附机理可分为物理吸附和化学吸附。物理吸附的吸附力是范德华引力；化学吸附是在吸附过程中发生了氧化、还原、化合、络合等化学反应。

常用于水样富集分离的吸附剂有活性炭、巯基棉和多孔高分子聚合物等，其中活性炭可用于金属离子或有机物的富集分离，巯基棉可用于水样烷基汞、汞、铜、铅、镉、砷等组分的富集，多孔高分子聚合物则主要用于吸附有机物。

技能实训

项目一　水体溶解氧含量分析

一、实训目的

（1）会采集溶解氧水样。

（2）会用碘量法测定水样溶解氧含量。

（3）提高滴定分析操作技术。

二、实验原理

水样中加入硫酸锰和碱性碘化钾，水中的溶解氧将二价锰氧化成四价锰，生成氢氧化物棕色沉淀。加酸后，氢氧化物沉淀溶解并与碘离子反应而释放出与溶解氧量相当的游离碘。以淀粉为指示剂，用硫代硫酸钠滴定释出碘，可计算出溶解氧含量。

三、实训准备

(一)仪器

双层采样器、250～300mL 溶解氧瓶、滴定装置。

(二)试剂

1. 硫酸锰溶液

称取 480g 硫酸锰($MnSO_4 \cdot H_2O$)溶于水,用水稀释至 1000mL。此溶液加至酸化过的碘化钾溶液中,遇淀粉不得产生蓝色。

2. 碱性碘化钾溶液

称取 500g 氢氧化钠溶解于 300～400mL 水中,另称取 150g 碘化钾溶于 200mL 水中,待氢氧化钠溶液冷却后,将两溶液合并,混匀,用水稀释至 1000mL。如有沉淀,则放置过夜后,倾出上层清液,贮于棕色瓶中,用橡皮塞塞紧,避光保存。此溶液酸化后,遇淀粉应不呈蓝色。

3. 硫酸溶液(1+5)

取 1 体积浓硫酸缓慢倒入 5 体积去离子水中混匀即得 1+5 硫酸溶液。

4. 淀粉溶液(1%)

称取 1g 可溶性淀粉,用少量水调成糊状,再用刚煮沸的水稀释至 100mL。冷却后,再加入 0.1g 水杨酸或 0.4g 氯化锌防腐。

5. 重铬酸钾标准溶液 $c(1/6K_2Cr_2O_7)=0.025$ mol/L

称取于 105～110℃烘干 2h,并冷却的优级纯重铬酸钾 1.2258g,溶于水,移入 1000mL 容量瓶中,用水稀释至标线,摇匀。

6. 硫代硫酸钠溶液

称取 6.2g 硫代硫酸钠($Na_2S_2O_3 \cdot 5H_2O$)溶于煮沸放冷的水中,加 0.2g 碳酸钠,用水稀释至 1000mL,贮于棕色瓶中,使用前需用 $c(1/6K_2Cr_2O_7)=0.0250$ mol/L 的重铬酸钾标准溶液标定。标定方法如下:

于 250mL 锥形瓶中,先分别加入 1g 碘化钾和 100mL 水,再分别加入 10.00mL $c(1/6K_2Cr_2O_7)=0.0250$mol/L 重铬酸钾标准溶液和 5mL(1+5)硫酸溶液,盖紧瓶塞、摇匀。暗处静置 5min 后,用待标定的硫代硫酸钠标准溶液滴定至溶液变成浅黄色,加入 1mL 淀粉溶液,继续滴定至蓝色刚好褪去,记录用量。则硫代硫酸钠浓度 $c(Na_2S_2O_3)$按下式计算:

$$c(Na_2S_2O_3) = 10.00 \times 0.0250/V \tag{2.1}$$

式中:10.00 ——加入的重铬酸钾标准溶液体积,mL;

0.0250——重铬酸钾标准溶液的浓度,mol/L;

V —— 滴定消耗的硫代硫酸钠标准溶液体积,mL。

四、实训过程

1. 水样采集

(1) 将采水器沉入水面下 20～50cm 的河水(池塘水、湖水或海水)中，提拉细绳使乳胶管从长玻璃管上端脱离，并轻轻拉直以便排出瓶中空气，此时可见有气泡从水面冒出，等到看不见气泡冒出时(说明采水瓶内已灌满池水)，将采水器提出水面。

(2) 把乳胶管一端套在长玻璃管上，另一端插入溶解氧瓶底部，用虹吸法将采水瓶中的水样转入溶解氧瓶中，使水样充满 250mL 的磨口瓶并继续溢出 10s 左右，同时缓缓将乳胶管从水样瓶中提出，然后用尖嘴塞慢慢盖上，不留气泡。

2. 溶解氧固定

(1) 将移液管插入溶解氧瓶的液面下，分别加入 1mL 硫酸锰溶液和 2mL 碱性碘化钾溶液，盖好瓶塞(瓶中不可有气泡)，颠倒混合数次，静置。

(2) 待棕色沉淀[水样中的氧被固定生成锰酸锰($MnMnO_3$)沉淀]降至瓶内一半时，再颠倒混合 1 次，静置，待沉淀物降到溶解氧瓶瓶底。

(3) 尽量在取样现场进行溶解氧固定，并填写采样记录。

(4) 将固定了溶解氧的水样按相关要求安全带回实验室备用。

3. 游离碘

(1) 打开溶解氧瓶瓶塞，立即用移液管在水样液面下加入 2.0mL (1+5) 硫酸。

(2) 盖好瓶塞，颠倒混合摇匀，至沉淀物全部溶解，再将其放到暗处静置 5min。

4. 溶解氧测定

吸取 100.00mL 上述溶液于 250mL 锥形瓶中，用硫代硫酸钠标准溶液滴定至溶液呈淡黄色，加 1mL 淀粉溶液，继续滴定至蓝色刚好褪去，记录硫代硫酸钠标准溶液的消耗量。

五、实训成果

1. 数据记录

将实验数据如实填写到实验记录表中，表式样参见表 2.9。

表 2.9 溶解氧测定数据记录表

水样编号	消耗硫代硫酸钠标准溶液体积 V/mL	溶解氧值 DO/(mg/L)	备注
1			
2			
3			
平均值			

2. 数据处理

将实验测定数据代入下式中即可计算出水样溶解氧 DO 值：

$$DO(O_2, mg/L) = \frac{8cV}{V_{水}} \times 1000 \tag{2.2}$$

式中：c——硫代硫酸钠标准溶液浓度，mol/L；

V——滴定消耗硫代硫酸钠标准溶液的体积，mL；

$V_{水}$——水样的体积，mL；

8——氧换算值，g/mol。

六、注意事项

(1) 水样有颜色，或者含有藻类、悬浮物等会干扰测定。

(2) 水样含有氧化性或还原性物质会干扰测定，氧化性物质可使碘化物游离出碘产生正干扰，还原性物质可把碘还原成碘化物产生负干扰。

(3) 如果水样呈强酸性或强碱性，可用氢氧化钠或硫酸溶液调至中性后测定。

(4) 如果水样中含有游离氯量大于0.1mg/L时，应预先向水样中加入$Na_2S_2O_3$去除。即用两个溶解氧瓶各取一瓶水样，在其中一瓶加入5mL（1+5）硫酸和1 g碘化钾，摇匀，此时游离出碘。以淀粉作指示剂，用$Na_2S_2O_3$溶液滴定至蓝色刚褪，记下用量（相当于去除游离氯的量）。向另一个瓶水样中加入同样量的$Na_2S_2O_3$，摇匀后，按操作步骤测定。

(5) 水样中含有亚硝酸盐会产生干扰，可用叠氮化钠修正法测定，即在加硫酸锰和碱性碘化钾溶液的同时加入NaN_3溶液（或配成碱性碘化钾-叠氮化钠溶液加入水样中），将亚硝酸盐分解后再测定。其他过程同碘量法。注意叠氮化钠NaN_3是一种剧毒、易爆试剂，不能将碱性碘化钾-叠氮化钠直接酸化，否则产生有毒的叠氮酸雾。

(6) 试样中含大量亚铁离子而无其他还原剂和有机物时用高锰酸钾修正法测定，做法是加入$KMnO_4$使$Fe^{2+} \rightarrow Fe^{3+}$，$Fe^{3+}$用KF掩蔽，过量的$KMnO_4$用$Na_2C_2O_4$除去。其他过程同碘量法。注意加入的$Na_2C_2O_4$过量值在0.5mL以下时对测定结果无影响，否则会使结果偏低。

项目二　地表水体氨氮含量的测定

一、实训目的

(1) 掌握河流等地表水氨氮水样的采集、运输和保存。

(2) 掌握纳氏试剂分光光度法测定水样氨氮含量。

(3) 掌握蒸馏、共沉淀、消解等水样预处理方法。

(4) 提高可见光分光光度计使用操作技能。

二、实验原理

向水样中加入碘化钾和碘化汞的强碱性溶液（纳氏试剂），与游离态的氨或铵离子等形式存在的氨氮反应生成淡红棕色络合物，该络合物的吸光度与氨氮含量成正比。于420 nm波长处测吸光度，标准曲线法定量，求出水样氨氮含量。

当水样体积为 50mL，使用 10mm 比色皿时，测定下限为 0.10mg/L，测定上限为 2.0mg/L。

三、实训准备

（一）仪器

（1）可见光分光光度计。

（2）氨氮蒸馏装置，由 500mL 凯氏烧瓶（或蒸馏烧瓶）、氮球、直形冷凝管和导管组成，冷凝管末端可连接一段适当长度的滴管，使出口尖端浸入吸收液液面下。

（二）试剂

1. 无氨水

本实验的试剂配制和水样稀释均应使用无氨水，可选用下列方法之一获得：

（1）离子交换法制备无氨水：蒸馏水通过强酸性阳离子交换树脂（氢型）柱，将流出液收集在带有磨口玻璃塞的玻璃瓶内。每升流出液加 10g 同样的树脂，以利于保存。

（2）蒸馏法制备无氨水：在 1000mL 的蒸馏水中，加 0.1mL 硫酸（ρ＝1.84 g/mL），在全玻璃蒸馏器中重蒸馏，弃去前 50mL 馏出液，然后将约 800mL 馏出液收集在带有磨口玻璃塞的玻璃瓶内。每 1L 馏出液加 10 g 强酸性阳离子交换树脂（H 型）。

（3）用市售纯水器直接制备。

2. 吸收液（20g/L 硼酸水溶液）

称取 20g 硼酸溶于水，转移至 1000mL 容量瓶中，用无氨水定容。

3. 纳氏试剂［碘化汞-碘化钾-氢氧化钠（HgI_2-KI-NaOH）溶液］

称取 16.0g 氢氧化钠（NaOH），溶于 50mL 水中，冷却至室温。称取 7.0g 碘化钾（KI）和 10.0g 碘化汞（HgI_2），溶于水中，然后将此溶液在搅拌下，缓慢加入到上述 50mL 氢氧化钠溶液中，用水稀释至 100mL。贮于聚乙烯瓶内，用橡皮塞或聚乙烯盖子盖紧，于暗处存放，有效期一年。

4. 酒石酸钾钠溶液（ρ＝500g/L）

称取 50g 酒石酸钾钠（$KNaC_4H_4O_6 \cdot 4H_2O$）溶于 100mL 水中，加热煮沸以除去氨，放冷。定容至 100mL。如果酒石酸钾钠铵盐含量过高，可加入少量氢氧化钠溶液，煮沸蒸发掉溶液体积的 20%～30%，冷却后用无氨水稀释至原体积，以进一步除净氨。

5. 铵标准储备液（c＝1.0mg/mL）

称取 3.819 g 在 100～105℃烘干 2h，并在干燥器中冷却的优级纯氯化铵（NH_4Cl）溶于水中，转移到 1000mL 容量瓶中定容。该溶液可在 2～5℃保存 1 个月。

6. 铵标准使用溶液（c＝0.010mg/mL）

移取 5.00mL 铵标准储备液（c＝1.0mg/mL）于 500mL 容量瓶中，用水稀释至标线。该标准使用液最好在临用前配制。

7. 硫酸锌溶液（c=10%）

称取10.0g硫酸锌（$ZnSO_4 \cdot 7H_2O$）溶于水中，稀释至100mL。

8. 硫代硫酸钠溶液（c=0.35%）

见项目一。

9. 溴百里酚蓝指示剂

称取0.05g溴百里酚蓝溶于50mL水中，加入10mL无水乙醇，用水稀释定容至100mL。

10. 氢氧化钠溶液（c=4%）

称取4g氢氧化钠溶于水中，稀释至100mL。

11. 盐酸溶液（c =1.18g/mL）

量取8.5mL浓盐酸于100mL容量瓶中，用水稀释至标线。

12. 轻质氧化镁（不含碳酸盐的氧化镁）

取适量氧化镁粉末于蒸发皿中，再在500℃马弗炉炉膛中加热氧化镁1 h，取出后置于干燥器中冷却即得。

四、实训过程

（一）采样和样品保存

1. 布点采样

（1）按要求对监测河段布设监测断面、采样垂线和采样点。

（2）按采样需要选择合适的采样器，按要求采集具有代表性的水样于聚乙烯瓶或玻璃瓶中。

2. 样品运输保存

（1）样品采集到后若立即进行氨氮测定，应加盖直接尽快带回实验室并尽快进行指标测定。

（2）样品采集到后若不能立即进行氨氮测定，应在水样倒入水样瓶后，立即加入硫酸使水样酸化至pH<2，再装箱运回实验室，并在2～5℃下保存，最长可保存7d。

（二）水样预处理

若水样比较清洁，如地下水水样，可省去预处理直接测定，否则就应选择下述方法进行处理。

1. 除余氯

若样品中存在余氯，可加入适量的硫代硫酸钠溶液去除。每加0.5mL可去除0.25mg余氯。用淀粉-碘化钾试纸检验余氯是否除尽。

2. 絮凝沉淀法去除悬浮物

(1) 100mL 样品中加入 1mL 硫酸锌溶液和 0.1～0.2mL 氢氧化钠溶液，使 pH 约为 10.5，混匀，静置沉淀，吸取上清液备用。

(2) 必要时可再用经无氨水充分洗涤过的中速滤纸过滤，弃去初滤液 20mL。一般定量滤纸中铵盐含量高于定性滤纸，建议采用定性滤纸过滤，并在过滤前用无氨水少量多次淋洗，以减少或避免滤纸引入的测量误差。

3. 蒸馏

若絮凝沉淀处理后水样仍颜色较重或混浊，应采用蒸馏法继续处理，用硼酸水溶液吸收，这样也可实现氨氮的富集分离。

(1) 将 50mL 硼酸溶液移入接收瓶内，确保冷凝管蒸馏液出口在硼酸溶液液面之下。

(2) 分取 250mL 处理过的水样移入蒸馏烧瓶中，加几滴溴百里酚蓝指示剂，用氢氧化钠溶液或盐酸溶液调整至溶液呈黄色或蓝色（pH＝6.0～7.4），加入 0.25 g 轻质氧化镁及数粒玻璃珠，立即连接氮球和冷凝管。

(3) 加热蒸馏，控制馏出液速率约为 10mL/min，待馏出液达 200mL 时，停止蒸馏，加水定容至 250mL。

（三）水样氨氮含量测定

1. 标准曲线绘制

(1) 取 13 支干净的 50mL 比色管，编号备用，其中 8 支配置标准系列用，2 支空白用，3 支水样用。

(2) 分别吸取 0.00、0.50、1.00、2.00、4.00、6.00、8.00、10.00mL 铵标准使用液于 8 支已编号的比色管中，加水至标线，其所对应的氨氮含量分别为 0.0、5.0、10.0、20.0、40.0、60.0、80.0 和 100.0 μg。

(3) 加 1.0mL 酒石酸钾钠，混匀。

(4) 加 1.5mL 纳氏试剂，混匀。

(5) 放置 10min 后，在波长 420nm 处，用 10mm 玻璃比色皿，以标准系列“0”号为参比，测定吸光度，并及时记录实验数据。

(6) 绘制以氨氮含量（μg）为横坐标、吸光度为纵坐标的标准曲线。

2. 水样及空白样吸光度测定

(1) 如果用絮凝沉淀处理后的水样测定，则分别取 3 份水样适量（使氨氮含量不超过 0.1mg），加入 3 支已标号的 50mL 比色管中，稀释至标线；如果用蒸馏的馏出液作水样，则需加一定量 1mol/L 氢氧化钠溶液以中和硼酸。

(2) 同时分别取 2 份 50mL 无氨水加入 2 支已标号的 50mL 比色管中，稀释至标线，作空白试验用。

(3) 向上述比色管中加入 1.0mL 酒石酸钾钠溶液，混匀。

(4) 再加入 1.5mL 纳氏试剂，混匀，放置 10min 后，按标准曲线绘制测定条件测水样和空白样的吸光度。

五、实训成果

1. 数据记录

将实验过程得到的数据及时记录，记录表格式参见表 2.10。

表 2.10　水样氨氮测定数据记录表

编号	氨氮含量/（μg/50mL）	吸光度 A	校正吸光度 $A_{校}$	备注
标 0	0.0			
标 1	5.0			
标 2	10.0			
标 3	20.0			
标 4	40.0			
标 5	60.0			
标 6	80.0			
标 7	100.0			
样 1				
样 2				
样 3				
空 1				
空 2				

2. 数据处理

（1）由水样测得的吸光度减去空白试验的吸光度后，从标准曲线上查氨氮质量 m (mg)。

（2）将 m 值代入下式中，计算水样氨氮含量：

$$氨氮=\frac{m}{V_{样}}\times 1\text{mg/L} \tag{2.3}$$

式中：m——由标准曲线查得的氨氮质量数，μg；

$V_{样}$——水样的体积，mL。

六、注意事项

（1）纳氏试剂中碘化汞与碘化钾的比例对显色反应的灵敏度有较大影响，静置后生成的沉淀应去除。

（2）滤纸中常含有痕量的铵盐，使用时注意用无氨水洗涤。

（3）所用玻璃器皿应避免实验室空气中氨的沾污。

（4）试剂空白的吸光度应不超过 0.030（10mm 比色皿）。

（5）蒸馏刚开始时，氨气蒸出速度较快，加热不能过猛，否则造成水样暴沸，馏出液温度升高，氨吸收不完全。

（6）清洗蒸馏器，可向蒸馏烧瓶中加入 350mL 水，再加数粒玻璃珠，装好仪器，蒸馏到至少收集 100mL 水，将馏出液及瓶内残留液弃去。

（7）二氯化汞和碘化汞为剧毒物质，使用时应避免与皮肤及口腔接触。

项目三 污水总氮含量测定

一、实训目的

（1）会污水总氮水样的采集、运输和保存。

（2）会用碱性过硫酸钾消解-紫外分光光度法测定水样总氮含量。

（3）掌握水样高压消解技术。

（4）提高可见-紫外分光光度计使用操作技能。

二、实验原理

在 60℃以上水溶液中，过硫酸钾可分解产生硫酸氢钾和原子态氧，硫酸氢钾在溶液中离解而产生氢离子。分解出的原子态氧在 120～124℃条件下，可使水样中几乎所有氮化物中的氮元素转化为硝酸盐。可分别在 220 和 275nm 波长处测定吸光度 A_{220} 及 A_{275}，则 $A=A_{220}-A_{275}$ 与溶液 NO_3^- 浓度成正比，标准曲线法定量即可计算总氮（以 NO_3^--N 计）含量。

该方法的测定下限浓度为 0.050mg/L，测定上限为 4mg/L。

三、实训准备

（一）仪器

1. 紫外光分光光度计

最好选用双波长紫外光分光光度计，并配有 10mm 石英比色皿数个。

2. 医用灭菌锅

可选用手提式医用蒸气灭菌锅或家用压力锅，要求锅内压力达到为 1.1～1.4kg/cm^2，锅内温度相当于 120～124℃。

3. 比色管

要求选用 25mL 规格、具磨口塞的玻璃比色管。所用玻璃器皿使用前，用盐酸（1＋9）或硫酸（1＋35）浸泡，清洗后再用水冲洗数次，去离子水润洗数次后，倒置干燥，备用。

（二）试剂

1. 无氨水

见氨氮测定。

2. 碱性过硫酸钾溶液

称取40g过硫酸钾（$K_2S_2O_8$），另称取15g氢氧化钠（NaOH），溶于水中，稀释至1000mL，溶液存放在聚乙烯瓶内，最长可贮存一周。

3. 硝酸钾标准储备液（c=100μg/mL）

取适量硝酸钾（KNO_3）在105～110℃烘箱中干燥3h，在干燥器中冷却后，称取0.7218 g，溶于水中，转移至1000mL容量瓶中，用水稀释至标线定容，在0～10℃暗处保存，或加入1～2mL三氯甲烷保存，可稳定6个月。

4. 硝酸钾标准使用溶液（c=10μg/mL）

用移液管定量吸取10.00mL硝酸钾标准储备液（c=100mg/L）于100.00mL的容量瓶中，用去离子水稀释近标线，摇匀，定容。要求使用前现稀释配制。

5. 氢氧化钠溶液（c=200g/L）

称取20mg氢氧化钠（NaOH），溶于水中，转移于100mL容量瓶中，用去离子水稀释至标线，摇匀。

6. 氢氧化钠溶液（c=20g/L）

将氢氧化钠溶液（c=200g/L）溶液稀释10倍即得。

7. 盐酸溶液（1+9）

取9体积水缓慢倒入1体积浓盐酸中，混匀即得1+9盐酸溶液。

8. 硫酸溶液（1+35）

取1体积浓硫酸缓慢倒入35体积去离子水中，边加入边搅拌，混匀即得1+35硫酸溶液。

四、实训过程

（一）采样和样品保存

1. 布点采样

（1）按污水采样布点要求确定采样点。

（2）按采样需要选择合适的采样器，按要求采集具有代表性的水样于玻璃瓶中。

2. 样品运输保存

（1）样品采集到后若立即加盖，并放入冰箱中（低于4℃条件）保存，但不得超过24h。

（2）在水样采集后，若水样放置时间较长时，可在1000mL水样中加入约0.5mL硫酸（ρ=1.84 g/mL），酸化到pH小于2，并尽快测定。

（二）标准系列溶液配制

（1）取15支干净的25mL比色管（10.00mL处有刻度），编号备用，其中10支配置标准系列用，2支空白用，3支水样用。

(2) 用分度吸管向一组（10支）已编号的比色管中，分别加入硝酸盐氮标准使用溶液（$c=10mg/L$）0.0、0.10、0.30、0.50、0.70、1.00、3.00、5.00、7.00、10.00mL。用无氨水稀释定容至10.00mL。

（三）消解

1. 调pH

取适量水样，用氢氧化钠溶液（$c=20g/L$）或硫酸溶液（1+35）调节pH至5～9。

2. 定量吸样

用移液管取10.00mL试样于比色管中；如果氮含量过高，可吸取适量水样稀释至10mL，使其总氮含量在20～80μg范围。

3. 水样消解

(1) 加入5mL碱性过硫酸钾溶液，塞紧磨口塞，用布及绳等方法扎紧瓶塞，以防弹出。

(2) 将比色管置于医用手提蒸气灭菌器中，加热，使压力表指针到1.1～1.4kg/cm^2，此时温度达120～124℃后开始计时。或将比色管置于家用压力锅中，加热至顶压阀吹气时开始计时。保持此温度加热30min。

(3) 冷却、开阀放气，待气压表读数为0（或排气结束）后，移去外盖，取出比色管，并冷却至室温。

(4) 加1mL盐酸（1+9），用无氨水稀释至25mL标线，混匀，备测定用。

(5) 如果消解完成后试样中含悬浮物，则静置澄清后移取上清液到石英比色皿中比色。

4. 空白样消解

用10.00mL无氨水代替水样，按与水样预处理完全相同的方法步骤进行平行消解。该样与“0”号标准系列溶液相同，有时可省去。

5. 标准系列溶液消解

给每个标准溶液分别加入5mL碱性过硫酸钾溶液，与水样、空白样同时同法进行消解。

（三）上机测定

1. 仪器准备

(1) 水样消解前，把紫外光分光光度计打开，调好波长，预热。

(2) 用乙醇溶液浸泡石英比色皿，备用。

2. 吸光度A_{220}测定

(1) 取适量标准溶液至10 mm石英比色皿中，在紫外分光光度计上，以“0”号标准系列溶液作参比，在波长为 220 nm 处测定吸光度 A_{220} 值。

（2）取适量消解好的水样至 10 mm 石英比色皿中，在紫外分光光度计上，在波长为 220 nm 处测定吸 A_{220} 值。

（3）同法取适量空白样测定 A_{220} 值。

3. 吸光度 A_{275} 测定

（1）取适量标准溶液至 10 mm 石英比色皿中，在紫外分光光度计上，以“0”号标准系列溶液作参比，在波长为 275 nm 处测定吸光度 A_{275} 值。

（2）同法取适量消解好的水样测定 A_{275} 值。

（3）同法取适量空白样测定 A_{275} 值量。

五、实训成果

1. 数据记录

测定同时，如实记录标准系列、水样、空白样的 A_{220} 值和 A_{275} 值，实验数据记录表格式可参见表 2.11。

表 2.11　水样总氮测定数据记录表

编号	标准使用液加入量 /mL	总氮含量 C (μg，NO_3-N)/10mL 溶液	吸光度			备注
			A_{220}	A_{275}	A	
标 0	0.0	0.0				
标 1	0.10	1.0				
标 2	0.30	3.0				
标 3	0.50	5.0				
标 4	0.70	7.0				
标 5	1.00	10.0				
标 6	3.00	30.0				
标 7	5.00	50.0				
标 8	7.00	70.0				
标 9	10.00	100.0				
样 1						
样 2						
样 3						
样均值						
空白						

2. 数据处理

（1）根据式 2.4，分别求出标准系列、水样和空白样的校正吸光度 A：

$$A = A_{220} - 2A_{275} \tag{2.4}$$

式中：A_{220}——220 nm 波长处测得的试样吸光度；

A_{275}——275 nm 波长处测得的试样吸光度。

(2) 根据标准系列溶液的 $A-c$ 值绘制标准曲线。

(3) 根据下式计算水样的实际吸光度 $A_{实}$：

$$A_{实}=A_{样}-A_{空} \tag{2.5}$$

式中：$A_{样}$——水样的校正吸光度；

$A_{空}$——空白样的校正吸光度。

(4) 根据水样的校正吸光度实际值 $A_{实}$ 在校准曲线上查出相应的总氮质量数 m，水样总氮含量 (mg/L) 按下式计算：

$$总氮含量=\frac{m}{V} \tag{2.6}$$

式中：m——从标准曲线上差得的试样含氮量，μg；

V——消解时吸取的水样体积，mL。

六、注意事项

(1) 碘离子含量达到总氮含量的 2.2 倍以上，溴离子含量达到总氮含量的 3.4 倍以上时，对水样硝酸盐氮测定有干扰。

(2) 某些有机物在本消解法下不能完全转化为硝酸盐，会对测定有影响。

(3) 空白实验时，当空白测定值接近检测限，则必须控制空白试验的吸光度 A 不超过 0.03，若超过此值，要检查所用水、试剂、器皿和灭菌器压力是否符合要求。

小结

本章以水体溶解氧、氨氮和总氮含量测定的工作过程为案例，主要介绍了水体水质检验的水样采集、运输、保存和处理，以及水样溶解氧、氨氮和总氮含量测定的关键技术及基本知识。要求通过本章学习，能简述采样准备工作要点、常用采样方法及注意事项、水样运输保存的原则及方法、常用预处理方法的适用对象及操作注意事项。能完成水样的采集、运输和保存；能根据水质指标测定需要完成水样过滤、消解等预处理工作；能完成水样溶解氧、氨氮和总氮含量等水质指标的测定。

作业

(1) 一般在河流上设置的监测断面有哪些类型？各自的设置目的是什么？各设置在什么位置？

(2) 工业废（污）水水质分析，如何确定采样时间和采样频率？

(3) 选择盛装水样容器时应注意哪些问题？

(4) 简述瞬时水样、综合水样、混合水样、平均混合水样和平均比例混合水样的联系和区别。

(5) 采集溶解氧水样时应注意哪些问题？

(6) 常用的水样保存方法有哪些？各适用于哪些情况？

(7) 水样在运输过程中应注意哪些问题？

(8) 水样消解的作用是什么？常用消解方法有哪些？各适用什么情况？如何判断水样消解完成？

(9) 氨氮测定和总氮测定的消解过程有什么异同？各自的主要目的是什么？

(10) 现有一污水样，其中含有微量的汞、铜和酚，欲测定各成分含量，试设计预处理方案。

知识链接

废（污）水流量测定技术

废（污）水流量是计算污染源排污量、评价污染控制效果、估计受纳水体污染负荷等工作的重要基础数据。废（污）水流量的常用测量方法有流量计法、容积法和浮标法等。

流量计法就是购置市售的流量计测量排污明渠或排污管道的废（污）水流量。流量计按照其使用场合不同分为两大类，第一类如堰式流量计、水槽流量计等，主要用于测量自由水面敞开水路（明渠）流量；第二类如电磁流量计、压差式流量计等，主要用于测量充满水的排污管道的流量。第一类流量计是依据堰板上游水位或截留形成临界射流状态时水位与水流量有一定关系，通过超声波式、静电式或测压式水位计测量水位，从而计算得知流量。第二类是依据污水流经磁场所产生的感应电势大小或插入管道中的节流板前后流体的压力差与水流量有一定关系，通过测量感应电势或流体的压力差得出流量。

容积法和浮标法是测定污水流量是两种简便方法。容积法是将污水导入已知容积的容器或污水池、污水箱中，测量流满容器或池、箱的时间，然后用其除受纳容器的体积。

浮标法是一种粗略测量流速的简易方法。测量时，首先选择一平直河段，测量该河段 2 m 间距内水流横断面的平均面积（S，m^2）；再在上游投入浮标，测量浮标流经确定河段（L，m）所需平均时间（t，s），计算出平均流速（$V=0.7L/t$，m/s），最后根据平均流速（V）和排污明渠平均横断面面积（S）计算污水流量（$Q=60\cdot V\cdot S$，m^3/min）。

第三章　水质指标测定

学习目标

（1）掌握主要水质物理指标的含义及测定原理，会测定温度、色度、浊度、悬浮物和电导率等水质指标。

（2）掌握 pH、酸度、碱度、硬度及矿化度的测定方法，会测定这些水质指标。

（3）掌握常见水质非金属无机物指标的测定原理，会测定水中“三氮”、总磷、余氯和氟化物含量。

（4）掌握水样金属污染物含量的测定方法，能完成水样汞、铜、锌、铅、镉、铬等水质指标的测定。

（5）掌握水体有机污染物含量及有机污染综合指标的测定方法，能完成各种水样的生化需氧量（BOD_5）、化学需氧量（COD）和高锰酸盐指数等指标的测定分析。

（6）了解常用水质微生物学指标的含义，会采用平板菌落计数法测定水中的细菌总数，会用多管发酵法或滤膜法测定水中的大肠菌群。

必备知识

（1）温度、色度、悬浮物和电导率等水质指标的含义及测定方法。

（2）pH、酸度、碱度及硬度的含义及测定方法。

（3）“三氮”、总磷、余氯及氟化物等水质指标的含义及测定方法。

（4）汞、铜、锌、铅、镉、铬、砷等金属污染物含量的测定方法。

（5）溶解氧、生化需氧量、化学需氧量、高锰酸盐指数等指标的测定方法。

（6）细菌总数、大肠菌群等常用水质微生物学指标的含义及测定方法。

（7）电导率仪、紫外-可见分光光度计、原子吸收分光光度计、气相色谱、高效液相色谱等仪器的使用操作方法。

（8）万分之一天平、鼓风干燥箱、高压灭菌锅等实验设备的使用操作规程。

选修知识

（1）浊度、矿化度、硫化物、总挥发酚、石油类、总有机碳、粪链球菌等水质指标的含义及测定方法。

（2）常用水质微生物学指标的含义，常用培养基的制备方法及用途。

（3）离子色谱、荧光光度计的原理及使用方法。

项目引导

项目：工业循环水及生产废（污）水水质指标测定分析。

教学引导：

在合成氨及尿素生产过程中，为了确保合成氨及尿素生产系统的正常运行，节约用水，减少排污对环境的污染，防止设备及输水管线腐蚀、结垢等故障，一般对循环水的 pH、酸碱度、硬度、污染物、余氯等水质指标提出了严格的要求。可见，不论是设计合成氨工业循环水处理工艺，还是监控循环水水质状况，都需要时常对水质指标进行测定，及时了解分析循环水水质状况。

天然水及工农业生产废水中的致病微生物、病毒等可引起疾病的蔓延传播，水中的总金属、氰化物等有毒物质可使水生生物及人畜中毒，甚至死亡。水质污染的危害有些容易发现，并采取防控措施；而有些则不易觉察，但一旦中毒症状明显，就已到了无法治疗和遏止的地步。随着工业化发展速度的加快，污染控制越来越显得滞后，越来越多的河水、湖水因工业“三废”污染，变得不适于人畜饮用，甚至不适于灌溉；在某些地区，甚至连地下水也难逃厄运。为此，世界各国都制定了严格的工业废水排放标准，以控制工业“三废”排放对地表水体的污染，保障人畜用水安全。开展好这项利国、利民、利己、利子孙的功德工程，就必须加大天然水体和工业废水的治理力度，而这些都必须以水质指标测定和水质检验分析工作为前提。

因此，掌握过硬的水质指标检测技能和一定的水质检测知识，对于从事给水处理、排水处理和环境工程等行业的人士而言，具有非常重要的意义。

课前思考题

（1）如何测定水的温度、色度、pH？测定它们有什么现实意义？

（2）测定水样碱度、酸度、硬度和电导率有什么意义？如何测定？

（3）“三氮”指的是哪些指标？测定其有什么现实意义？如何测定？

（4）如何测定水样的余氯含量和总磷含量？测定其各有什么意义？

（5）常用的水质金属化合物指标有哪些？常用什么方法测定？

（6）水质有机污染指标有哪些？其值大小分别表示什么含义？如何测定？

（7）常用的水质微生物学指标有哪些？各表征水质什么特性？如何测定？

第一节　物理指标测定

一、水温测定

水的诸多物理、化学性质与水温密切相关，如气体（O_2、CO_2）在水中的溶解度、水中的微生物活动和化学反应速度都受水温影响，因而水温是表征水质的重要物理指标。水温为水质监测的现场测定项目之一，常用的测定方法有水温计法和颠倒温度计法（GB/T 13195—1991）。

（一）水温计法

水温计（图 3.1）是将水银温度计安装在特制金属套管内，在套管中部开有可供温度计读数的穿孔，套管上端有一供系绳索的提环，套管下端旋紧着一只有孔的盛水金属圆筒，（温度计水银球应置于其中央）。水温计的测量范围为－6～40℃，分度为 0.2℃，适用于地表水、污水等浅层水体水温的测量。

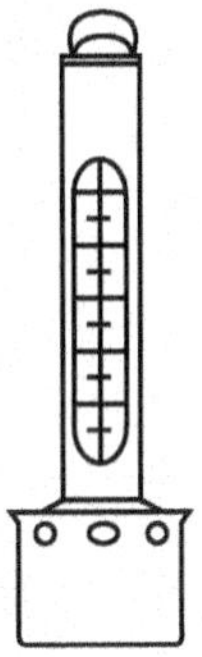

图 3.1　水温计

测定水体水温时，将水温计投入水中至待测深度，感温 5min 后，迅速上提并立即读数。从水温计离开水面至读数完毕应不超过 20s，读数完毕后，将筒内水倒净。

（二）颠倒温度计法

颠倒温度计（闭式）是把主温计和辅温计组装在两端完全封闭的厚壁玻璃套管内构成，如图 3.2 所示。主温计测量范围－2～32℃，分度值为 0.10℃；辅温计测量范围为－20～50℃，分度值为 0.5℃。主温计水银柱断裂灵活，断点位置固定。校正温度计时，接受泡水银应全部回流，主、辅温计应固定牢靠。颠倒温度计一般需安装在颠倒采水器上使用，适用于测量水深超过 40 m 的深层水体的水温。

图 3.2　颠倒温度计

将安装有闭端式颠倒温度计的颠倒采水器，投入水中至待测深度，感温 10min 后，由“使锤”打开采水器的“撞击开关”，使采水器完成颠倒动作。感温时，温度计的贮泡向下，断点以上的水银柱高度取决于现场温度，当温度计颠倒时，水银在断点断开，分成上、下两部分，此时接受泡一端的水银柱示度，即为所测温度。

感温结束后上提采水器，立即读取主、辅温度计上的温度值，填入表 3.1。再根据主、辅温计的读数，分别查主、辅温计的器差表（见温度计检定证）得相应的校正值，填入表 3.1。

表 3.1 水温测定数据记录表

样品名称：_______测定方法：_______ 测定日期：___年___月___日

采样编号	采样地点	主温计读数 T/℃	辅温计数据 t/℃	还原校正值 K/℃	实际水温/℃

再根据下式计算颠倒温度计的还原校正值 K，并填入表 3.1。

$$K=\frac{(T-t)(T+V_0)}{n}\left(1+\frac{T+V_0}{n}\right) \tag{3.1}$$

式中：T——主温计经器差校正后的读数；

t——辅温计经器差校正后的读数；

V_0——主温计自接受泡至刻度 0℃处的水银容积，以温度度数表示；

n——水银与温度计玻璃的相对膨胀系数，n 通常取值为 6300。

最后，把主温计经器差校正后的读数 T 和还原校正值 K 代入下式即可计算出实际水温值。

$$\text{实际水温}=T+K \tag{3.2}$$

式中：T——主温计经器差校正后的读数；

K——还原校正值。

（三）注意事项

（1）水温测量必须是现场测定。

（2）应根据被测水体水深选择合适的测量方法，测量时温度计放至规定深度，感温时间不少于 10min。

（3）水温计或颠倒温度计应定期由计量检定部门进行校核。

（4）水温测定结果的有效数字位数最多为 3 位，小数点后最多位数为 1 位。

二、色度测定

清洁水是无色透明度的，天然水因含有腐殖质、泥土、浮游生物、矿物质等而显示不同颜色，工业废水因含有不同的污染物质而使其水色变得复杂多样。水色的存在影响其感观和使用价值，因而色度也是衡量水质优劣的重要指标之一。

水的颜色分为真色和表色，真色指水中悬浮物质去除后呈现的颜色，表色是指没有除去水中悬浮物质时所呈现的颜色。水质分析中色度指标是指水的“真色”，故在测定前需先用澄清、离心沉降或用 0.45 μm 滤膜（不能用滤纸）过滤等方法除去水中的悬浮物。

水样色度的测定常用铂钴比色法和稀释倍数法（GB/T 11903—1989），前者多用于较清洁的、略带黄色色调的天然水和饮用水的色度测定，后者用于工业废水和受污染的地表水。

（一）铂钴比色法

1. 原理

规定每升水中含有1.0mg铂和0.5mg钴时所产生的颜色为1度。先用氯铂酸钾和氯化钴配成标准色列，再把水样与之进行目视比色来确定水样的色度。

2. 方法

先配500度铂钴标准储备溶液，再用之稀释成不同色度的标准色列，最后拿水样与标准色度溶液进行目视比色，确定水样色度值。

（二）稀释倍数法

1. 原理

观察水样，用文字描述水样的颜色种类，再用无色水（用活性炭吸附处理过的纯水）将水样按一定的倍数梯度稀释，直至水样近似无色，此时的稀释倍数值即为水样的色度值，单位为“倍”。测定结果用颜色描述文字加稀释倍数值共同表征，如“浅棕，50倍”。

2. 方法

取适量澄清水样，装入统一规格（水柱同高，一般为10cm）的50mL比色管中，按一定倍数梯度稀释至近无色；再在比色管底部衬以白瓷板，由上向下观察水样的颜色，并与同样高度水柱的蒸馏水比较；记录刚好看不出颜色（与蒸馏水同色）时的稀释倍数值和未稀释前的水样颜色。

（三）注意事项

（1）色度溶液不宜久存，色度储备液可短期密封低温贮存，色度梯度标准使用液最好现用现稀释。

（2）可用重铬酸钾代替氯铂酸钾配制标准色列。称取0.0437g重铬酸钾和1.000g硫酸钴（$CoSO_4 \cdot 7H_2O$），溶于少量水中，加入0.50mL硫酸，用水稀释至500mL，此溶液的色度即为500度。

（3）水样盛于清洁无色的玻璃瓶中，色度应尽快测定，否则应于4℃冷藏保存，48h内测定。

三、浊度测定

浊度是指水中悬浮物对光线透过时所发生的阻碍程度。水的浊度大小与水中悬浮物质含量及其粒径大小、形状和颗粒表面对光的散射有关。常用测定方法有分光光度法、目视比浊法（GB/T 13200—1991）和浊度计法。

(一) 分光光度法

1. 原理

在适当温度下，硫酸肼与六次甲基四胺聚合，形成白色高分子聚合物，以此作为浊度标准液，在一定条件下与水样浊度相比较。规定 1L 溶液中含 0.1mg 硫酸肼和 1mg 六次甲基四胺为 1 度。该方法适用于饮用水、天然水及高浊度水，最低检测浊度为 3 度。

2. 方法

1）水样采集

具塞玻璃瓶收集水样，采样后尽快测定，否则可在 4℃暗处保存（不超过 24h）。测试前需激烈振荡水样，并恢复到室温。

2）标准曲线的绘制

吸取浊度标准液 0、0.50、1.25、2.50、5.00、10.00 及 12.50mL，置于 50mL 的比色管中，加水至标线。摇匀后，即得浊度为 0.4、10、20、40、80 及 100 度的标准系列。于 680nm 波长处，用 30mm 比色皿测定吸光度，绘制校准曲线。

3）水样测定

吸取 50.0mL 摇匀水样（无气泡，如浊度超过 100 度可酌情少取，用无浊度水稀释至 50.0mL），于 50mL 比色管中，按绘制校准曲线步骤测定吸光度，由校准曲线查得水样浊度。

4）数据记录

将测定数据记录入表 3.2 中。

表 3.2 水样浊度分析数据记录

样品名称：__________分析方法标准：______分析日期：___年___月___日

采样编号	采样地点	原水样体积 V_0/mL	稀释水体积 V_1/mL	稀释后水样的浊度 A/度	水样浊度/度

5）结果计算

$$水样浊度 = \frac{A(V_0 + V_1)}{V_0} \tag{3.3}$$

式中：A——稀释后水样的浊度，度；

V_1——稀释水体积，mL；

V_0——原水样体积，mL。

3. 注意事项

(1) 测定结果的有效数字位数最多为 3 位，小数点后位数最多为 1 位。

(2) 水样应无碎屑及易沉颗粒。

(3) 天然水呈淡黄色、淡绿色对测定无干扰。

（4）硫酸肼毒性较强，属于致癌物质，取用时要注意安全。

（二）浊度计法

1. 原理

浊度计（浊度仪）的光学系统由一个钨丝灯、一个用于监测散射光的90°检测器和一个透射光检测器组成。采用90°散射光原理。由光源发出平行光束通过溶液时，一部分被吸收和散射，另一部分透过溶液。在获取光线的射入强度、散射强度、射入波长等数值后，根据雷莱公式进行计算，即可获得水溶液浊度值：

$$I_s = \frac{2KNV}{\lambda} \times I_0 \tag{3.4}$$

式中：K——系数；

I_0——入射光强度；

I_s——散射光强度；

N——单位溶液微粒数；

V——微粒体积；

λ——入射光波长。

在入射光恒定条件下，在一定浊度范围内，散射光强度与溶液的浊度成正比。式3.3可表示为

$$\frac{I_s}{I_0} = K'N \quad （K' \text{为常数}） \tag{3.5}$$

根据式（3.5），可以通过测量水样中微粒的散射光强度来测量水样的浊度。浊度计法既适用于野外和实验室内的测量，也适用于全天候的连续监测。

2. 方法

1）浊度曲线校准及标定

仪器在出厂时已经标定好曲线，一般情况下，即可使用。用户在使用一定时间可进行曲线校准；或当因故造成偏差，曲线校准后仍无法测量准确时，可对仪器进行标定。

2）操作方法

（1）开机预热30min。

（2）进行浊度曲线校准及标定。

（3）将“标定/测量”拨动开关置于测量处，按“键头”键选择适当的量程。

（4）缓慢注入适量被测样品，用滤纸擦净样杯，将样杯平稳置入比色池，盖上比色池内盖。

（5）待显示数据稳定后，即可读取被测溶液的浊度值。

（6）读数后立即取出样杯，等待下一个样品的测量或关机。

3）注意事项

（1）为减小误差，尽量选用低量程，但也不能超越量程。

（2）在测定样品过程中，如所测样品不在同一个量程范围，则按“量程”键进行量程切换。

四、残渣测定

（一）残渣概述

1. 总残渣（TS）

水中除了溶解气体之外的溶解性固体物质和不溶解性固体物质都称作残渣，包括有机物、无机物、微生物等。因而，总残渣是指水（污水）样在一定的温度下蒸发、烘干后剩余的物质。

2. 可滤残渣（DS）

可滤残渣是指溶解在水中的各种无机盐和有机物等溶解性固体物质的量，其存在是水具有色度的主要原因。饮用水中含有适量的溶解性无机盐对人体健康是有利的，但含量过高会使饮水的口感降低，甚至引发腹泻等不良生理反应。此外，水中溶解性固体物质的种类繁多，有些本身就是有毒有害物质，甚至是“三致”物质。

3. 不可滤残渣（SS）

不可滤残渣又称悬浮物，是指水中那些不溶于水中的泥沙、黏土、有机物、微生物等不溶解固体。水中的悬浮物包括有机悬浮物和无机悬浮物，前者主要是微生物、动物排泄物、水生生物残体和造纸等行业排放物等，后者主要为泥沙。悬浮物的存在会影响水体表观，使水浑浊度增大、透明度减小。

4. 三种残渣的关系

总残渣（TS）、可滤残渣（DS）和不可滤残渣（SS），三者的数量关系为

$$TS = DS + SS \tag{3.6}$$

（二）测定方法

1. 总残渣测定

1）原理

规定单位体积水样在一定温度下加热蒸发，于 103～105℃烘干恒重后剩留在器皿中的物质含量为该水样的总残渣值，单位为 mg/L。

2）方法

（1）将洁净的蒸发皿于 103～105℃烘箱内烘至恒重，置于干燥器内冷却，精确称重。

（2）将混合均匀的水样取适量（使残渣量大于 25mg），放于已称重的蒸发皿中，在蒸汽浴或水浴上蒸干，移入 103～105℃烘箱内烘至恒重，再置于干燥器内冷却，精确称重。

（3）将称量数据记录，记录表格式参见表 3.3。

表 3.3　水样总固体分析数据记录

样品名称：________　分析方法标准：________　分析日期：____年____月____日

采样编号	采样地点	试样体积/mL	蒸发皿重量 W_0/g	总残渣+蒸发皿重量 W/g	总残渣含量/(mg/L)

(4) 将数据代入式 (3.6) 中，即可计算出水样的总残渣值：

$$水样残渣(mg/L)=\frac{(W-W_0)\times 1000\times 1000}{V_{样}} \tag{3.7}$$

式中：W—— 总残渣和蒸发皿的总重量，g；

W_0——蒸发皿重量，g；

$V_{样}$——水样体积，mL。

2. 可滤残渣测定

1) 原理

将过滤后的水样置于烘干至恒重的蒸发皿内用水浴或蒸气蒸干，然后在 103～105℃烘干至恒重，增加的质量即为总可滤残渣量。

2) 方法

首先，将洁净的蒸发皿于 103～105℃烘箱内烘至恒重，置于干燥器内冷却，精确称重；再将混合均匀的水样定量移取适量通过 0.45μm 滤膜，滤液置于已称重的蒸发皿中，在蒸汽浴或水浴上蒸干，移入 103～105℃烘箱内烘至恒重，再置于干燥器内冷却，精确称重。后续步骤参见总残渣测定。

3. 不可滤残渣（悬浮物）测定

测定方法主要有两种，方法一是用总残渣值减去可滤残渣值即得不可滤残渣；方法二是定量吸取适量水样通过 0.45μm 滤膜，再把截留在滤膜上的固体于 103～105℃烘干至恒重，则滤膜的净增重量即为水样悬浮物值。

4. 注意事项

(1) 水样不宜保存，应尽快分析。

(2) 水样较清时适量多取水样，含悬浮物较多时酌情少取水样，使悬浮物质量在 5～100mg 之间。

(3) 漂浮和浸没的物质不属于悬浮物，测定时应从水中去除。

(4) 过滤水样一般常用 0.45μm 滤膜、滤纸、石棉坩埚等为滤器，过滤残渣和悬浮物的测定结果与所选滤器有关，因而要注明滤器类型。

五、电导率测定

(一) 电导率概述

电导率是以表征水（溶液）传导电流能力的指标，其大小与水样中离子的性质、浓度和溶液的温度、黏度等有关。电导率的国际单位为 S/m（西门子/米），常用单位为

μS/cm。不同类型的水有不同大小的电导率值。新鲜蒸馏水的电导率为0.5～2μS/cm，放置一段时间后，因吸收了二氧化碳，增加到2～4μS/cm；超纯水的电导率小于0.1μS/cm；天然水的电导率多在50～500μS/cm之间；含酸、碱、盐的工业废水电导率往往超过10000μS/cm。可见纯水的电导率很小，但当水中含有无机酸、碱或盐时，电导率会增加。因而该指标常用于检验实验室用水的纯度和间接推测水中含盐量的多少。

水样电导率在实验室通常采用专门的电导率仪测定获得。污染源及重要地表水体的电导率值常通过水质在线监测系统仪测定获得。

（二）电导率仪工作原理

由于电导是电阻的倒数，当电导电极（通常为铂电极或铂黑电极）插入溶液中，可测出两电极间的电阻R，根据欧姆定律，温度压力一定时，电阻与电极的间距L（cm）成正比，与电极截面积A（cm^2）成反比。则两电极间的电阻为

$$R = \rho \times (L/A) \qquad (3.8)$$

由于电极截面积A和间距L都是固定不变的，故L/A是一常数，称电导池常数，以Q表示。ρ叫电阻率，ρ的倒数为电导率，以K表示，则

$$K = 1/\rho = Q/R \qquad (3.9)$$

式中：Q—— 电导池常数，1/cm；

R—— 电阻，Ω；

K—— 电导率，μS/cm。

因此，当电导池常数Q已知，并测出样品的电阻值R后，即可算出电导率K。

（三）电导率测定方法

1. 电导池常数的测定

电导池的电导率对某一电导率仪而言一般为常数，查阅说明书或电极即得；如果没有，或想校正仪器，可参考下面办法。用0.0100mol/L标准氯化钾溶液在（25±0.1）℃恒温一段时间后，浸泡、冲洗电导池和电极三次，再用已预热并校正好的电导率仪测量该KCl溶液电阻值R_{KCl}，重复数次，取平均值，则电导池常数Q为

$$Q = K_{KCl} R_{KCl} \qquad (3.10)$$

式中：Q—— 电导池常数，1/cm；

R_{KCl}—— 电阻，Ω；

K_{KCl}——0.0100mol/L氯化钾溶液在25℃时电导率，1413μS/cm，查表知，或用标准电导率仪测得。

2. 水样电导率测定

用水冲洗电导池和电极，再装好水样，测定水样的电导率K_t，同时记录测定时的水样温度t。

3. 温度标正

水样电导率随温度的变化而变化。温度每升高1℃，电导率增加约2%。通常规定

25℃为测定电导率的标准温度。如果测定温度不是25℃，必须进行温度校正，经验公式为

$$K_s = \frac{K_t}{1 + a(t - 25)} \tag{3.11}$$

式中：K_s—— 25℃电导率，μS/cm；

K_t——温度 t 时的电导率，μS/cm；

α——各种离子电导率的平均温度系数，取0.022。

技能实训

项目一　水样色度测定

一、实训目的

(1) 掌握稀释倍数法和铂钴比色法（GB/T 11903—1989）测定水样色度的操作。

(2) 会配制色度标准溶液，能根据水样情况选择色度测定方法，测定水样色度。

二、实验原理

(一) 铂钴比色法

用氯铂酸钾和氯化钴配成标准颜色系列，与水样进行目视比色来确定水样的色度。单位为度。该方法适用于清洁水、轻度污染并略带黄色调的水，比较清洁的地面水、地下水和饮用水等，但水样颜色和标准色度溶液的色调不一致时不适用。

(二) 稀释倍数法

先观察水样，用文字描述水样的颜色种类，如深黄色、棕黄色、暗黑色等；然后将水样按一定的稀释倍数用水稀释到接近无色时，记录稀释倍数，单位为倍。该方法适用于污染较严重的地面水和工业废水。

三、实训准备

1. 比色管

要求容积50mL，标线高度要一致，配有比色管架。

2. 色度标准溶液

分别称取1.245 g六氯铂酸钾（K_2PtCl_6）和1.000 g六水氯化钴（$CoCl_2 \cdot 6H_2O$）溶于约500mL纯水中，加100mL盐酸（ρ=1.18 g/mL），转移到1000mL的容量瓶内定容，即得色度为500度色度标准储备液。该溶液贮于密封玻璃瓶中，置于温度低于30℃暗处，至少能稳定6个月。

四、实训过程

（一）铂钴比色法

1. 样品采集及保存

将样品采集在容积至少为1L的玻璃瓶内，在采样后要尽快进行测定。如果必须贮存，应于4℃左右冷藏保存，48h内测定。

2. 去悬浮物

将水样倒入250mL量筒中，静置15min，或离心后静置15min，取其上层液体备测定用。亦可将水样通过0.45μm滤膜滤掉悬浮物后，滤液备用。

3. 标准色列的配制

向一组50mL比色管中用移液管分别加入0、0.50、1.00、1.50、2.00、2.50、3.00、3.50、4.00、4.50、5.00、6.00及7.00mL铂钴标准溶液，用纯水稀释至标线，混匀。溶液色度分别为0、5、10、15、20、25、30、35、40、45、50、60和70度。密塞保存。

4. 水样测定

（1）分取50.0mL试料于比色管中。如水样色度≥70度，可酌情少取水样，用水稀释至50.0mL，使色度落在标准溶液的色度范围内，记录所取水样体积（V_0）。

（2）将水样与标准色列进行目视比较，找出与试料色度最接近的标准溶液，记下标准溶液的色度（A_1）。注意，观测时，将比色管置于白色表面上，使光线从管底部向上透过液柱，目光自管口垂直向下观察液柱。

（二）稀释比色法

1. 去悬浮物

方法同铂钴比色法。

2. 水样颜色描述

取一定量（100～150mL）澄清水样置烧杯中，以白色瓷板为背景，观察并描述水样颜色种类及深浅，如浅黄色、深黄色、浅棕色等。

3. 确定稀释倍数

取一定时澄清水样，用蒸馏水逐级稀释成不同的倍数，分别装入统一规格的50mL比色管中，水柱同高10cm，管底部衬一白瓷板，由上向下观察稀释后水样的颜色，并与蒸馏水相比较，直至刚好看不出水样颜色，记录此时的稀释倍数。

五、实训成果

（一）铂钴比色法

1. 数据记录

将测定数据记录，记录表格参见表3.4。

表 3.4 水样色度分析（铂钴比色法）数据记录

样品名称：________ 分析方法标准：________ 分析日期：___年___月___日

比色管编号	铂钴标液加入量/mL	色度/度	比色管编号	铂钴标准溶液/mL	色度/度
0	0	0	9	4.50	45
1	0.50	5	10	5.00	50
2	1.00	10	11	6.00	60
3	1.50	15	12	7.00	70
4	2.00	20	样 1	—	
5	2.50	25	样 2	—	
6	3.00	30	样 3	—	
7	3.50	35	样均值	—	
8	4.00	40	备注	样均值=(样1色度+样2色度+样3色度)/3	

2. 水样色度值计算

将样均值代入式 3.9，即得水样色度：

$$\text{水样色度(度)}A_0 = A_1 \times \frac{50}{V_0} \tag{3.12}$$

式中：A_1——稀释后水样的色度，度；

V_0——水样的体积，mL。

（二）稀释倍数法

1. 数据记录

将测定数据记录，记录表格参见表 3.5。

表 3.5 水样色度分析（稀释倍数法）数据记录

采样地点：________ 分析方法标准：________ 分析日期：___年___月___日

稀释次数	取样体积/mL	稀释后体积/mL	稀释倍数 D_n	备注
1				①总稀释倍数为各次稀释的倍数之积，则总稀释倍数为 $D=D_1 D_2 D_3 \cdots D_n$ ②颜色描述应在水样未稀释时进行
2				
3				
…				
n				
总稀释倍数 D				
颜色描述				

2. 结果表征

将逐级稀释的各次倍数相乘，所得之积取整数值，以此表达样品的色度，同时用文字描述样品的颜色深浅、色调。

六、注意事项

(1) 铂钴比色法和稀释倍数法两种方法应独立使用，一般没有可比性。

(2) 如果样品中含有泥土或其他分散很细的悬浮物经预处理仍得不到透明水样时，则只测“表色”。

(3) 所用与样品接触的玻璃器皿都要用盐酸或表面活性剂溶液加以清洗，最后用蒸馏水或去离子水洗净，沥干。

项目二　水样悬浮物测定

一、实训目的

(1) 掌握悬浮物（SS）测定技术，会测定水样悬浮物（SS）。

(2) 掌握“恒重”技术，能熟练使用电子分析天平。

(3) 会使用鼓风干燥箱、玻璃干燥器和滤膜过滤装置。

二、实验原理

定量吸取适量水样，通过已恒重0.45μm滤膜，将截留有固体物质的滤膜于103～105℃烘干至恒重得到悬浮物的质量。

三、实训准备

(1) 鼓风干燥箱。

(2) 分析天平（最小感量为0.0001 g）。

(3) 干燥器。

(4) 过滤装置。包括全玻璃微孔滤膜过滤器和配套的0.45μm CN-CA滤膜、吸滤瓶、真空泵等。

(5) 无齿扁嘴镊子。

(6) 称量瓶。

四、实训过程

1. 采样

首先用洗涤剂洗净采样用聚乙烯瓶或硬质玻璃瓶，再依次用自来水和蒸馏水冲洗干净，最后在采样前再用即将采集的水样清洗3次，再采集具有代表性的水样500～1000mL，盖严瓶塞。

2. 样品保存

水样采集后应尽快分析测定。如不能及时测定，应于4℃冷藏保存，保存时间不超过7d。

3. 滤膜准备

用扁嘴无齿镊子夹取滤膜放于事先恒重的称量瓶内，移入烘箱中于103～105℃烘干0.5h后取出，置于干燥器内冷却至室温，称其重量（W_0），反复烘干、冷却、称量，直至两次称量的重量差≤0.4mg。将恒重的微孔滤膜正确的放在滤膜过滤器的滤膜托盘上，加盖配套的漏斗，并用夹子固定好。以蒸馏水润湿滤膜，并不断吸滤。

4. 水样悬浮物测定

（1）量取混合均匀的水样100mL（$V_{样}$）抽吸过滤，使水样全部通过滤膜。

（2）以每次10mL蒸馏水连续洗涤3次，继续吸滤以除去痕量水分。

（3）停止吸滤后，仔细取出载有悬浮物的滤膜放在原恒重的称量瓶里，移入烘箱中于103～105℃烘干1 h后移入干燥器中，冷却至室温，称其重量。

（4）反复烘干、冷却、称量（W），直至两次称量的重量差≤0.4mg为止。

（5）为克服偶然误差，应做3份平行样。

五、实训成果

1. 数据记录

将测定数据记录，记录表格参见表3.6。

表3.6 水样悬浮物分析数据记录

采样地点：________ 分析方法：________ 分析日期：___年___月___日

水样编号	试样体积/mL	滤膜+称量瓶重量 W_0/g	悬浮物+滤膜+称量瓶质量 W/g	悬浮物含量/(mg/L)
1				
2				
3				
平均值	—	—	—	

2. 结果计算

$$水中悬浮物含量(mg/L)=\frac{(W-W_0)\times1000\times1000}{V_{样}} \tag{3.13}$$

式中：W——悬浮物+滤膜+称量瓶质量，g；

W_0——滤膜+称量瓶质量，g；

$V_{样}$——水样体积，mL。

六、注意事项

（1）漂浮或浸没的固体物质不属于悬浮物，应从水样中除去；不能加入任何保护剂，以防破坏物质在固、液间的分配平衡。

（2）若水样中悬浮物过多可酌情减少取试样量，若水样中悬浮物过少可增大取样量，一般取试样体积以控制悬浮物量在5～10mg为宜。

（3）滤膜在使用前应观察是否有破损，如有破损则不能用；在移取滤膜和称量瓶时应用镊子或纸带，以免黏物引起误差；过滤后应将滤膜向里对折，放入烘箱内烘干。

第二节 化学常规指标测定

一、pH 测定

（一）试纸法

1. 测定原理

红色石蕊试纸遇到碱性溶液变蓝，蓝色石蕊试纸遇到酸性溶液时变红。pH 试纸遇到酸碱性强弱不同的水样时，显示不同的颜色，可与标准比色卡对照确定水样的 pH，它可以粗略地检验水样酸碱性的强弱。

2. 测定方法

一般把一小块试纸放在表面皿或玻璃片上，用沾有待测水样的玻璃棒点在试纸的中部，观察颜色是否改变，从而判断水样 pH 大小。

3. 注意事项

（1）玻璃棒不仅要洁净，而且不得有蒸馏水。

（2）取出试纸后，应将盛放试纸的容器盖严，以免被一些气体玷污。

（二）仪器法

1. 测定原理

在测定溶液的 pH 时，常用玻璃电极作指示电极，饱和甘汞电极作参比电极，与待测溶液组成工作电池（图 3.3），此电池可用下式表示：

—）Ag，AgCl | HCl | 玻璃 | 试液 ‖ KCl（饱和） | Hg_2Cl_2，Hg（+

$\varphi_{AgCl/Ag}$　$\varphi_{膜}$　φ_L　　$\varphi_{Hg_2Cl_2/Hg}$

|←玻璃电极→|　|←甘汞电极→|

图 3.3　玻璃电极-甘汞电极原电池示意图

上述电池的电动势为

$$E = \varphi_{Hg_2Cl_2/Hg} + \varphi_L + \varphi_{不对称} - \varphi_{膜} - \varphi_{AgCl/Ag} \tag{3.14}$$

式中：E——两电极的电位差，即电池的电动势，mV；

$\varphi_{Hg_2Cl_2/Hg}$——甘汞电极的电位，mV；

$\varphi_{膜}$——玻璃电极的膜电位，mV；

$\varphi_{AgCl/Ag}$—— Ag-AgCl 内参比电极电位，mV；

φ_L——液体接界电位，mV；

$\varphi_{不对称}$——玻璃电极薄膜内外两表面不对称引起的电位差，mV。

液体接界电位是指在两种组成不同或浓度不同的溶液接触界面上，由于溶液中正负离子扩散通过界面的迁移率不同，而引起的接界电位差。

将 $\varphi_{膜}=K-0.059\text{pH}_{试}$ 代入式（3.12）得

$$E=\varphi_{Hg_2Cl_2/Hg}+\varphi_{L}+\varphi_{不对称}-K+0.059\text{pH}_{试}-\varphi_{AgCl/Ag} \tag{3.15}$$

在一定条件下，式（3.14）中 $\varphi_{Hg_2Cl_2/Hg}$、$\varphi_{AgCl/Ag}$、φ_{L}、$\varphi_{不对称}$ 都是常数，将其合并为常数 K'。这样，工作电池的电位只取决于玻璃电极的膜电位大小，即水样中 H^+ 活度的大小。于是上式可表示为 $E=K'+0.059\text{pH}$，则

$$\text{pH}=\frac{E-K'}{0.059} \tag{3.16}$$

应该指出，式（3.16）中的 K' 除包括内、外参比电极的电极电位等常数可以获得以外，还包括难以测量和计算的 $\varphi_{不对称}$ 和 φ_{L}。因此，直接根据式（3.16）是不可能直接计算出 pH 的。

因此在实际工作中，通常采用一个 pH 确定的标准缓冲溶液作为基准，通过比较待测水样和标准缓冲溶液两个不同的工作电池的电动势来计算待测溶液的 pH。

由式（3.16）知：

$$E_{标准}=K'_{标准}+0.059\text{pH}_{标准} \tag{3.17}$$

$$E_{试样}=K'_{试样}+0.059\text{pH}_{试样} \tag{3.18}$$

若保持前后两次测量 $E_{标准}$、$E_{试样}$ 的条件不变，可以假定 $K'_{标准}=K'_{试样}$，则上列两式相减得 pH 的实用定义：

$$\text{pH}_{试样}=\text{pH}_{标准}+\frac{E_{试样}-E_{标准}}{0.059} \tag{3.19}$$

式中：$\text{pH}_{试样}$——待测试样的 pH；

$\text{pH}_{标准}$——标准缓冲溶液的 pH；

$E_{试样}$——测量待测试样 pH 的工作电池的电动势；

$E_{标准}$——测量标准缓冲溶液 pH 的工作电池的电动势。

由式（3.19）可以看出，当溶液的 pH 改变一个单位时，电池的电动势改变 59.0mV。据此大多 pH 计上已将 E 换算成 pH 的数值，故可由 pH 计上直接读取 pH 的大小，使用起来很方便。

2. 测定方法

电位法测定待测水样 pH 的装置如图 3.4 所示。将玻璃电极和饱和甘汞电极，浸入待测水样中组成电池。测定时先用已知 pH 的标准缓冲溶液校正仪器刻度，然后进行待测水样 pH 的测定。

测定时，将电流计调零，选择适当的标准缓冲溶液将电极插入标准缓冲液中，调节斜率调节器，使读数为该标准缓冲溶液的 pH，洗净电极并清洗、吸干。校正后，勿再旋动定位调节器。然后将电极置于待测试液中，待显示数值稳定后记录下 pH，取出电极并清洗。

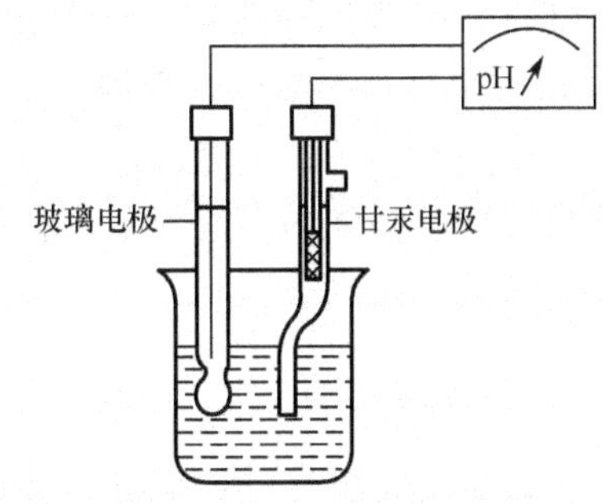

图 3.4　直接电位法测 pH 示意图

为了获得高精确度的 pH，通常可采用两个标准 pH 缓冲溶液进行定位校正仪器，并要求待测试

液的 pH 尽可能落在这两个标准溶液的 PH 之间。测定时，先选择一标准缓冲溶液将电极插入标准缓冲液中，调节定位调节器，使读数为该标准缓冲溶液的 pH，洗净电极并清洗、吸干。再选择另一标准缓冲溶液将电极插入标准缓冲液中，调节斜率调节器，使读数为该标准缓冲溶液的 pH，洗净电极并清洗、吸干。如此反复调节几次，才能使测量系统达到最佳状态。然后将电极置于待测水样中，待显示数值稳定后记录下 pH，取出电极并清洗。

测量完毕，将玻璃电极取下，冲洗干净后浸泡在蒸馏水中。将甘汞电极取下、洗净、擦干，戴上橡胶帽。

3. 注意事项

(1) 玻璃电极易碎须小心使用，使用前需浸泡 24h 以上，一般测量完毕，冲洗干净后宜浸泡在蒸馏水中。

(2) 为了尽量减小误差，实际测量中，应选用 pH 与水样 pH 接近的标准缓冲溶液，并尽量保持溶液温度恒定。

二、酸度测定

水的酸度是指水中所含能够给出质子的物质的总量，即水中所有能与强碱定量作用的物质总量。水中酸度的测定对于工业用水、农用灌溉用水、饮用水以及了解酸碱滴定过程中 CO_2 影响都有实际意义。

(一) 酸度的组成

天然水中的 CO_2 是酸度基本组成成分。一般溶于水中的 CO_2 与 H_2O 作用可形成 H_2CO_3，这种呈气体状态的 CO_2 与少量的碳酸的总和叫游离二氧化碳。

若天然水中含有大量的游离二氧化碳，则碳酸盐将会溶解，产生重碳酸盐 (HCO_3^-)，这部分能与碳酸盐起反应的 CO_2 称为侵蚀性二氧化碳。侵蚀性二氧化碳对水工建筑物具有侵蚀破坏作用，当侵蚀性二氧化碳与氧共存时，对金属（铁）具有强烈的侵蚀作用。

游离性二氧化碳和侵蚀性二氧化碳是天然水酸度的重要来源。除此之外，还有采矿、选矿、化学品制造、电池制造、人造及天然纤维制造以及发酵处理等许多工业废水中常含有某些重金属盐类（尤其是 Fe^{3+}、Al^{3+} 等盐）或一些酸性废液（如 HCl、H_2SO_4 等），也是水中酸度的来源。

水中的 CO_2 于饮用无害，但含 CO_2 过多的水会对混凝土和金属有侵蚀作用，如果水中还有强酸、强酸弱碱盐，不仅会污染河流，伤害水中生物，腐蚀管道，而且会使水的利用价值受到限制。

(二) 酸度的测定

水中酸度测定，常用酸碱滴定法，即以甲基橙为指示剂，用碱标准溶液（如 NaOH 或 Na_2CO_3 标准溶液）滴定水中的 H^+ 离子，至溶液由橙红色变橘黄色（pH＝

3.7）时，到达滴定终点；如以酚酞为指示剂，滴定至溶液由无色至刚好变为浅红色（pH=8.3）时，到达滴定终点；根据碱标准溶液的消耗量，求得酸度。

以甲基橙为指示剂，用 NaOH 标准溶液滴定至终点 pH=3.7 的酸度，称为甲基橙酸度。它代表一些较强的酸，适用于废水和严重污染水的酸度测定。

以酚酞为指示剂，用 NaOH 标准溶液滴定至终点 pH=8.3 的酸度，称为酚酞酸度，又叫总酸度。它包括水样中的强酸和弱酸之和，主要用于未受工业废水污染或轻度污染水酸度的测定。

酸度的单位及计算方法与碱度类似（详见碱度的测定）。

1. 游离二氧化碳的测定

游离二氧化碳（$CO_2+H_2CO_3$）能和 NaOH 反应：

$$CO_2 + NaOH \longrightarrow NaHCO_3$$

$$H_2CO_3 + NaOH \longrightarrow NaHCO_3 + H_2O$$

当反应达到计量点时，溶液的 pH 约为 8.3，故选用酚酞为指示剂。根据 NaOH 标准溶液的用量求出游离二氧化碳含量：

$$\text{游离二氧化碳}(CO_2,\text{mg/L}) = \frac{V \times c_{NaOH} \times 44 \times 1000}{V_{\text{水}}} \quad (3.20)$$

式中：V —— NaOH 标准溶液的消耗量，mL；

c_{NaOH} —— NaOH 标准溶液的浓度，mol/L；

44——二氧化碳的摩尔质量，（CO_2，g/mol）；

$V_{\text{水}}$——水样的量，mL。

2. 水中侵蚀性二氧化碳测定

取适量水样（不加 $CaCO_3$ 粉末），以甲基橙为指示剂，用 HCl 标准溶液滴定至终点。同时另取水样加入 $CaCO_3$ 粉末放置 5d，待水样中侵蚀性二氧化碳与 $CaCO_3$ 反应完全之后，以甲基橙为指示剂，用 HCl 标准溶液滴定至终点，主要反应为

$$CaCO_3 + CO_2 + H_2O \longrightarrow Ca(HCO_3)_2$$

$$Ca(HCO_3)_2 + 2HCl \longrightarrow CaCl_2 + H_2CO_3$$

根据水样中加入 $CaCO_3$ 与未加 $CaCO_3$ 用 HCl 标准溶液滴定时消耗的量之差，求出水中侵蚀性二氧化碳的含量：

$$\text{侵蚀性二氧化碳}(CO_2,\text{mg/L}) = \frac{(V_2 - V_2) \times c_{HCl} \times 22 \times 1000}{V_{\text{水}}} \quad (3.21)$$

式中：V_1——5d 后（加 $CaCO_3$ 粉末）滴定时消耗 HCl 标准溶液的量，mL；

V_2——当天（未加 $CaCO_3$ 粉末）滴定时消耗 HCl 标准溶液的量，mL；

c_{HCl}—— HCl 标准溶液的浓度，mol/L；

22——侵蚀性 CO_2 摩尔质量，$1/2CO_2$，g/mol；

$V_{\text{水}}$——水样的体积，mL。

如果测定结果 $V_2 \leqslant V_1$，则说明水中不含侵蚀性 CO_2。

三、碱度测定

水的碱度指水中所含能接受质子的物质的总量，即水中所有能与强酸定量作用的物

质的总量。碱度测定在水处理工程实践中，如饮用水、锅炉用水、农田灌溉用水和其他用水处理中，应用非常普遍。碱度也常作为混凝效果、水质稳定和管道腐蚀控制的依据，或作为废水好氧厌氧处理设备运行的控制参数。

（一）碱度的组成

水中碱度主要有重碳酸盐（HCO_3^-）碱度、碳酸盐（CO_3^{2-}）碱度和氢氧化物（OH^-）碱度。此外还包括磷酸盐、硅酸盐、硼酸盐等，但它们在天然水中的含量往往不多，常忽略不计。由于氢氧化物和重碳酸盐不能共存（因为 $HCO_3^- + OH^- \rightleftharpoons CO_3^{2-} + H_2O$），所以，水中可能存在的碱度组成有5类，分别为：$OH^-$ 碱度；OH^- 和 CO_3^{2-} 碱度；CO_3^{2-} 碱度；CO_3^{2-} 和 HCO_3^- 碱度；HCO_3^- 碱度。

（二）碱度的测定

1. 测定原理

水中碱度的测定一般用强酸滴定法，以酚酞和甲基橙作指示剂，用 HCl 或 H_2SO_4 标准溶液滴定水样碱度至终点，根据所消耗酸标准溶液的量，计算水样的碱度。

由于天然水中产生碱度的物质主要有氢氧化物（OH^-）、碳酸盐（CO_3^{2-}）和重碳酸盐（HCO_3^-）3种，因此，用酸标准溶液滴定时的主要反应有：

氢氧化物碱度 $OH^- + H^+ \rightleftharpoons H_2O$；

碳酸盐碱度 $CO_3^{2-} + H^+ \rightleftharpoons HCO_3^-$，

$HCO_3^- + H^+ \rightleftharpoons CO_2\uparrow + H_2O$；

总反应方程式 $CO_3^{2-} + 2H^+ \rightleftharpoons CO_2\uparrow + H_2O$；

重碳酸盐碱度 $HCO_3^- + H^+ \rightleftharpoons CO_2\uparrow + H_2O$。

CO_3^{2-} 与 H^+ 的反应分两步进行，第一步反应完成时，pH 在 8.3 附近，此时恰好酚酞变色，所消耗酸的量又恰好是完全滴定 CO_3^{2-} 所需酸总量的一半。

1）酚酞碱度

以酚酞为指示剂，用中和滴定法获得的碱度为酚酞碱度。即以酚酞为指示剂，用酸标准溶液滴定至水样由桃红色变为无色（终点 pH=8.3）时，所消耗的酸标准溶液的量用 P（mL）表示。此时水样中的酸碱反应包括 $OH^- + H^+ \rightleftharpoons H_2O$ 和 $CO_3^{2-} + H^+ \rightleftharpoons HCO_3^-$ 两部分。也就是说，酚酞碱度中含有 OH^- 碱度和1/2的 CO_3^{2-} 碱度两部分，即 $P=[OH^-]+1/2[CO_3^{2-}]$。

2）甲基橙碱度

上述水样在以酚酞为指示剂滴定到终点之后，再加入甲基橙指示剂，用酸标准溶液滴定至溶液由橘黄色变成橘红色（终点 pH≈4.4），所消耗酸标准溶液的量用 M（mL）表示。此时水样中发生的酸碱中和反应是 $HCO_3^- + H^+ \rightleftharpoons CO_2\uparrow + H_2O$，这里的 HCO_3^- 一半是水样中原来存在 HCO_3^-，一半是 CO_3^{2-} 与 H^+ 反应生成的 HCO_3^-，即 $M=1/2[CO_3^{2-}]+[HCO_3^-]$。以（$P+M$）值计算得到的碱度称为总碱度，也称作甲基橙碱度。

当然，如果水样直接以甲基橙为指示剂，用酸标准溶液滴定至终点（pH≈4.4）时，所消耗酸标准溶液的量为 T（mL），根据 T 值计算的碱度也是甲基橙碱度（总碱度）。可见，总碱度是水样中的 OH^-、CO_3^{2-} 和 HCO_3^- 三种离子产生的碱度总和。

2. 测定方法

用酸碱滴定法测定水中碱度通常有连续滴定法和分别滴定法两种方法。

1）连续滴定法

取一定体积水样，先以酚酞为指示剂，用酸标准溶液滴定至终点，记录消耗的酸标准溶液体积；再以甲基橙为指示剂，继续用酸标准溶液滴定至终点，记录消耗的酸标准溶液体积；根据前后两个滴定终点消耗的酸标准溶液的量，来判断和计算水样中 OH^- 碱度、CO_3^{2-} 碱度和 HCO_3^- 碱度的组成及含量的方法称为为连续滴定法。

令以酚酞为指示剂，滴定到终点时消耗酸标准溶液的量为 P（mL）；以甲基橙为指示剂，滴定到终点时消耗酸标准溶液的量为 M（mL），则

（1）如果 $P>0$，$M=0$，则水样中只有 OH^- 碱度。因为 P 中包括了 OH^- 和 $1/2\ [CO_3^{2-}]$消耗的酸量，而 $M=0$，说明水样中无 CO_3^{2-} 和 HCO_3^-，OH^- 消耗的酸体积等于 P，所以总碱度 $T=P$。

（2）如果 $P>M$，则水样中有 OH^- 和 CO_3^{2-} 碱度。因为 P 包括 OH^- 碱度和 $1/2\ [CO_3^{2-}]$碱度，M 为另一半 CO_3^{2-} 碱度，所以 $[OH^-]=P-M$，$[CO_3^{2-}]=2M$，$T=P+M$。

（3）如果 $P=M$，则水样中只有 CO_3^{2-} 碱度。因为 P 为 $1/2\ [CO_3^{2-}]$ 碱度，M 为另一半 CO_3^{2-} 碱度，所以 $[CO_3^{2-}]=2P=2M$，$T=2P=2M$。

（4）如果 $P<M$，则水样中有 CO_3^{2-} 碱度和 HCO_3^- 碱度。因为 P 为 $1/2\ [CO_3^{2-}]$ 碱度，M 为另一半 CO_3^{2-} 碱度和原有的 HCO_3^- 碱度，所以 $[CO_3^{2-}]=2P$，$[HCO_3^-]=M-P$，$T=P+M$。

（5）如果 $P=0$，$M>0$，则水样中只有 HCO_3^- 碱度。因为 $P=0$ 说明水样中无 OH^- 碱度和 CO_3^{2-} 碱度，而只有 HCO_3^- 碱度，所以 $[HCO_3^-]=M$，$T=M$。

2）分别滴定法

分别取两份体积相同的水样，其中一份水样以百里酚蓝－甲酚红混合液为指示剂，用 HCl 标准溶液滴定至溶液由紫色变为黄色（pH＝8.3）时即为终点，记录消耗的 HCl 标准溶液的体积 $V_{pH8.3}$（mL）。另一份水样以溴甲酚绿－甲基红为指示剂，用 HCl 标准溶液滴定至溶液由绿色转变为浅灰紫色（pH＝4.8）即为滴定终点，记录消耗 HCl 标准溶液的体积 $V_{pH4.8}$（mL）。

因为

$$V_{pH8.3}=[OH^-]+1/2[CO_3^{2-}] \tag{3.22}$$

$$V_{pH4.8}=[OH^-]+1/2[CO_3^{2-}]+1/2[CO_3^{2-}]+[HCO_3^-] \tag{3.23}$$

所以，根据两份水样的两个滴定终点所消耗酸标准溶液的量 $V_{pH8.3}$ 与 $V_{pH4.8}$ 即可判断和计算出水样中的 OH^-、CO_3^{2-} 和 HCO_3^- 的含量及相应的碱度值。

（1）如果 $V_{pH8.3}=V_{pH4.8}$，则水样只有 OH^- 碱度，即 $[OH^-]=V_{pH8.3}=V_{pH4.8}$。

（2）如果 $V_{pH8.3}>1/2V_{pH4.8}$，则水样只有 OH^- 碱度和 CO_3^{2-} 碱度。

因为若 $V_{pH8.3}>1/2V_{pH4.8}$，则 $V_{pH8.3}=[OH^-]+1/2[CO_3^{2-}]$，$V_{pH4.8}=[OH^-]+[CO_3^{2-}]$，故 $[OH^-]=2V_{pH8.3}-V_{pH4.8}$，$[CO_3^{2-}]=2(V_{pH4.8}-V_{pH8.3})$。

（3）如果 $V_{pH8.3}=1/2V_{pH4.8}$，则水样中只有 CO_3^{2-} 碱度。

因为如果 $V_{pH8.3}=1/2V_{pH4.8}$，则 $V_{pH8.3}=1/2[CO_3^{2-}]$，$V_{pH4.8}=[CO_3^{2-}]$，故 $[CO_3^{2-}]=2V_{pH8.3}=V_{pH4.8}$。

（4）如果 $V_{pH8.3}<1/2V_{pH4.8}$，则水样中有 CO_3^{2-} 和 HCO_3^- 碱度。

因为 $V_{pH8.3}<1/2V_{pH4.8}$，则 $V_{pH8.3}=1/2[CO_3^{2-}]$，$V_{pH4.8}=[CO_3^{2-}]+[HCO_3^-]$，故 $[CO_3^{2-}]=2V_{pH8.3}$，$[HCO_3^-]=V_{pH4.8}-2V_{pH8.3}$。

（5）如果 $V_{pH8.3}=0$，$V_{pH4.8}>0$，则水样只有 HCO_3^- 碱度，即 $[HCO_3^-]=V_{pH4.8}$。

（三）碱度单位及其表示方法

1. 以（CaO，mg/L）和（$CaCO_3$，mg/L）计算碱度

$$总碱度(CaO,mg/L)=\frac{c(V_P+V_M)28.04}{V}\times 1000 \quad (3.24)$$

$$总碱度(CaCO_3,mg/L)=\frac{c(V_P+V_M)50.05}{V}\times 1000 \quad (3.25)$$

式中：c—— HCl 标准溶液浓度，(mol/L)；

28.04——氧化钙摩尔质量，(1/2CaO，g/mol)；

50.05——碳酸钙摩尔质量，(1/2$CaCO_3$，g/mol)；

V——水样体积，m；

V_P——酚酞为指示剂滴定至终点时消耗 HCl 标准溶液的量，mL；

V_M——甲基橙为指示剂滴定至终点时消耗 HCl 标准溶液的量，mL。

2. 以 mol/L 为碱度单位

因为物质的量浓度与基本单元的选择有关，所以在碱度测定中，表示碱度时应表明基本单元。例如以 mol/L 表示碱度，应注 OH^- 碱度（OH^-，mol/L）、CO_3^{2-} 碱度（$1/2CO_3^{2-}$，mol/L）、HCO_3^- 碱度（HCO_3^-，mol/L）。如果以 mg/L 表示时，在碱度计算中，由于采用盐酸标准溶液（HCl，mol/L）滴定，所以各具体物质采用的摩尔质量为：OH^- 是 17g/mol，$1/2CO_3^{2-}$ 是 30g/mol，HCO_3^- 是 61g/mol。

此外，碱度单位也有用“度”表示的，详见硬度的单位。

例 3.1 取水样 100.0mL，用 0.1000 mol/LHCl 溶液滴定至酚酞无色时，用去 10.0mL；接着加入甲基橙指示剂，继续用 HCl 标准溶液滴定到橙红色出现，又用去 2.00mL。

（1）水样中有何碱度，其含量各为多少［分别以（CaO，mg/L）、（$CaCO_3$，mg/L）、mol/L 和 mg/L 表示］？

（2）以（$CaCO_3$，mg/L）计，水样的总碱度为多少？

解

(1) 因为 $P=10.00\text{mL}$，$M=2.00\text{mL}$，$P>M$（$P-M=8.00\text{mL}$，$2M=4.00\text{mL}$）所以水中有 OH^- 碱度和 CO_3^{2-} 碱度，$[OH^-]=P-M$，$[CO_3^{2-}]=2M$。

$$OH^-\text{ 碱度}(CaO, mg/L)=\frac{c(P-M)}{100}\times 28.04\times 1000$$

$$=\frac{0.1000\times 8.00}{100}\times 28.04\times 1000=224.32(mg/L)$$

$$OH^-\text{ 碱度}(CaCO_3, mg/L)=\frac{c(P-M)}{100}\times 50.05\times 1000=400.40(mg/L)$$

$$OH^-\text{ 碱度}(OH^-, mol/L)=\frac{c(P-M)}{100}=0.008(mol/L)$$

$$OH^-\text{ 碱度}(OH^-, mg/L)=\frac{c(P-M)}{100}\times 17\times 1000=136(mg/L)$$

$$CO_3^{2-}\text{ 碱度}(CaO, mg/L)=\frac{c\times 2M}{100}\times 28.04\times 1000$$

$$=\frac{0.1000\times 4.00}{100}\times 28.04\times 1000=112.16(mg/L)$$

$$CO_3^{2-}\text{ 碱度}(CaCO_3, mg/L)=\frac{c\times 2M}{100}\times 50.05\times 1000=200.2(mg/L)$$

$$CO_3^{2-}\text{ 碱度}(1/2\ CO_3^{2-}, mol/L)=\frac{c\times 2M}{100}=0.004(mol/L)$$

$$CO_3^{2-}\text{ 碱度}(CO_3^{2-}, mg/L)=\frac{c\times 2M}{100}\times 30\times 1000=120(mg/L)$$

(2) 总碱度（$CaCO_3$，mg/L）

$$=\frac{c\ (P+M)\ 50.05}{V}\times 1000$$

$$=\frac{0.1000\ (10.00+2.00)\ 50.05}{100}\times 1000$$

$$=600.6\ (mg/L)$$

酸度、碱度和 pH 都是水的酸碱性质的指标，它们既互相联系，又有一定差别。水的酸度或碱度是表示水中酸碱物质的含量，而水的 pH 表示水中酸或碱的强度，即水的酸碱性强弱，例如，0.10mol/L HCl 和 0.10mol/L HAc 的酸度都是 100mmol/L，但它们的 pH 却不相同，HCl 为强酸，几乎 100%离解，其 pH=1.0；而 HAc 为弱酸，在水中离解度只有 1.3%，其 pH=2.9。

应该指出，多数天然水的 pH 在 4.4～8.3 范围内时，其水中的酸度和碱度同时存在，这是因为 $H_2CO_3 \rightleftharpoons H^+ + HCO_3^-$ 平衡时就既有 CO_2 酸度，又有 HCO_3^- 碱度。因此，同一个水样既可测其酸度，又可测其碱度。

四、硬度测定

（一）水的硬度

水的硬度指水中 Ca^{2+}、Mg^{2+} 浓度的总量，是水质的重要指标之一。

1. 水硬度分类

水的硬度按阴离子组成分为碳酸盐硬度和非碳酸盐硬度两类，总硬度等于碳酸盐硬度和非碳酸盐硬度的总和。

1）碳酸盐硬度

碳酸盐硬度是由重碳酸盐[如 $Ca(HCO_3)_2$、$Mg(HCO_3)_2$]和碳酸盐（如 $CaCO_3$）引起的硬度，一般加热煮沸可以除去，因此称为暂时硬度。当然，由于生成的 $CaCO_3$ 等沉淀，在水中还有一定的溶解度（100℃时为 13mg/L），所以碳酸盐硬度并不能由加热煮沸完全除尽。

2）非碳酸盐硬度

非碳酸盐硬度主要由 $CaSO_4$、$MgSO_4$、$CaCl_2$、$MgCl_2$ 等引起的硬度，经加热煮沸除不去，故称为永久硬度。永久硬度只能用蒸馏或化学净化等方法处理，才能使其软化。

根据水的硬度大小，对水的硬度分级标准如表 3.7 所示。

表 3.7 水的硬度分类

硬度分级	硬度值	
	以（$CaCO_3$，mg/L）计	以德国度计
极软水	<75	<4.2
软水	75～150	4.2～8.4
微硬水	150～300	8.4～16.8
硬水	300～450	16.8～25.2
极硬水	>450	>25.2

2. 硬度单位

硬度的单位有 mmol/L、（$CaCO_3$，mg/L）和德国度。因为 1mol $CaCO_3$ 的量为 100.1g，所以 1mmol/L=100.1（$CaCO_3$，mg/L）。我国饮用水水质标准规定，居民饮用水的总硬度不得超过 450（$CaCO_3$，mg/L）。

德国度简称“度”，是国内外应用较多的水硬度单位。规定 1L 水中 10.0mg CaO 或 7.2mg MgO 所引起的硬度为 1 德国度或 1 度。三种硬度单位的换算关系为：

1 德国度=10（CaO，mg/L）；

1 德国度 $=\frac{100.1}{5.61}=17.8$（$CaCO_3$，mg/L）；

1（CaO，mmol/L）$=\frac{56.1}{10}=5.61$ 德国度。

（二）水硬度测定

1. 测定原理

水质检验中，通常用配位滴定法测定水中 Ca^{2+}、Mg^{2+} 总量，以确定其硬度。在 pH=10.0 的 NH_3-NH_4Cl 缓冲溶液中，指示剂铬黑 T 与试样中的 Ca^{2+}、Mg^{2+} 生成酒红色配合物。用 EDTA 标准溶液滴定试样中的 Ca^{2+}、Mg^{2+} 时，则与 Ca^{2+}、Mg^{2+} 反应生成无色可溶性配合物。当达到滴定终点时 Ca^{2+}、Mg^{2+} 全部与 EDTA 配合而使铬黑 T 游离出来，溶液由酒红色变成蓝色。根据 EDTA 标准溶液浓度和用量便可求得水中 Ca^{2+}、Mg^{2+} 总量，即总硬度。

本方法适合于测定地下水和地面水，不适合测定高含盐量的水；适宜于测定硬度在 2～100（$CaCO_3$，mg/L）的水样。

2. 测定方法

为了分别测定水中 Ca^{2+} 和 Mg^{2+} 的含量，首先将水样用 NaOH 溶液调节至 pH＞12，此时 Mg^{2+} 以 Mg（OH）$_2$沉淀形式被掩蔽，加入钙指示剂，用 EDTA 标准溶液滴定 Ca^{2+}，终点时溶液由红色变为蓝色，根据 EDTA 标准溶液浓度和用量求出 Ca^{2+} 的含量。然后由 Ca^{2+}、Mg^{2+} 总量与 Ca^{2+} 的含量之差求出 Mg^{2+} 的含量：

$$\text{总硬度(mmol/L)} = \frac{c_{\text{EDTA}} V_{\text{EDTA}}}{V_{\text{水}}} \tag{3.26}$$

$$Ca^{2+}\ \text{浓度(mg/L)} = \frac{c_{\text{EDTA}} V_{\text{EDTA}} M_{\text{Ca}}}{V_{\text{水}}} \tag{3.27}$$

式中：c_{EDTA}——EDTA 标准溶液的浓度，mmol/L；

V_{EDTA}——消耗 EDTA 标准溶液的体积，mL；

$V_{\text{水}}$——水样的体积，mL；

M_{Ca}——钙的摩尔质量，40.08 g/mol。

3. 注意事项

（1）配位滴定中（以 EDTA 为滴定剂），若共存杂质离子对所用金属指示剂有封闭、僵化作用而使滴定难以进行，可选择电位滴定。

（2）若用 EDTA 滴定金属离子（如 Cu^{2+}、Zn^{2+}、Cd^{2+}、Pb^{2+}、Ca^{2+}、Mg^{2+}、Al^{3+}），可以用第三类电极——汞电极作指示电极。

（3）可用离子选择电极作指示，如以钙离子选择性电极为指示电极，用 EDTA 标准溶液滴定 Ca^{2+} 等。

（三）EDTA 标准溶液配制

1. 配制近似 10.0 mmol/L 浓度的 EDTA 标准溶液

称取 $EDTANa_2 \cdot 2H_2O$ 盐 3.725 g 溶于水中，转移至 1000mL 容量瓶中，稀释至刻度，存放于聚乙烯瓶中。

2. 标定

以 Zn（锌粒纯度 99.9%）、$ZnSO_4$、$CaCO_3$ 等为基准物质，以铬黑 T（EBT）为指示剂，滴定终点（pH＝10.0）时溶液由红色变为蓝色，即以 NH_3-NH_4Cl 为缓冲溶液；或以二甲酚橙（XO）为指示剂，终点（pH＝5～6）时溶液由紫红色变为亮黄色，即以六次甲基四胺为缓冲溶液。

例如，准确吸取 25.0mL 10.0 mmol/L Zn^{2+} 标准溶液，用蒸馏水稀释到 50mL，加入几滴氨水，使溶液 pH=10.0，再加入 5mL NH_3-NH_4Cl 缓冲溶液，以 EBT 为指示剂，用近似浓度 EDTA 标准溶液滴定至终点，消耗 EDTA 标准溶液 V_{EDTA}（mL），则

$$c_{EDTA}=\frac{c_{Zn^{2+}}V_{Zn^{2+}}}{V_{EDTA}} \tag{3.28}$$

式中：c_{EDTA}——EDTA 标准溶液的浓度，mmol/L；

V_{EDTA}——消耗近似浓度的 EDTA 溶液的体积，mL；

$c_{Zn^{2+}}$——Zn^{2+} 标准溶液的浓度，mmol/L；

$V_{Zn^{2+}}$——Zn^{2+} 标准溶液的体积，25.0mL。

五、矿化度测定

（一）矿化度的含义

矿化度是指水中含有钙、镁、铁、铝和锰等金属的碳酸盐、重碳酸盐、氯化物、硫酸盐、硝酸盐以及各种钠盐等的总含量。

矿化度是水化学成分测定的重要指标，用于评价水中总含盐量，是农田灌溉用水适用性评价的主要指标之一。该项指标一般只用于天然水。通常以 1L 水中含有各种盐分的总克数来表示（g/L）。根据矿化度的大小，水可分为以下五类（表 3.8）：

表 3.8 水的矿化度分类

水类型	淡水	弱咸水（弱矿化水）	咸水（中等矿化水）	强咸水（强矿化水）	盐水
矿化度/(g/L)	<1	1～3	3～10	10～50	>50

矿化度是表征天然水矿化程度的指标，反映了天然水中含盐量的多少，是天然水化学成分组成的重要标志。低矿化度的水（淡水）常以重碳酸根（HCO_3^-）为主要成分，中等矿化程度的水常以硫酸根（SO_4^{2-}）为主要成分，高矿化程度的水以氯离子（Cl^-）为主要成分。

（二）矿化度的测定

矿化度的测定方法有重量法、电导法、阳离子加和法、离子交换法、比重计法等，其中最常用的是重量法和电导法。电导法参见电导率测定相关内容，这里重点介绍重量法。

1. 测定原理

水样经过滤去除漂浮物和沉降性固体物，放在称至恒重的蒸发皿内蒸干，并用过氧化氢去除有机物，然后在 105～110℃下烘干至恒重，将称得重量减去蒸发皿重量即为矿化度。水样矿化度的计算式：

$$C=\frac{W-W_0}{V}\times10^6+\frac{1}{2}C_1 \tag{3.29}$$

式中：C——水样矿化度，mg/L；

W——蒸发皿及残渣的总重量，g；

W_0——蒸发皿重量，g；

V——水样体积，mL；

C_1——水样中重碳酸根含量，mg/L。

2. 测定方法

（1）将清洗干净的蒸发皿置于105～110℃烘箱中烘2h，放入干燥器中冷却至室温后称重，重复烘干称重，直至恒重（两次称重相差不超过0.0004g）。

（2）取适量水样用中速定量滤纸或砂芯玻璃坩埚过滤后备用。

（3）取两份适量试样（取样量以获得100mg的总固体为宜）置于已恒重的蒸发皿中，于水浴上蒸干。

（4）如蒸干残渣有色，则使蒸发皿稍冷后，滴加过氧化氢溶液数滴，慢慢旋转蒸发皿至气泡消失，再置于水浴或蒸汽浴蒸干，反复数次，直至残渣变白或颜色稳定不变为止。

（5）蒸发皿放入烘箱内于105～110℃烘箱中烘2h，放入干燥器中冷却至室温后称重，重复烘干称重，直至恒重（两次称重相差不超过0.0004g）。

（6）按表3.9格式记录测定结果。

表3.9　实训结果记录表

试样编号	1	2
蒸发皿及残渣的总重量 W/g		
蒸发皿重量 W_0/g		
水样体积 V/mL		
水样中重碳酸根含量 C_1/(mg/L)		
水样矿化度 C/(mg/L)		
水样矿化度平均值/(mg/L)		

3. 注意事项

（1）用过氧化氢溶液去除有机物应少量多次，每次残渣润湿即可，以防有机物与过氧化氢作用分解时泡沫过多，发生盐类损失。

（2）高矿化度水中含有大量$CaCl_2$、$MgCl_2$或硫酸盐，水样蒸干后易吸水，硫酸盐结晶不易除去，均可使结果偏高。采用加入10mL 2%～4%碳酸钠溶液（使它们转化为碳酸盐或钠盐），提高烘干温度（在水浴上蒸干后，在150～180℃下烘干2～3h，即可烘干至恒重）并快速称重的方法，可消除其影响。所加入的碳酸钠的量应从盐分总量中减去。

（3）清亮水样不必过滤，水样浑浊或有悬浮物必须先过滤。如果水样中存在腐蚀性物质时，应采用砂芯玻璃坩埚抽滤。

项目三　水样 pH 与酸度的测定

一、实训目的

(1) 掌握 pH 计使用方法，会用 pH 计测定水样 pH。

(2) 会测定水样酸度值。

二、实验原理

(一) pH 测定

电位法测定待测水样的 pH，是以玻璃电极作为指示电极（－），饱和甘汞电极作为参比电极（＋），插入待测水样组成原电池。在此电池中，待测水样的氢离子随其浓度的不同将产生相应的电位差，此电位差经直流放大器放大后，采用电位计或电流计进行测量，即可指示相应的 pH。

25℃时，待测水样的 pH 变化 1 个单位，电池的电位差改变 59.0mV，水样 pH 可从仪器上直接读出。

(二) 酸度测定

以甲基橙为指示剂，用 NaOH 标准溶液滴定至终点的酸度称为甲基橙酸度。它代表一些较强的酸，适用于废水和严重污染水的酸度测定。以甲基橙为指示剂，用 NaOH 标准溶液滴定至溶液由橙红色变橘黄色（pH＝3.7）时，终止滴定，求得甲基橙酸度。

以酚酞为指示剂，用 NaOH 标准溶液滴定至终点的酸度称为酚酞酸度（总酸度）。它包括水样中的强酸和弱酸之和，主要用于未受工业废水污染或轻度污染水酸度的测定。以酚酞为指示剂，滴定至溶液由无色至刚好变为浅红色（pH＝8.3）时，终止滴定，求得总酸度。

$$\text{甲基橙酸度(以 } CaCO_3 \text{ 计,mg/L)} = \frac{cV_1 \times 50.05 \times 1000}{V} \tag{3.30}$$

$$\text{酚酞酸度(总酸度)(以 } CaCO_3 \text{ 计,mg/L)} = \frac{cV_2 \times 50.05 \times 1000}{V} \tag{3.31}$$

式中：c——氢氧化钠标准溶液的浓度，mol/L；

V_1——用甲基橙做指示剂时氢氧化钠标准溶液的消耗量，mL；

V_2——用酚酞做指示剂时氢氧化钠标准溶液的消耗量，mL；

V——水样体积，mL；

50.05——碳酸钙（1/2 $CaCO_3$）的摩尔质量，g/mol。

三、实训准备

（一）仪器

pHS-2 型酸度计、广泛 pH 试纸、玻璃棒、碱式滴定管（25mL）、锥形瓶（250mL）、移液管（100mL）。

（二）试剂

（1）pH＝4.00 标准缓冲溶液。

要求 25℃下标准缓冲溶液 pH＝4.00，即 0.05mol/L $KHC_8H_4O_4$ 溶液，贮于塑料瓶中，一般能稳定 2 个月。

（2）pH＝6.86 标准缓冲溶液。

要求 25℃下标准缓冲溶液 pH＝6.86，即 0.025mol/L KH_2PO_4 与 0.025 mol/L 的 Na_2HPO_4 的混合溶液，贮于塑料瓶中，一般能稳定 2 个月。

（3）pH ＝9.18 标准缓冲溶液。

要求 25℃下标准缓冲溶液 pH＝9.18，即 0.01mol/L 的 $Na_2B_4O_7 \cdot 10H_2O$ 溶液，贮于塑料瓶中，一般能稳定 2 个月。

（4）氢氧化钠标准溶液（c_{NaOH}＝0.1 mol/L）。

称取 60 g 氢氧化钠溶于 50mL 水中，转入 150mL 聚乙烯瓶中，冷却后，用装有碱石灰管的橡皮塞塞紧，静置 24h 以上，摇匀备用，使用时用苯二甲酸氢钾进行标定。

（5）酚酞指示剂。

称取 0.5g 酚酞溶于 50mL95％乙醇中，用水稀释至 100mL。

（6）甲基橙指示剂。

称取 0.05g 甲基橙，溶于 100mL 水中。

四、实训过程

（一）水样 pH 测定

1. pH 计的校准及使用操作训练

1）仪器安装

（1）用手指夹住电极导线插头安装到仪器上，让玻璃电极下端要比饱和甘汞电极高 2～3mm。

（2）摘取饱和甘汞电极橡皮帽（不用时再盖上）。

2）定位

（1）先将电极浸入第一份标准缓冲溶液中，调节温度钮，使与溶液温度一致；然后调节定位钮，使 pH 读数与已知 pH 一致。校正后，切勿再动定位钮。

（2）将电极取出，洗净、吸干，再浸入第 2 份标准缓冲溶液中，测定 pH，如测定值与第二份标准缓冲溶液已知 pH 之差小于 0.1 个单位，则说明仪器正常，否则需检查仪器、电极或标准溶液是否有问题。

详见仪器使用说明书。

2. 用pH试纸粗测

取广泛pH试纸一小张，用玻璃棒将水样滴到试纸上，稍等片刻，将其颜色与标准比色板进行比对，确定水样的pH。

3. 用pH计准确测定

(1) 将电极与塑料烧杯用水冲洗干净后，用标准缓冲溶液荡洗1～2次，用滤纸吸干。

(2) 用标准缓冲溶液校正仪器。

(3) 用水冲洗电极3～5次，再用待测水样冲洗3～5次，然后将电极放入水样中。摇动1min，读取稳定的pH。测定完毕，应清洗干净电极和塑料烧杯。

(二) 水样酸度测定

1. 甲基橙酸度测定

取2份体积相同的适量水样（V，mL）置于250mL锥形瓶中，加入2滴甲基橙指示剂，用氢氧化钠标准溶液滴定至溶液由橙红色变为橙黄色，分别记下氢氧化钠标准溶液用量。

2. 酚酞酸度测定

另取2份体积相同的水样（V，mL）置于250mL锥形瓶中，加入4滴酚酞指示剂，用氢氧化钠标准溶液滴定至溶液刚变为浅红色为终点，分别记下氢氧化钠标准溶液用量（V_2）。

五、实训成果

1. 水样pH测定结果

(1) 将水样pH测定数据记录入表3.10。

(2) 根据测定数据计算水样pH，并把计算结果填入表3.10相应位置。

表3.10 水样pH测定结果记录表

<table>
<tr><th>锥形瓶编号</th><th>pH试纸初测</th><th>pH计精测</th><th>水样pH</th><th>备注</th></tr>
<tr><td>1</td><td></td><td></td><td rowspan="2"></td><td rowspan="4">瓶1与瓶2中的水样相同，瓶3与瓶4中的水样相同</td></tr>
<tr><td>2</td><td></td><td></td></tr>
<tr><td>3</td><td></td><td></td><td rowspan="2"></td></tr>
<tr><td>4</td><td></td><td></td></tr>
</table>

2. 水样酸度测定结果

(1) 将水样酸度值测定数据记录入表3.11中相应位置。

(2) 将测定数据分别代入式(3.30)和式(3.31)中，计算相应的甲基橙酸度和酚酞酸度（总酸度），并把计算结果填入表 3.11 相应位置。

表 3.11 实训结果记录表

锥形瓶编号	指示剂	滴定管读数/mL		碱标准液消耗量 V/mL	碱标准液消耗量 V 的平均值/mL
		始读数	终读数		
1	甲基橙				V_1平均值=(瓶1耗碱量+瓶2耗碱量)/2=
2	甲基橙				
3	酚酞				V_2平均值=(瓶3耗碱量+瓶4耗碱量)/2=
4	酚酞				
甲基橙酸度/(CaO，mg/L)					
甲基橙酸度/($CaCO_3$，mg/L)					
酚酞酸度（总酸度）/(CaO，mg/L)					
酚酞酸度（总酸度）/($CaCO_3$，mg/L)					

六、注意事项

（1）玻璃电极在安装时要用手指夹住电极导线插头安装，切勿使球泡与硬物接触。玻璃电极下端要比饱和甘汞电极高 2～3 mm，防止触及杯底而损坏。玻璃电极的球泡部位须浸在蒸馏水中。

（2）饱和甘汞电极应经常补充管内的饱和氯化钾溶液，使用前，应摘取橡皮帽，不用时再盖上。此外，饱和甘汞电极不能长时间浸在被测水样中。

（3）定位校正后，切勿再动定位钮。

（4）水样采集后应立即测定，水样浑浊、有颜色对碱度的测定有干扰，可除色后过滤使之澄清或用电位滴定法测定。

项目四 天然水碱度和硬度的测定

一、实训目的

（1）掌握天然水碱度和硬度的测定方法。

（2）会测定水样碱度值和硬度值。

二、实验原理

（一）水样碱度测定

总碱度是水样中的 OH^-、CO_3^{2-} 和 HCO_3^- 三种离子产生的碱度总和。以酚酞为指示剂，用酸标准溶液滴定至水样由桃红色变为无色（终点 pH=8.3）时，所消耗的酸标准溶液的量为 $P(P=[OH^-]+1/2[CO_3^{2-}])$。上述水样在以酚酞为指示剂滴定到终点之后，再加入甲基橙指示剂，用酸标准溶液滴定至溶液由橘黄色变成橘红色（终点 pH≈4.4），所用酸标准溶液的量为 $M(M=1/2[CO_3^{2-}]+[HCO_3^-])$。因此，总碱度=$P$

$+M$。

如果水样直接以甲基橙为指示剂，用酸标准溶液滴定至终点（pH≈4.4）时，所消耗酸标准溶液的量为 T（mL），根据 T 值计算的碱度也是总碱度（甲基橙碱度）。

（二）水样硬度测定

水的硬度指水中 Ca^{2+}、Mg^{2+} 浓度的总量。规定 1L 水中 10.0mg CaO 或 7.2 mg MgO所引起的硬度为 1 德国度或 1 度。在 pH=10.0 的 NH_3-NH_4Cl 缓冲溶液中，以铬黑 T 为指示剂，用 EDTA 标准溶液滴定，根据 EDTA 标准溶液浓度和用量求得水中 Ca^{2+}、Mg^{2+} 总量，即为总硬度。

三、实训准备

（一）仪器

滴定管（25mL 或 50mL 酸式滴定管）、锥形瓶（250mL）、移液管（100mL）、烧杯（500mL）、容量瓶（1000mL）和洗瓶等。

（二）试剂

（1）盐酸溶液（0.1000mol/L HCl）。

（2）无 CO_2 蒸馏水。

（3）酚酞指示剂（0.1%的 90%乙醇溶液）。

（4）甲基橙指示剂（0.1%的水溶液）。

（5）EDTA 标准溶液（c=10 m mol/L）。称取 3.725g EDTA 钠盐（Na_2-EDTA·$2H_2O$），溶于水后倒入 1000mL 容量瓶中，用水稀至刻度。

（6）铬黑 T 指示剂。称取 0.5g 铬黑 T 与 100g 氯化钠 NaCl 充分研细混匀，盛放在棕色瓶中，紧塞。

（7）缓冲溶液（pH=10）。称取 16.9g NH_4Cl 溶于 143mL 浓氨水中，加 Mg-EDTA盐全部溶液，用水稀释至 250mL。

（8）Mg-EDTA 溶液。称取 0.78g 硫酸镁（$MgSO_4 \cdot 7H_2O$）和 1.179g EDTA 二钠（Na_2-EDTA·$2H_2O$）溶于 50mL 水中，加 2mL 配好的氯化铵的氨水溶液和大约 0.2g 铬黑 T 指示剂干粉。此时溶液应显紫红色，如果出现蓝色，应再加极少量硫酸镁使变为紫红色。用 10mmol/L EDTA 溶液滴定至溶液恰好变为蓝色为止（切勿过量）。

（9）钙标准溶液（10mmol/L）。准确称取 0.5000g 预先在 105～110℃下烘干 2h 并在干燥器中冷却至室温的分析纯碳酸钙（$CaCO_3$），放入 500mL 烧杯中，用少量水润湿，逐滴加入 4mol/L 盐酸至碳酸钙完全溶解。加 100mL 水，煮沸数分钟（除去 CO_2）后，冷却至室温。

加入数滴甲基红指示液（0.1g 溶于 100mL60%乙醇中），逐滴加入 3 mol/L 氨水直至变为橙色，转移至 500mL 容量瓶中，用蒸馏水定容至刻度。此溶液 1.00mL 中含 1.00mg $CaCO_3$（或 0.4008mg 钙）。

(10) 酸性铬蓝K与萘酚绿B混合指示剂（KB指示剂）。将KB与NaCl按1∶50比例混合研细混匀，即得到酸性铬蓝K与萘酚绿B[m/m =1∶(2～2.5)]的混合指示剂。

(11) 三乙醇胺（20%）。

(12) Na_2S溶液（2%）。

(13) HCl溶液（4 mol/L）。

(14) 盐酸羟胺溶液（10%，要求现用现配）。

(15) NaOH溶液（2 mol/L）。将8g NaOH溶于100mL新煮沸放冷的水中，盛放在聚乙烯瓶中。

四、实训过程

（一）碱度测定

1. 酚酞碱度

(1) 用移液管吸取两份水样和无CO_2蒸馏水各100mL，分别放入250mL锥形瓶中，加入4滴酚酞指示剂，摇匀。

(2) 若溶液呈红色，用0.1000mol/LHCl溶液滴定至刚好无色（与无CO_2蒸馏水的锥形瓶比较），记录用量（P）。若加酚酞指示剂后溶液呈无色，则不需用HCl溶液滴定。接着按下步操作。

2. 甲基橙碱度

(1) 再于每瓶中加入甲基橙指示剂3滴，混匀。

(2) 若水样变为橘黄色，继续用0.1000 mol/L HCl溶液滴定至刚刚变为红色为止（与无CO_2蒸馏水中颜色比较），记录用量M。

(3) 若加甲基橙指示剂后溶液为橘红色，则无需用HCl溶液滴定。

（二）硬度测定

1. EDTA的标定

(1) 分别吸取3份25.00mL 10 mmol/L钙标准溶液于250mL锥形瓶中。

(2) 分别加入20mL pH=10的缓冲溶液和0.2g KB指示剂。

(3) 用EDTA溶液滴定至溶液由紫红色变为蓝绿色，停止滴定到达终点，记录滴定前后滴定管读数。

(4) 根据EDTA溶液用量，计算EDTA溶液的浓度（mmol/L）。

2. 水样硬度的测定

1) 总硬度的测定

(1) 吸取50mL自来水水样3份，分别放入250mL锥形瓶中，加1～2滴HCl溶液酸化，煮沸数分钟以除去CO_2，冷却至室温，再用NaOH或HCl调至中性。

(2) 加5滴盐酸羟胺溶液。

(3) 加1mL三乙醇胺，掩蔽Fe^{3+}、Al^{3+}等的干扰。

(4) 加入5mL缓冲溶液和1mL Na_2S溶液，掩蔽Cu^{2+}、Zn^{2+}等重金属离子。

(5) 加0.2g（约1小勺）铬黑T指示剂，溶液呈明显的紫红色。

(6) 立即用10mmol/L EDTA标准溶液滴定至蓝色，即为终点（滴定时充分摇动，使反应完全），记录用量（V_{EDTA1}）。

2) 钙硬度的测定

(1) 吸取50mL自来水水样3份，分别放入锥形瓶中，以下同总硬度测定步骤1至3。

(2) 先加2mol/L NaOH溶液1mL，使水样的pH为12～13，再加0.2 g（约1小勺）钙指示剂，使水样呈明显的紫红色。

(3) 立即用EDTA标准溶液滴定至蓝色，即为终点。记录用量（V_{EDTA2}），计算钙硬度（Ca^{2+}，mg/L）。

五、实训成果

1. 水样碱度测定结果

(1) 将水样碱度测定数据记录入表3.12中相应位置。

(2) 将测定数据分别代入式（3.24）和式（3.25）中，计算相应碱度，并把计算结果填入表3.12相应位置。

表3.12　水样碱度值测定结果记录表

锥形瓶编号		1	2
酚酞指示剂	滴定管始读数/mL		
	滴定管终读数/mL		
	P/mL		
	P平均值/mL		
甲基橙指示剂	滴定管始读数/mL		
	滴定管终读数/mL		
	V_M/mL		
	V_M平均值/mL		
	(V_P+V_M) 平均值/mL		
	总碱度/(以CaO计，mg/L)		
	总碱度/(以$CaCO_3$计，mg/L)		

2. 水样硬度测定结果

(1) 将水样硬度测定数据记录入表3.13中相应位置。

(2) 将测定数据分别代入式（3.26）和（3.27）中，计算相应硬度，并把计算结果填入表3.13相应位置。

表 3.13 水样硬度测定结果记录表

水样编号	1	2	3
V_{EDTA1}/mL			
平均值			
总硬度/(mmol/L)			
总硬度/($CaCO_3$，mg/L)			
V_{EDTA2}/mL			
平均值			
钙硬度/(Ca，mg/L)			
镁硬度/(Mg，mg/L)			

六、注意事项

(1) 水样浑浊、有颜色对碱度的测定有干扰，可除色后过滤使之澄清或用电位滴定法测定。

(2) 测定总硬度时，水样的 pH 应调节到 10。

(3) 滴定速度应先快后慢。加入缓冲溶液后应立即在 5min 内完成滴定，否则将使结果偏低。

第三节 非金属无机化合物测定

一、“三氮”的测定

(一)“三氮”与水污染

“三氮”是指水中的氨氮、亚硝酸盐氮和硝酸盐氮。

1. 氨氮

氨氮是指在水中以游离氨（或称非离子氨，NH_3）和离子氨（NH_4^+）形式存在的氮，两者的组成比决定于水的 pH。水中氨氮主要来源于生活污水中含氮有机物受微生物作用的分解产物，焦化、合成氨等工业废水，以及农田排水等。氨氮含量较高时，对鱼类呈现毒害作用，对人体也有不同程度的危害。

2. 亚硝酸盐氮

亚硝酸盐氮（NO_2^--N）是氮循环的中间产物，在足氧环境中可被微生物转化（氧化）成硝酸盐，在缺氧环境中可被还原为氨。亚硝酸盐进入人体后，可将低铁血红蛋白氧化成高铁血红蛋白，使之失去输送氧的能力，还可与仲胺类反应生成具致癌性的亚硝胺类物质。亚硝酸盐很不稳定，一般天然水中含量不会超过 0.1mg/L。

3. 硝酸盐氮

硝酸盐氮（NO_3^--N）是有氧环境中最稳定的含氮化合物，也是含氮有机化合物经无机化作用的最终产物。清洁的地面水中硝酸盐氮含量较低，受污染水体和一些深层地下水中（NO_3^--N）含量较高。制革、酸洗废水，某些生化处理设施的出水，及农田排水中常含大量硝酸盐。人体摄入硝酸盐后，经肠道中微生物作用转化成亚硝酸盐而表现出毒性。

4．“三氮”与水污染

人畜粪便等含氮有机物进入天然水体后，在微生物作用下逐渐生成“三氮”，一般在有氧条件下形成亚硝酸盐氮和硝酸盐氮，缺（无）氧条件下形成氨氮。当水中氨氮含量增高时，提示可能存在人畜粪便的污染，且污染时间不长；如亚硝酸盐氮含量高时，说明水中的有机物无机化尚未完成，污染危害仍然存在；如果硝酸盐检出高，而氨氮，亚硝酸盐的浓度不高时，表明生活性污染已久，自净过程已完成，卫生学危害较小。可见，对水体中氨氮、亚硝酸盐氮和硝酸盐氮三者含量的变化规律进行综合分析，可初步判断水体中有机污染物的污染程度和自净过程。

（二）氨氮测定

1．纳氏试剂分光光度法

向经絮凝沉淀或蒸馏法预处理的水样中，加入纳氏试剂溶液（碘化汞和碘化钾的强碱溶液），则与氨反应生成黄棕色胶态化合物，此有色溶液在较宽的波长范围（410～425 nm）内具有强烈吸收，吸光度与溶液氨氮含量的关系符合朗伯－比尔定律，标准曲线法定量，即可获得水样氨氮含量。反应式为

$$2K_2[HgI_4]+3KOH+NH_3 \rightarrow NH_2Hg_2I(\text{黄棕色})+7KI+2H_2O$$

本法最低检出浓度为 0.025mg/L；测定上限为 2mg/L。该方法适用于地表水、地下水和工业废（污）水中氨氮的测定。

2．水杨酸-次氯酸盐分光光度法

在亚硝基铁氰化钠存在下，氨与水杨酸和次氯酸反应生成蓝色化合物，于其最大吸收波长 697nm 处比色，标准曲线法定量。该方法测定过程如图 3.5 所示，适宜测定氨氮含量为 0.01～1mg/L 的水样。

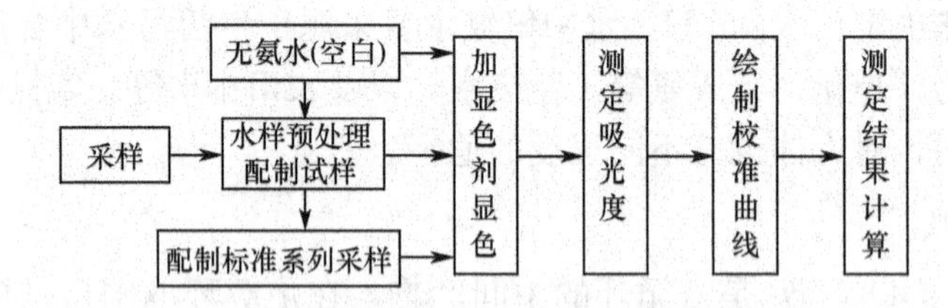

图 3.5　水杨酸-次氯酸盐分光光度法测定水中氨氮流程

3．滴定法

（1）取一定体积水样，先将其 pH 调至 6.0～7.4 范围后，加入氧化镁使之呈微碱性；再加热蒸馏，释出的氨用硼酸溶液吸收。

（2）取全部吸收液，以甲基红-亚甲蓝为指示剂，用硫酸标准溶液滴定至溶液由绿

色转变成淡紫色，终止滴定，根据硫酸标准溶液的消耗量和水样体积计算其氨氮含量。

4. 气相分子吸收光谱法

1）方法原理

向水样中加入次溴酸钠，将氨及铵盐氧化成亚硝酸盐；加入盐酸和乙醇溶液，使亚硝酸盐迅速分解，生成二氧化氮；再用空气将生成二氧化氮载入气相分子吸收光谱仪的吸光管，测量其对锌空心阴极灯发射的213.9nm特征波长光的吸光度，标准曲线法定量。一般专用的气相分子吸收光谱仪都配装有计算机，因而经用试剂空白溶液校零和用系列标准溶液绘制标准曲线后，即可根据水样吸光度值及水样体积，自动计算出水样的分析结果（氨氮含量）。

本方法最低检出浓度为0.005mg/L，测定上限为100mg/L；可用于地表水、地下水、海水等的氨氮含量测定。

2）气相分子吸收光谱仪原理

气相分子吸收光谱仪的组成如图3.6所示。水样中氨氮在装置5中转化成二氧化氮，被由空气泵输送来的净化空气载带入仪器内的吸光管，吸收锌空心阴极发射的特征波长光，其吸光度用光电测量系统测量。可见，如果在原子吸收分光光度计的原子化系统附加吸光管，并配以氨氮转化及气液分离装置，就是一台气相分子吸收光谱仪。

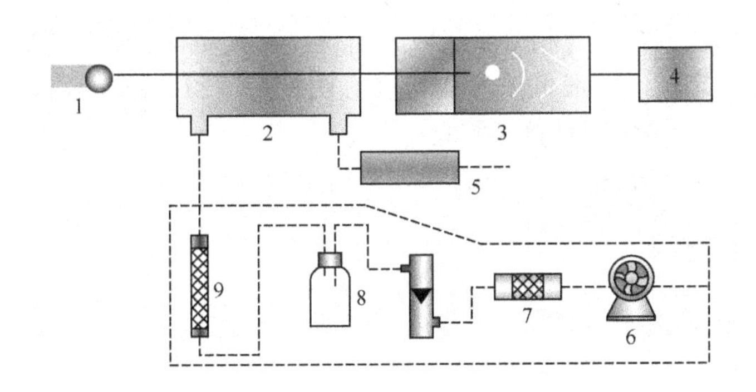

图3.6 气相分子吸收光谱仪组成示意图

1. 空心阴极灯；2. 吸光管；3. 分光及光电测定系统；4. 数据处理系统；5. 氨氮转化及气液分离系统；6. 空气泵；7. 净化管；8. 反应瓶；9. 干燥管

3）注意事项

(1) 如果水样中含有亚硝酸盐，应事先测定其含量进行扣除。

(2) 次溴酸钠可将有机胺氧化成亚硝酸盐，故水样含有有机胺时，先进行蒸馏分离。

（三）亚硝酸盐氮测定

水中亚硝酸盐氮的测定方法有离子色谱法、气相分子吸收法和N-(1-萘基)-乙二胺分光光度法，其中离子色谱法和气相分子吸收法操作简便快速、干扰较少，但仪器较贵；光度法仪器廉价、灵敏度和选择性适中，但精度较低、操作复杂。

1. N-(1-萘基)-乙二胺分光光度法

1) 方法原理

在 pH 为 1.8±0.3 的酸性介质中，亚硝酸盐与对氨基苯磺酰胺反应，生成重氮盐，再与 N-(1-萘基)-乙二胺偶联生成红色染料，该染料溶液在 540nm 处吸光度与亚硝酸盐氮含量成正比，标准曲线法比色定量。

该方法最低检出浓度为 0.003mg/L，测定上限为 0.20mg/L，适用于各种水样中亚硝酸盐氮的测定。

2) 注意事项

(1) 水中的氯胺、氯、硫代硫酸盐、聚磷酸钠和高铁离子对测定有明显干扰，应注意克服避免。

(2) 水样有颜色或浑浊，也会影响测定，可加氢氧化铝悬浮液振荡、静置后过滤消除之。

2. 离子色谱法

见氟化物测定方法。

3. 气相分子吸收光谱法

在 0.15～0.3mol/L 柠檬酸介质中，加入无水乙醇，将水样中亚硝酸盐迅速分解，生成二氧化氮，用空气载入气相分子吸收光谱仪，测其对特征波长光的吸光度，与标准溶液的吸光度比较定量。一般低浓度用锌空心阴极灯（213.9nm），高浓度用铅空心阴极灯（283.3nm），所用仪器见氨氮测定。

该方法最低检出浓度为 0.0005mg/L，测定上限达 2000mg/L。

(四) 硝酸盐氮测定

1. 酚二磺酸分光光度法

1) 方法原理

硝酸盐在无水存在情况下与酚二磺酸反应，生成硝基二磺酸酚，于碱性溶液中又生成黄色的硝基酚二磺酸三钾盐，于 410nm 处测其吸光度，并与标准溶液比色定量。

该方法测定浓度范围大（测定下限浓度为 0.02mg/L，上限为 2.0mg/L），显色稳定，适用于饮用水、地下水和清洁地面水中硝酸盐氮的测定。

2) 注意事项

(1) 调节水样 pH，既可用 NaOH 溶液，也可用 NH_4OH 溶液，但二者的显色灵敏度不同，不能随意互用。

(2) 水样中共存氯化物、亚硝酸盐、铵盐、有机物和碳酸盐时，会产生干扰，应作适当的前处理。如加入硫酸银溶液，使氯化物生成沉淀，过滤除去之；滴加高锰酸钾溶液，使亚硝酸盐氧化为硝酸盐，最后从硝酸盐氮测定结果中减去亚硝酸盐氮量等。

(3) 水样浑浊、有色时，可加入少量氢氧化铝悬浮液，吸附、过滤除去。

2. 气相分子吸收光谱法

1）方法原理

气相分子吸收光谱仪工作原理参阅氨氮测定。水样中的硝酸盐在2.5～5mol/L盐酸介质中，于（70±2)℃温度下，用还原剂快速还原分解，生成一氧化氮气体，被空气载入气相分子吸收光谱仪的吸光管中，测量其对镉空心阴极灯发射的214.4nm特征波长光的吸光度，与硝酸盐氮标准溶液的吸光度比较，确定水样中硝酸盐含量。

本法最低检出浓度为0.005mg/L，测定上限为10mg/L；适用于各种水中硝酸盐氮的测定。

2）注意事项

水中的NO_2^-、SO_3^{2-}及$S_2O_3^{2-}$对测定产生明显干扰；NO_2^-可在加酸前用氨基磺酸还原成N_2除去，SO_3^{2-}及$S_2O_3^{2-}$可用氧化剂将其氧化成SO_4^{2-}，含挥发性有机物，可用活性炭吸附除去。

3. 紫外分光光度法

1）方法原理

硝酸根离子对220nm波长光有特征吸收，与其标准溶液对该波长光的吸收程度比较定量。因为溶解性有机物在220nm处也有吸收，故一般引入一个经验校正值。该校正值为在275nm处（硝酸根离子在此没有吸收）测得吸光度的2倍。在220nm处的吸光度减去经验校正值即为净硝酸根离子的吸光度。这种经验校正值大小与有机物的性质和浓度有关，不宜分析对有机物吸光度需作准确校正的样品。

该方法简便、快速，最低检出浓度为0.08mg/L，测定上限为4mg/L；适用于清洁地表水和未受明显污染的地下水中硝酸盐氮的测定。

2）注意事项

含有机物、表面活性剂、亚硝酸盐、六价铬、溴化物、碳酸氢盐和碳酸盐的水样，需进行预处理，如用氢氧化铝絮凝共沉淀和大孔中型吸附树脂可除去浊度、高价铁、六价铬和大部分常见有机物。

（五）总氮测定

总氮是衡量水质的重要指标之一，通常采用过硫酸钾氧化-紫外分光光度法测定。即用过硫酸钾在高温高压条件下，使有机氮和无机氮化合物转变为硝酸盐，再用紫外分光光度法测定之。当然氧化消解好的水样也可通过离子色谱法或气相分子吸收光谱法测定其硝酸盐氮含量，以确定其总氮含量。

二、总磷测定

在天然水体和工农业废（污）水中，磷主要以各种无机磷酸盐和有机磷（如磷脂等）形式存在，也存在于水体腐殖物质和水生生物机体中。磷是生物必需元素之一，其存在对水生生物的生存发展具有重要意义；但磷含量过高，则会导致水体富营养化，致使水体水质恶化，甚至“衰老死亡”。水体中的磷污染物主要来源于化肥、冶炼、洗涤

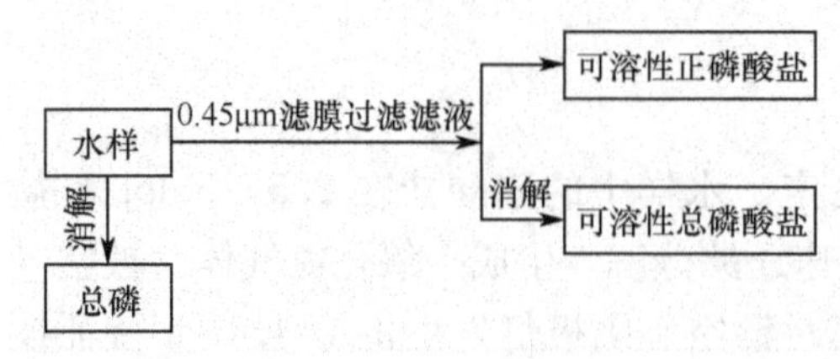

图 3.7 测磷水样预处理方法示意图

剂合成等行业的工业废水、农田排水和生活污水。

将待测水样按图 3.7 所示预处理方法，可分别得到测定总磷、溶解性正磷酸盐和总溶解性磷的试样，再按正磷酸盐测定方法分别测定，即可获得所需形态磷的含量。正磷酸盐的测定方法有钼锑抗分光光度法、孔雀绿-磷钼杂多酸分光光度法、离子色谱法、和气相色谱（FPD）法等。

（一）钼锑抗分光光度法

在酸性条件下，正磷酸盐与钼酸铵、酒石酸锑氧钾［$K(SbO)C_4H_4O_6 \cdot 1/2H_2O$］反应，生成磷钼杂多酸，再被抗坏血酸还原，生成蓝色络合物（磷钼蓝），于700nm 波长处测量吸光度，用标准曲线法定量。

该方法最低检出浓度为 0.01mg/L，测定上限为 0.6mg/L；适用于地表水和工业废水。

（二）孔雀绿-磷钼杂多酸分光光度法

在酸性条件下，正磷酸盐与钼酸铵-孔雀绿显色剂反应生成绿色离子缔合物，并以聚乙烯醇稳定液显色，于 620nm 波长处测定吸光度，标准曲线法定量。

该方法最低检出浓度为 1.0μg/L，适宜浓度范围为 0～0.3mg/L；适用于江河、湖泊等地表水及地下水中痕量磷的测定。

三、余氯测定

余氯含量是评价生活饮用水微生物学安全性的重要指标之一。目前，市政供水企业的自来水消毒和污水处理厂的排水消毒，都普遍采用加氯消毒法，因为水中游离余氯含量达到一定浓度、持续一段时间就可以达到较好的杀菌消毒效果。一般规定，生活饮用水与含氯消毒剂接触处理 30min 后，其余氯含量不得低于 0.3mg/L；集中式给水的出厂水余氯含量，在管网末梢处不应低于 0.05mg/L。

（一）碘量法

1. 测定原理

首先使水中余氯在酸性条件下与碘化钾作用，释放出定量的碘，再用已知浓度硫代硫酸钠标准溶液滴定之，根据硫代硫酸钠标准溶液的浓度和滴定消耗体积即可计算出水中余氯含量。

本法测定的余氯值为总余氯，包括 $HOCl$、OCl^-、NH_2Cl 和 $NHCl_2$ 等。该测定过程的主要化学反应为

$$2KI + 2CH_3COOH \longrightarrow 2CH_3COOK + 2HI$$

$$2HI + HOCl \longrightarrow I_2 + HCl + H_2O$$

$$I_2 + 2Na_2S_2O_3 \longrightarrow 2NaI + Na_2S_4O_6$$

2. 测定方法

（1）用无分度吸管吸取一定量水样于锥形瓶中，向其中加入适量碘化钾和乙酸盐缓冲溶液。

（2）用已知浓度的硫代硫酸钠标准溶液滴定至水样试液颜色变成淡黄色，再加入淀粉溶液数滴（指示剂），继续滴定至蓝色消失，记录用量。

（3）根据硫代硫酸钠标准溶液的浓度和滴定消耗体积，计算水中余氯含量。

3. 注意事项

加入 5mL 乙酸盐缓冲溶液后，水样 pH 应为 3.5～4.2；如大于此值，应继续调 pH 到 4，然后再进行后续测定。

（二）邻联甲苯胺比色法

1. 测定原理

水中余氯与邻联甲苯胺（甲土立丁）作用生成黄色的联苯醌化合物，根据其颜色的深浅进行比色定量，因而该方法被称作甲土立丁法。

2. 测定方法

（1）取 10mL 刻度试管，向其中加入 0.5mL 0.1%邻联甲苯胺溶液，加水样至 10mL 刻度线处，混匀。

（2）放置 3～5min 后，在余氯比色器中与标准色列进行比色，确定水样余氯含量（mg/L）。

（3）如没有余氯比色计，可根据试管溶液的颜色和氯臭味特征，参照表 3.14 估测确定水样的余氯含量。

表 3.14　不同余氯含量水样的颜色及臭味特征

余氯含量/(mg/L)	呈现颜色	氯臭程度
0.3	淡黄色	刚能嗅出氯臭
0.5	黄色	容易嗅出氯臭
0.7～1.0	深黄色	明显嗅出氯臭
2.0 以上	棕黄色	有较强刺激味

3. 注意事项

（1）水样温度在 15～20℃时显色最好，如水温低，应适当加温后再比色。

（2）如果水样浊度和有颜色，应向其中加 1～2 滴脱色剂（如琥基琥珀酸溶液、0.1mol/L 硫代硫酸钠溶液和 10%亚硫酸钠溶液等），以消除颜色和降低浊度。

四、氰化物测定

氰化物包括简单氰化物、络合氰化物和有机氰化物（腈）。简单氰化物易溶于水，毒性大；络合氰化物在水中可离解为毒性强的简单氰化物。氰化物进入人体后，与高铁细胞色素氧化酶结合，生成氰化高铁细胞色素氧化酶而失去传递氧的作用，引起组织缺氧窒息。地面水一般不含氰化物，其来源主要是金矿开采、冶炼、电镀、焦化、造气、选矿、有机化工、有机玻璃制造等行业的工业废水。

（一）水样预处理

氰化物水样的预处理，通常采用在酸性介质中蒸馏的方法，把水样中的氰化物转化为氰化氢蒸出，使之与干扰组分分离。蒸馏介质酸度不同，蒸馏出的氰化物不同。

1. 易释放氰化物测定的水样预处理方法

向水样中加入酒石酸和硝酸锌，调节 pH 为 4，加热蒸馏，则简单氰化物及部分络合氰化物［如 $Zn(CN)_4^{2-}$］以氰化氢形式被蒸馏出来，用氢氧化钠溶液吸收。取此蒸馏液测得的氰化物，即为易释放的氰化物。

2. 总氰化物测定的水样预处理方法

向水样中加入磷酸和 EDTA，在 pH＜2 的条件下加热蒸馏，此时可将全部简单氰化物和除钴氰络合物外的绝大部分络合氰化物以氰化氢的形式蒸馏出来，用氢氧化钠溶液吸收。取该蒸馏液测得的结果为总氰化物。

（二）氰化物测定

水中氰化物的测定方法有硝酸银滴定法、异烟酸-吡唑啉酮分光光度法、异烟酸-巴比妥分光光度法和离子选择电极法。滴定法适用于高浓度水样；电极法不稳定，已较少使用；异烟酸-巴比妥分光光度法灵敏度高，是易于推广应用的方法。

1. 硝酸银滴定法

取一定体积水样预蒸馏溶液，调节至 pH 为 11 以上，以试银灵作指示剂，用硝酸银标准溶液滴定，则氰离子与银离子生成银氰络合物$[Ag(CN)_2]^-$，稍过量的银离子与试银灵反应，使溶液由黄色变为橙红色，即到达滴定终点。

另取与水样预蒸馏液同体积空白实验馏出液，按水样测定方法进行空白试验。根据二者消耗硝酸银标准溶液体积，按下式计算水样中氰化物浓度：

$$c_{\text{氰化物}}(CN^-,\text{mg/L}) = \frac{(V_A - V_B) \cdot c \times 52.04}{V_1} \times \frac{V_2}{V_3} \times 1000 \tag{3.32}$$

式中：V_A——滴定水样消耗硝酸银标准溶液量，mL；

V_B——滴定空白馏出液消耗硝酸银标准溶液量，mL；

c——硝酸银标准溶液浓度，mol/L；

V_1——水样体积，mL；

V_2——馏出液总体积，mL；

V_3——测定时所取馏出液体积，mL；

52.04——氰离子（$2CN^-$）的摩尔质量，g/mol。

该方法的最低检测限为 1mg/L，测定上限为 100mg/L；适用于地表水和工业废

（污）水中氰化物的测定。

2. 异烟酸-吡唑啉酮分光光度法

取一定体积水样预蒸馏溶液，调节pH至中性，加入氯胺T溶液，则氰离子被氯胺T氧化生成氯化氰（CNCl）；再加入异烟酸-吡唑啉酮溶液，氯化氰与异烟酸作用，经水解生成戊烯二醛，再与吡唑啉酮进行缩合反应，生成蓝色染料，在638nm波长下测定吸光度，用标准曲线法定量。

水样氰化物含量按下式计算：

$$c_{氰化物}(CN^-, mg/L) = \frac{m_a - m_b}{V} \cdot \frac{V_1}{V_2} \tag{3.33}$$

式中：m_a——从标准曲线上查出的试样的氰化物含量，μg；

m_b——从标准曲线上查出的空白试样的氰化物含量，μg；

V——预蒸馏所取水样的体积，mL；

V_1——水样预蒸馏馏出液的体积，mL；

V_2——显色测定所取馏出液的体积，mL。

测定过程应当特别注意：①当氰化物以HCN存在时易挥发，因此，加缓冲溶液后的每一步骤都要迅速操作，并随时盖严塞子；②当预蒸馏所用氢氧化钠吸收液的浓度较高时，加缓冲溶液前应以酚酞为指示剂，滴加盐酸至红色褪去，并与标准试液氢氧化钠浓度一样。

本方法适用于饮用水、地面水、生活污水和工业废水，其最低检测浓度为0.004mg/L，测定上限为0.25mg/L（以CN^-计）。

五、氟化物测定

氟是人体必需的微量元素之一，缺氟易患龋齿病。但是，长期饮用氟含量高于1.5mg/L的水易患斑齿病，氟含量高于4mg/L则可导致氟骨病。饮用水含氟量的适宜浓度，一般为0.5～1.0mg/L（F^-）。氟化物广泛存在于天然水中，有色冶金、钢铁和铝加工、玻璃、磷肥、电镀、陶瓷、农药等行业排放的废水和含氟矿物废水是氟化物的人为污染源。

（一）离子色谱法

1. 离子色谱法原理

离子色谱（IC）法是利用离子交换原理，连续对共存多种阴离子或阳离子进行分离后，导入检测装置进行定性分析和定量测定的方法。

离子色谱仪一般由流动相传送、分离、检测和数据处理四个系统构成。流动相传送系统包括洗提液贮罐、输液泵和进样阀：分离系统主要是分离柱：检测系统包括抑制柱和电导池：数据处理系统由记录仪、积分仪和色谱工作站组成。图3.8为离子色谱仪的典型分析流程。

内填充低容量离子交换树脂的分离柱用于分离组分；高压输液泵为流动相通过分离

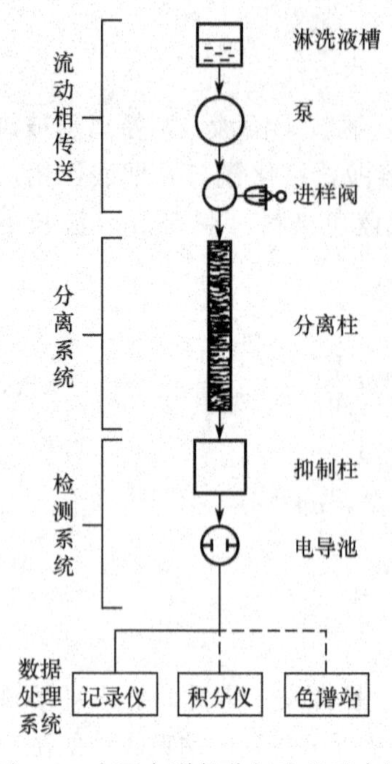

图 3.8 离子色谱仪分析流程示意图

柱提供动力；内充高容量离子交换树脂的抑制柱的作用是削减洗提液造成的本底电导和提高被测组分的电导；电导池用于检测被测物的浓度变化。除电导型检测器外，还有紫外-可见光度型、荧光型和安培型等检测器，若用非电导型检测器则一般不必使用抑制柱。

分析阴离子时，分离柱填充低容量阴离子交换树脂，抑制柱填充强酸性阳离子交换树脂，洗提液用氢氧化钠稀溶液或碳酸钠-碳酸氢钠溶液。当将水样注入洗提液并流经分离柱时，基于不同阴离子对低容量阴离子交换树脂的亲和力不同而彼此分开，在不同时间随洗提液进入抑制柱，转换成高电导型酸，而洗提液被中和转为低电导的水或碳酸，使水样中的阴离子得以依次进入电导测量装置测定，通过对其电导峰峰高（或峰面积），与混合标准溶液相应阴离子峰峰高（或峰面积）的比较，即可得知水样中各阴离子的浓度。

该方法适用于地表水、地下水、降水中无机阴离子的测定，其测定下限一般为0.1mg/L。

2. 离子色谱法测定 F^-、Cl^-、NO_2^-、PO_4^{3-}、Br^-、NO_3^-、SO_4^{2-} 含量

1）仪器及测定条件选择

分离柱选用 $R\text{-}N^+HCO_3^-$ 型阴离子交换树脂，抑制柱选用 RSO_3H 型阳离子交换树脂，以 0.0024 mol/L 碳酸钠与 0.0031 mol/L 碳酸氢钠混合溶液为洗提液。

2）水样预处理

水样采集后应经 0.45μm 微孔滤膜过滤后再测定；对于污染严重的水样，可在分离柱前安装预处理柱，去除所含油溶性有机物和重金属离子；水样中含有不被交换柱保留或弱保留的阴离子时，干扰 F^- 或 Cl^- 的测定，如乙酸与 F^- 产生共洗提，可改用弱洗提液（如稀 $Na_2B_4O_7$ 溶液）。

3）指标测定

（1）将处理好的水样注入洗提液并流经分离柱，在不同时间随洗提液进入抑制柱，转换成高电导型酸，而洗提液被中和转为低电导酸，使水样中的阴离子得以依次进入电导测量装置测定。

（2）用离子色谱法测定水样中 F^-、Cl^-、NO_2^-、PO_4^{3-}、Br^-、NO_3^-、SO_4^{2-} 的可得到类似图 3.9 的离子色谱图。

（3）根据离子色谱图的电导峰的峰高（或峰面积），与混合标准溶液相应阴离子峰的峰高（或峰面积），计算出水样中各阴离子的浓度。

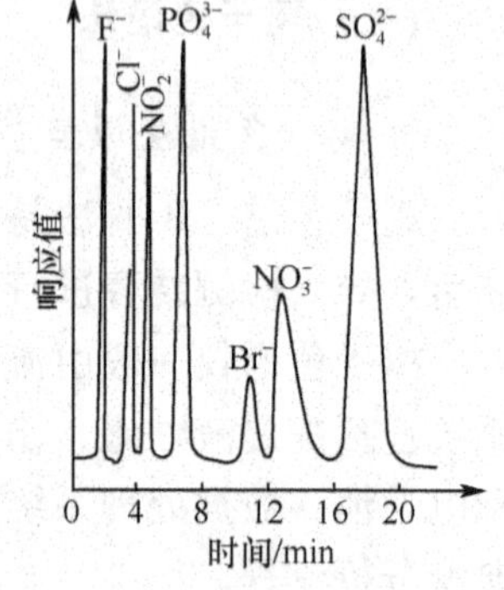

图 3.9 离子色谱图

（二）离子选择电极法

氟离子选择电极是一种以氟化镧（LaF_3）单晶片为敏感膜的传感器，其结构如图 3.10所示。测量时，它与外参比电极、被测溶液组成原电池，原电池的电动势（E）与溶液中氟离子浓度（活度）负对数成正比，即

$$E = K - \frac{2.303RT}{F}\lg a_{F^-} \tag{3.34}$$

式中：E——原电池的电动势，mV；

K——与内、外参比电极和内参比溶液中 F^- 活度有关的常数；

F——法拉第常数，96485；

R——普氏气体常数，8.314；

T——溶液的绝对温度，一般取 298K；

α——溶液 F^- 的活度，当浓度较低时其数值上等于离子浓度。

用电位计或 pH 计测量上述原电池的电动势，并与用氟离子标准溶液测得的电动势相比较，即可求知水样中氟化物的浓度。

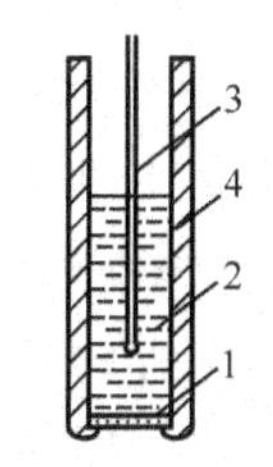

图 3.10　F-选择电极

1. LaF_3 单晶膜；2. 内参比溶液（0.3mol/L，Cl^-　0.001mol/L，F^-）；3. Ag-AgCl（内参比）电极；4. 电极管

某些高价阳离子（如 Al^{3+}，Fe^{3+}，H^+）能与氟离子络合而干扰测定；在碱性溶液中，OH^- 浓度大于 F^- 浓度的1/10时也有干扰，因而，常采用加入总离子强度调节剂（TISAB，一种含有强电解质、络合剂、pH 缓冲剂的溶液）的方法消除干扰。加入 TISAB 可消除标准溶液与被测溶液的离子强度差异，使离子活度系数保持一致；能络合干扰离子，使络合态的氟离子释放出来；能缓冲 pH 变化，保持溶液有合适的 pH 范围（5～8）。

氟离子选择电极法具有测定简便、快速、灵敏、选择性好、可测定浑浊、有色水样等优点。该方法最低检出浓度为 0.05mg/L（以 F^- 计），测定上限可达 1900mg/L（以 F^- 计）；适用于地表水、地下水和工业废水中氟化物含量的测定。

（三）氟试剂分光光度法

氟试剂即茜素络合剂（ALC），在 pH 为 4.1 的乙酸盐缓冲介质中，它与氟离子和硝酸镧反应，生成蓝色的三元络合物，颜色深度与氟离子浓度成正比，于 620nm 波长处比色定量。该方法最低检出浓度为 0.05mg/L（F^-），测定上限为 1.08mg/L；适用于地面水、地下水和工业废水中氟化物的测定。

六、硫化物测定

焦化、造气、选矿、造纸、印染、制革等工业废水中常含有硫化物；温泉水及生活污水中也会含有硫化物。水中硫化物包含溶解性的 H_2S、HS^- 和 S^{2-}，酸溶性的金属硫化物，以及不溶性的硫化物和有机硫化物。硫化物毒性很大，可危害细胞色素氧化酶，

造成细胞组织缺氧，甚至危及生命；它还腐蚀金属设备和管道，并可被微生物氧化成硫酸加剧腐蚀性。通常所测定的硫化物系指水溶性的及酸溶性的硫化物。

（一）测定硫化物水样的预处理方法

水样有色，含悬浮物、含某些还原物质（如亚硫酸盐、硫代硫酸钠等）及溶解的有机物均对碘量法或光度法测定有干扰，需进行预处理。

1. 乙酸锌沉淀-过滤法

当水样所含的干扰物只有少量的亚硫酸盐、硫代硫酸钠时，在采样现场向水样中加入适量的乙酸锌，以固定水样中的硫化物。水样带回实验室后，用中速定量滤纸或玻璃纤维滤膜过滤，选择合适的方法直接测定沉淀中的硫化物量。

2. 酸化-吹气法

若水样中存在悬浮物，或浊度较高，或色度较大时，可向水样中加入一定量的磷酸，使水样中的硫化锌转变为硫化氢气体，利用载气将硫化氢吹出，用乙酸锌-乙酸钠溶液或 2%的氢氧化钠溶液吸收，吸收液备测定用。

3. 过滤-酸化-吹气法

若水样污染严重，不仅含有不溶性物质和还原性物质（亚硫酸盐、硫代硫酸钠等），并且浊度、色度都很高时，应选用过滤-酸化-吹气法。即先将现场采集并固定的水样用用中速定量滤纸或玻璃纤维滤膜过滤后，再按酸化-吹气法进行处理。

（二）硫化物测定方法

1. 对氨基二甲基苯胺分光光度法

在含高铁离子的酸性溶液中，硫离子与对氨基二甲基苯胺反应，生成蓝色的亚甲蓝染料，颜色深度与水样中硫离子浓度成正比，于 665nm 波长处比色定量。

2. 碘量法

水样中的硫化物与乙酸锌生成白色硫化锌沉淀，将其用酸溶解后，加入过量碘溶液，则碘与硫化物反应析出硫，用硫代硫酸钠标准溶液滴定剩余的碘，根据硫代硫酸钠溶液消耗量和水样体积可计算出水样硫化物含量。本方法适用于含硫化物在 1mg/L 以上的水和废（污）水。水样硫化物含量计算公式为

$$c_{\text{硫化物}}(S^{2-},\text{mg/L})=\frac{(V_0-V_1)\cdot c\times 16.03\times 1000}{V} \tag{3.35}$$

式中：V_0——空白试验硫代硫酸钠标准溶液用量，mL；

V_1——滴定水样消耗硫代硫酸钠标准溶液量，mL；

V——水样体积，mL；

c——硫代硫酸钠标准溶液浓度，mol/L；

16.03——硫离子（$1/2S^{2-}$）摩尔质量，g/mol。

3. 气相分子吸收光谱法

在水样中加入磷酸，将硫化物转化为 H_2S 气体，用空气载入气相分子吸收光谱仪

的吸光管内，测量对 200nm 附近波长光的吸光度，与标准溶液的吸光度比较，确定水样硫化物浓度。

本法最低检出浓度为 0.005mg/L，测定上限为 10mg/L；适用于各种水样的硫化物测定。

七、酚测定

酚类为原生质毒，属高毒物质，人体摄入一定量会出现急性中毒症状；长期饮用被酚污染的水，可引起头痛、出疹、瘙痒、贫血及各种神经系统症状。当水中含酚 0.1～0.2mg/L 时，鱼肉有异味；大于 5mg/L 时，鱼中毒死亡。含酚浓度高的废水不宜用于农田灌溉，否则会使农作物枯死或减产。

通常根据酚的沸点、挥发性和能否与水蒸气一起蒸出，分为挥发酚和不挥发酚。通常认为沸点在 230℃以下为挥发酚，一般为一元酚；沸点在 230℃以上为不挥发酚。酚的主要污染源有煤气洗涤、炼焦、合成氨、造纸、木材防腐和化工行业的工业废水。

（一）测定原理

水中酚含量常采用 4-氨基安替比林分光光度法测定。在 pH 为 10.0±0.2 介质和铁氰化钾存在的条件下，酚类化合物与 4-氨基安替比林反应，生成橙红色的吲哚酚氨基安替比林染料，其水溶液在 510nm 波长处有最大吸收。在 510nm 波长处测定水样试液及酚标准溶液的吸光度，标准曲线法定量。

当用光程长为 20mm 比色皿测量时，该方法的最低检出浓度为 0.1mg/L 酚。

（二）水样预处理

（1）量取 250mL 水样置蒸馏瓶中，加数粒小玻璃珠以防暴沸，再加二滴甲基橙指示液，用磷酸溶液调节至 pH=4（溶液呈橙红色），加 5.0mL 硫酸铜溶液（如采样时已加过硫酸铜，则补加适量）。如加入硫酸铜溶液后产生较多量的黑色硫化铜沉淀，则应摇匀后放置片刻，待沉淀后，再滴加硫酸铜溶液，至不产生沉淀为止。

（2）连接冷凝器，加热蒸馏，至蒸馏出约 225mL 时停止加热，冷却。向蒸馏瓶中加入 25mL 水，继续蒸馏至馏出液为 250mL 为止。蒸馏过程中，如发现甲基橙的红色褪去，应在蒸馏结束后，再加 1 滴甲基橙指示液。如发现蒸馏后残液不呈酸性，则应重新取样，增加磷酸加入量后，进行蒸馏。

（3）注意，如水样中挥发酚含量较高，应移取适量水样并加入去离子水稀释至 250mL 后进行蒸馏，则在计算时应乘以稀释倍数。

（三）测定方法

（1）分取适量的馏出液放入 50mL 比色管中，稀释至 50mL 标线。

（2）于一组 6 支 50mL 比色管中，分别加入 0、0.50、1.00、3.00、5.00 和 10.00mL 酚标准中间液，加水至 50mL 标线。

（3）以纯水代替水样，经蒸馏后，按水样测定步骤进行测定。

(4) 分别向盛水样及标准溶液的比色管中加 0.5mL 缓冲溶液，混匀；加 4-氨基安替比林 1mL，混匀；再加 1mL 铁氰化钾，充分混匀后静置。

(5) 放置 10min 后，立即于 510nm 波长，用光程为 20mm 比色皿，以水为参比，测量吸光度。

(6) 经空白校正后，绘制吸光度对苯酚含量（mg）的标准曲线。

(7) 用水样测定的吸光度减去空白实验所得吸光度即为水样的实际吸光度。

(8) 将测定数据带入下式计算水样酚含量：

$$\text{挥发酚(以苯酚计,mg/L)} = 1000 \times m/V \tag{3.36}$$

式中：m——根据水样的校正吸光度从标准曲线上查得的苯酚含量，mg；

V——移取馏出液体积，mL。

技能实训

项目五　自来水余氯含量测定

一、实训目的

(1) 掌握邻联甲苯胺比色法测定水余氯含量的原理，会测定自来水余氯含量。

(2) 掌握水中不同余氯含量测定条件的确定方法，能正确处理测定数据。

二、实训原理

我国自来水厂普遍采用加氯消毒的方法，当饮用水中游离余氯达到一定浓度后，接触一段时间就可以杀灭水中细菌和病毒。因此，饮用水余氯含量是一项评价饮用水微生物学安全性的重要指标。

在 pH 小于 1.8 的酸性溶液中，余氯与邻联甲苯胺反应，生成黄色的醌式化合物，用目视法进行比色定量；还可用重铬酸钾-铬酸钾溶液配制的永久性余氯标准溶液进行目视比色。水样与邻联甲苯胺溶液接触后，如立即进行比色，所得结果为游离余氯；如放置 10min 使产生最高色度，再进行比色，则所得结果为水样的总余氯。总余氯减去游离余氯等于化合余氯。

本法最低检测浓度为 0.01mg/L 余氯，适用于测定生活饮用水及其水源水的总余氯及游离余氯。

三、实训准备

1) 具塞比色管（50mL）

2) 邻联甲苯胺溶液

称取 1.35g 二盐酸邻联甲苯胺[$(C_6H_3CH_3NH_3)_2 \cdot 2HCl$]，溶于 500mL 纯水中，在不停搅拌下将此溶液加至 150mL 浓盐酸与 350mL 纯水的混合液中，盛于棕色瓶内，在室温下保存，可使用 6 个月。当温度低于 0℃，邻联甲苯胺将析出，不中易再溶解。

3）永久性余氯比色溶液的配制

(1) 磷酸盐缓冲贮备溶液。将无水磷酸氢二钠（Na_2HPO_4）和无水磷酸二氢钾（KH_2PO_4）置于105℃烘箱内2h，冷却后，分别称取22.86g和46.14g。将此两种试剂共溶于纯水中，并稀释至1000mL。至少静置4d，使其中胶状杂质凝聚沉淀，过滤，滤液备用。

(2) 磷酸盐缓冲溶液（pH=6.45）。吸取200.0mL磷酸盐缓冲贮备溶液，加纯水稀释至1000mL。

(3) 重铬酸钾-铬酸钾溶液。称取0.1550g干燥的重铬酸钾（$K_2Cr_2O_7$）及0.4650g铬酸钾（K_2CrO_4），溶于磷酸盐缓冲溶液中，并定容至1000mL。此溶液所产生的颜色相当于1mg/L余氯与邻联甲苯胺所产生的颜色。

(4) 0.01～1.0mg/L永久性余氯标准比色液的配制方法。按表3.15所列数量，吸取重铬酸钾-铬酸钾溶液，分别注入50mL刻度具塞比色管中，用磷酸盐缓冲溶液稀释至50mL刻度。避免日光照射，可保存6个月。

表3.15 永久性余氯标准比色溶液的配制

余氯/(mg/L)	重铬酸钾-铬酸钾溶液/mL	余氯/(mg/L)	重铬酸钾-铬酸钾溶液/mL
0.01	0.5	0.50	25.0
0.03	1.5	0.60	30.0
0.05	2.5	0.70	35.0
0.10	5.0	0.80	40.0
0.20	10.0	0.90	45.0
0.30	15.0	1.00	60.0
0.40	20.0		

(5) 若水样余氯大于1mg/L，则需将重铬酸钾-铬酸钾溶液的量增加10倍，配成相当于10mg/L余氯的标准色，再适当稀释，即为所需的较浓余氯标准色列。

四、实训过程

1. 水样处理

取与配制永久性氯标同型的50mL比色管，先放入2.5mL邻联甲苯胺溶液，再加入澄清水样至50.0mL刻度，混合均匀。水样的温度最好为15～20℃，如低于此温度，应先将水样管放入温水浴中，使温度提高到15～20℃。

2. 游离余氯测定

水样与邻联甲苯胺溶液接触后，如立即进行比色，所得结果即为游离余氯。

3. 总余氯测定

水样与邻联甲苯胺溶液接触后，放置10min使产生最高色度，再进行比色，则所得结果为水样的总余氯。

4. 化合余氯测定

总余氯减去游离余氯等于化合余氯。

五、实训成果

将水样酸度值测定结果记录入表 3.16。

表 3.16 实训结果记录表

水样编号	游离性余氯含量 (Cl_2，mg/L)	总余氯含量 (Cl_2，mg/L)	化合余氯含量 (Cl_2，mg/L)	备注
1				
2				
3				

六、注意事项

(1) 余氯在水中很不稳定，尤其含有有机物或其他还原性无机物时，更易分解而消失，因此余氯应在采集现场进行测定。

(2) 如余氯浓度很高，会产生橘黄色。若水样碱度过高而余氯浓度较低，将产生淡绿色或淡蓝色，此时可多加 1mL 邻联甲苯胺溶液，即产生正常的淡黄色。

(3) 如水样浑浊或色度较高，比色时应减除水样所造成的空白。

项目六 水样总磷的测定

一、实训目的

(1) 掌握总磷测定技术，会测定水样总磷。

(2) 熟悉分光光度计的使用方法。

二、实训原理

在中性条件下，用过硫酸钾使试样消解，将所含磷全部氧化为正磷酸盐。在酸性介质中，正磷酸盐与钼酸铵反应，在锑盐存在下生成磷钼杂多酸后，立即被抗坏血酸还原，生成蓝色的络合物。在 700nm 波长处测定吸光度，标准曲线法定量。

三、实训准备

(一) 仪器准备

1) 高压消解装置

医用手提式高压灭菌锅，或一般家用压力锅，要求压力能达到 1.1～1.4kg/cm^2。

2）比色管

要求为 50mL 具塞、磨口的刻度比色管。

3）紫外-可见分光光度计

（二）试剂准备

（1）浓硫酸（H_2SO_4）：密度为 1.84g/mL。

（2）浓硝酸（HNO_3）：密度为 1.4g/mL。

（3）高氯酸（$HClO_4$）：优级纯，密度为 1.68g/mL。

（4）稀硫酸溶液（1+1）。

（5）硫酸 [c（$1/2H_2SO_4$）=1mol/L]：将 27mL 浓硫酸加入到 973mL 水中，混匀备用。

（6）氢氧化钠溶液（1mol/L）：将 40g 氢氧化钠（NaOH）溶于水，并稀释至 1000mL，装于试剂瓶备用。

（7）氢氧化钠溶液（6mol/L）：将 240g 氢氧化钠（NaOH）溶于水并稀释至 1000mL，装于聚乙烯瓶备用。

（8）过硫酸钾溶液（50g/L）：将 5g 过硫酸钾（$K_2S_2O_8$）溶解于水，并稀释至 100mL，装于聚乙烯瓶内低温避光保存。

（9）抗坏血酸溶液（100g/L）：溶解 10g 抗坏血酸（$C_6H_8O_6$）于水中，并稀释，定容至 100mL。此溶液贮于棕色的试剂瓶中，在冷处可稳定几周。如不变色可长时间使用。

（10）钼酸盐溶液：溶解 13g 钼酸铵 [$(NH_4)_6Mo_7O_{24}\cdot 4H_2O$] 于 100mL 水中；溶解 0.35g 酒石酸锑钾 [$KSbC_4H_4O_7\cdot 1H_2O$] 于 100mL 水中；在不断搅拌下把钼酸铵溶液徐徐加到 300mL（1+1）硫酸溶液中，加酒石酸锑钾溶液并且混合均匀。此溶液贮存于棕色试剂瓶中，在冷处可保存 2 个月。

（11）浊度-色度补偿液：混合两个体积（1+1）硫酸和一个体积抗坏血酸溶液（100g/L）即得，要求使用当天配制。

（12）磷标准贮备溶液（50.0μg/mL）：称取 0.2197±0.001g 于 110℃烘干 2h 后在干燥器中放冷却的磷酸二氢钾（KH_2PO_4），用水溶解后转移至 1000mL 容量瓶中，加入大约 800mL 水、5mL 硫酸（1+1），用水稀释至标线并混匀。本溶液在玻璃瓶中可贮存至少 6 个月。

（13）磷标准使用溶液（2.0μg/mL）：将 10.0mL 的磷标准贮备溶液（50.0μg/mL）转移至 250mL 容量瓶中，用水稀释至标线并混匀。要求使用当天配制。

（14）酚酞溶液（10g/L）：称取 0.5g 酚酞，溶于 50mL 95%乙醇中，混匀即得。

四、实训过程

1. 采样

采集 500mL 水样后，立即加入 1mL 浓硫酸，使其 pH≤1；或不加任何试剂于低温处保存。

2. 水样消解

(1) 取25mL(样品中含磷浓度较高，试样体积可以减少)样品于50mL具塞刻度管中，将试样调至中性。

(2) 向水样中加4mL过硫酸钾溶液，将具塞刻度管的盖塞紧后，用一小块布和棉线绳将玻璃塞扎紧，放在大烧杯中置于高压蒸气消毒器中加热，待压力达1.1kg/cm^2(相应温度为120℃)时，保持30min后停止加热。

(3) 待压力表读数降至零后，取出放冷。

(4) 冷却后，用水稀释至标线。

3. 空白试样

用水代替试样，加入与水样测定时相同体积的试剂，按水样实验的方法进行其他步骤。

4. 标准溶液准备

取7支具塞刻度管分别加入0.0、0.50、1.00、3.00、5.00、10.0、15.0mL磷酸盐标准使用溶液，加水至25mL。

5. 发色

分别向各份消解液和标准溶液中加入1mL抗坏血酸溶液混匀，30 s后加2mL钼酸盐溶液充分混匀。

6. 吸光度测定

室温下显色15min后，使用光程为30mm比色皿，在700nm波长下，以水做参比，测定吸光度。如显色时室温低于13℃，可在20～30℃水中显色15min。

五、实训成果

1. 数据记录

测定同时，如实记录标准系列、水样、空白样的A值，实验数据记录表格式可参见表3.17。

表3.17 水样总磷测定数据记录表

编号	标准使用液加入量/mL	总磷含量(μg/50mL溶液)	吸光度A		备注
			$A_{测}$	A	
标0	0.0	0.0			$A=A_{测}-A_{空}$
标1	0.50	1.0			
标2	1.00	2.0			
标3	3.00	6.0			
标4	5.00	10.0			
标5	10.00	20.0			

续表

编号	标准使用液加入量/mL	总磷含量（μg/50mL 溶液）	吸光度 A		备注
			$A_{测}$	A	
标 6	15.00	30.0			
空白					
样 1					
样 2					
样 3					
样均值					

2. 绘制标准曲线

用扣除空白吸光度后的标准系列溶液吸光度和对应的磷的含量绘制工作曲线。

3. 水样总磷含量计算

用扣除空白吸光度后的水样溶液吸光度在校准曲线上查出相应的总磷质量数 m，则水样总磷含量（mg/L）可按下式计算：

$$总磷含量=\frac{m}{V} \tag{3.37}$$

式中：m——从标准曲线上差得的试样总磷含量，μg；

V——消解时吸取的水样体积，mL。

六、注意事项

（1）磷酸盐易吸附在塑料瓶壁上，故含磷量较少的水样，不要用塑料瓶采样。

（2）如试样中含有浊度或色度时，需配制一个空白试样（消解后用水稀释至标线）然后向试料中加入 3mL 浊度-色度补偿液，但不加抗坏血酸溶液和钼酸盐溶液。然后从试料的吸光度中扣除空白试料的吸光度。

（3）砷大于 2mg/L 时干扰测定，可用硫代硫酸钠去除；硫化物大于 2mg/L 时干扰测定，通氮气去除；铬大于 50mg/L 时，干扰测定，用亚硫酸钠去除。

第四节　金属化合物测定

金属以不同形式存在时，其毒性大小不同，所以可以分别测定可过滤金属，不可过滤金属和金属总量。可过滤态金属指能通过孔径 0.45 μm 滤膜的部分，不可过滤态系指不能通过 0.45 μm 微孔滤膜的部分，金属总量是不经过滤的水样经消解后测得的金属含量，应是可过滤金属与不可过滤金属之和。测定水体中金属元素常用的方法有分光光度法、原子吸收分光光度法、阳极溶出伏安法及容量法等，尤以前两种方法用得最多。

一、汞的测定

汞及其化合物属于剧毒物质，可在体内蓄积，水体中的无机汞可转变为有机汞，有机汞的毒性更大。有机汞通过食物链进入人体，引起全身中毒。天然水中含汞极少，一般不超过0.1μg/L，我国饮用水标准限值为0.001mg/L。

仪表厂、食盐电解、贵金属冶炼、军工等工业废水是地表水体中汞的主要来源。国家标准规定，总汞的测定采用冷原子吸收分光光度法和高锰酸钾-过硫酸钾消解双硫腙分光光度法。总汞是指未过滤的水样，经剧烈消解后测得的汞浓度，它包括无机的和有机结合的，可溶的和悬浮的全部汞。

（一）冷原子吸收法

1. 测定原理

汞原子蒸汽对波长为253.7 nm的紫外光有选择性吸收，在一定浓度范围内，吸光度与浓度成正比。水样经消解后，将各种形态的汞转变成二价汞，再用氯化亚锡将二价汞还原为元素汞，用载气（N_2或干燥清洁的空气）将产生的汞蒸汽带入测汞仪的吸收池测定特征波长的吸光度，与汞标准溶液吸光度进行比较定量。该方法的最低检出浓度为0.1～0.5μg/L汞（因仪器不同而异），适用于各种水体中汞的测定。

冷原子吸收测汞仪的工作原理如图3.11所示。低压汞灯辐射253.7nm紫外光，经紫外光滤光片射入吸收池，则部分被试样中还原释放出来的汞蒸气吸收，剩余紫外光经石英透镜聚焦于光电倍增管上，产生的光电流经电子放大系统放大，送入指示表指示或记录仪记录。当指示表刻度用标准样校准后，可直接读出汞浓度。汞蒸气发生气路是：抽气泵将载气（空气或氮气）抽入盛有经预处理的水样和氯化亚锡的还原瓶，在此产生的汞蒸气随载气经装有变色硅胶的U形管除水蒸气后进入吸收池测量吸光度，然后经流量计、脱汞瓶排出。

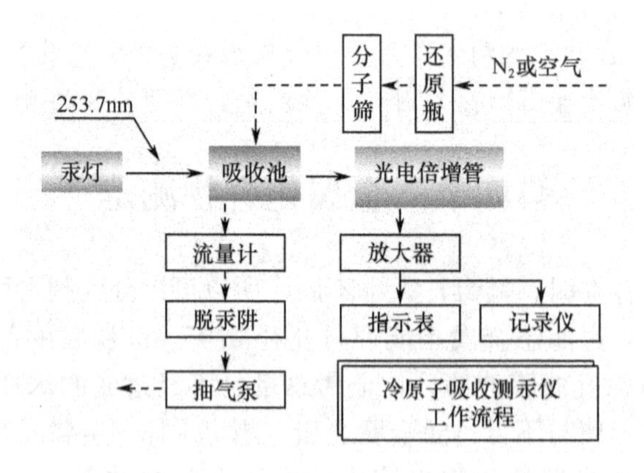

图3.11 冷原子吸收测汞仪工作原理

2. 测定方法

1）水样预处理

硫酸-硝酸介质中，加入高锰酸钾和过硫酸钾消解水样，使水中汞全部转化为二价汞，过剩氧化剂用盐酸羟胺溶液还原。

2）绘制标准曲线

配制系列汞标准溶液，吸取适量汞标准液于还原瓶内，加入氯化亚锡溶液，迅速通入载气，测定吸光度，绘制标准曲线。

3）水样测定

取适量处理好的水样于还原瓶内，按照标准溶液测定方法测其吸光度，经空白校正后，从标准曲线上查得汞浓度，再乘以样品的稀释倍数，即得水样中汞浓度。

3. 注意事项

(1) 汞离子在蒸馏水中极不稳定，因此，汞的标准系列应配于2%的氯化钠溶液中。

(2) 氯气影响测定结果，在测定前必须除净消化样品中的氯气，否则结果偏高。

(3) 所用器皿，均须用1+3硝酸溶液浸泡1d以上，并检查合格。

(4) 用过的汞蒸气发生瓶，须用酸性高锰酸钾溶液洗涤，再用水洗净。

(二) 双硫腙分光光度法

1. 方法原理

汞在酸性条件下，用高锰酸钾氧化成离子汞，再用氯化亚锡将离子汞还原成原子汞蒸气。随载气进入高锰酸钾吸收液中，再以双硫腙-四氯化碳溶液萃取。汞与双硫腙反应生成橙色螯合物，于485 nm处测定吸光值。该方法的最低检出限为0.4 μg/L；适用于近岸排污口、港口及工业排污水域，含汞较高的水样，不适用于远海及大洋等低汞海水的测定。

2. 测定方法

1）样品消化

(1) 量取500mL水样，置于平底烧瓶中，加入10mL硫酸溶液，2mL高锰酸钾溶液混匀。

(2) 于电炉上加热升温至70℃，保持20min，然后冷却至室温；消化中若高锰酸钾颜色褪尽需适当补加高锰酸钾溶液至紫红色稳定不变。

2）绘制标准曲线

(1) 取6支具塞比色管，各加入10.0mL吸收液，分别加入汞标准使用溶液0、0.50、1.00、2.00、3.00、4.00mL，加水补足至20mL。

(2) 滴加盐酸羟胺溶液，振摇至颜色褪尽，开盖放置30min。

(3) 向比色管中加5.0mL双硫腙使用液剧烈振荡200次（过程中开盖放气1次），静置分层，用水流唧筒（或医用注射器）吸去上层水相。再用水洗涤有机相2～3次（每次用水约20mL），振荡50次即可，吸去水相。

(4) 加入10mL氨水溶液及2滴EDTA-Na_2溶液振荡30次，静置分层，同上法吸去水相。再加入10mL氨水溶液振荡30次，移入50mL分液漏斗中。

(5) 将有机相通过塞有脱脂棉的分液漏斗，滤入干燥的1cm测定池中，以四氯化碳调零，于波长485 nm处测定吸光值A_i和A_0（标准空白）。

(6) 以A_i-A_0为纵坐标，相应的含汞微克数为横坐标，绘制标准曲线。

3）样品测定

(1) 向消化完的样品中滴加盐酸羟胺溶液，使过量的高锰酸钾颜色褪去，然后按图3.12接入曝气-吸收装置系统。

(2) 取两个活芯气体采样管（包氏吸收管），各加入10mL吸收液，按图3.12曝气-吸收装置示意图将气路系统接好。第一级吸收管是除去载气中的汞，不必每次更换。

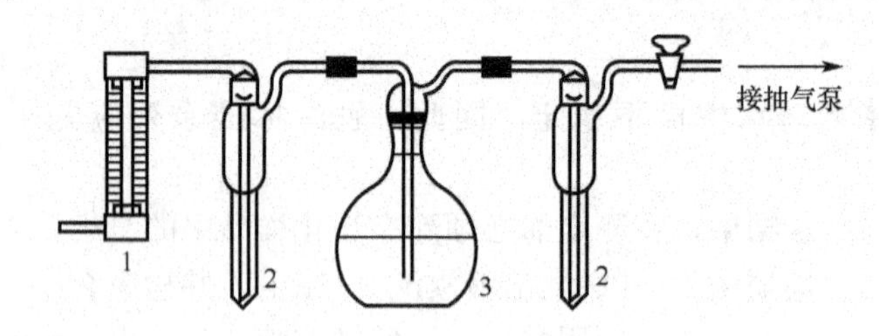

图3.12 曝气-吸收装置图

1. 气体流量计；2. 活芯气体采样管；3. 汞蒸气发生瓶

(3) 向水蒸气发生瓶中加入5mL氯化亚锡溶液，立即塞紧瓶塞，接通抽气泵，以1500mL/min的流速曝气15min。

(4) 取下第二级吸收管，将吸收液全量移入具塞比色管中。用总量为10mL的水分3次洗涤吸收管，洗涤液并入比色管中。滴加盐酸羟胺溶液至红色褪尽后，再加入2滴(共约7～8滴)，充分振荡，开盖放置30min。

(5) 测定吸光值A_w。

4）空白测定

空白与样品同时平行测定，以无汞纯水代替样品，其消化及测定的步骤和条件与样品完全相同，测得吸光值A_b。

5）计算

由测得的吸光值A_w-A_b查标准曲线或用线性回归方程计算得水样中汞的含量。按式(3.38)计算水样汞含量：

$$c_{Hg}=\frac{m}{V}\times 1000 \tag{3.38}$$

式中：c_{Hg}——水样中汞的浓度，μg/L；

m——由标准曲线查得的汞量，μg；

V——水样体积，mL。

3. 注意事项

(1) 所用玻璃仪器均须用(1+9)硝酸溶液浸泡，清洗干净备用。

(2) 二价锰(Mn^{2+})必须洗除干净，否则影响测定。

（3）振摇时强度不宜过大，并且各管振荡强度及次数尽可能一致。

二、镉、铜、铅、锌的测定

（一）水中的镉、铜、铅、锌及其测定方法概述

1. 镉

镉的毒性很强，可在人体的肝、肾、骨骼等组织中积蓄，造成各内脏器官组织的损害，尤以对肾脏的损害最大。还可以导致骨质疏松和软化，如日本富山事件（骨痛病事件）。绝大多数淡水的含镉量低于1μg/L，海水中镉的平均浓度为0.15μg/L。镉的主要污染源是电镀、采矿、染料、电池和化学工业等排放的废水。水中镉的测定方法主要为原子吸收法和双硫腙分光光度法。

2. 铜

铜是人体必需的微量元素，缺铜会发生贫血、腹泻等病症，但过量摄入铜也会产生危害。溶解性铜化合物对水生生物的危害较大，但一般认为水体含铜0.01mg/L以下对鱼类是安全的。水中铜的主要污染源是电镀、冶炼、五金加工、矿山开采、石油化工和化学工业等部门的生产废水。水中铜的测定方法主要有原子吸收分光光度法、二乙氨基二硫代甲酸钠萃取分光光度法和新亚铜灵萃取分光光度法。

3. 铅

铅是可在人体和动物组织中蓄积的有毒金属，可导致贫血、神经机能失调和肾损伤等。铅对水生生物的安全浓度为0.16mg/L。铅的主要污染源是蓄电池、冶炼、五金、机械、涂料和电镀等行业的工业废水。水中铅的测定常采用原子吸收法和双硫腙分光光度法。

4. 锌

锌是人及其他生物体的必须元素之一，成人每天约需摄入80mg/kg（体重）的锌，儿童每日必须摄入0.3mg/kg（体重）锌，摄入不足会造成发育不良。但锌含量过高也会引发不良效应，如水中锌对鱼类的安全浓度最大为0.1mg/L，水体中过高的锌含量对其自净过程有一定抑制作用。水中锌的主要污染源是电镀、冶金、颜料及化工行业的工业废水。水中锌的常用测定方法有原子吸收分光光度法、双硫腙分光光度法、阳极溶出伏安法和示波极谱法。

（二）原子吸收分光光度法（AAS）测定镉、铜、铅、锌

1. 原理

1）原子吸收分光光度法原理

将含待测元素的溶液通过原子化系统喷成细雾，随载气进入火焰，并在火焰中解离成基态原子，当空心阴极灯辐射出待测元素特征波长光光通过火焰时，被其吸收，在一定条件下，特征波长光光强的变化与火焰中待测元素基态原子的浓度有定量关系，从而与试样中待测元素的浓度 c 有定量关系（$A=Kc$）。

该类方法测定快速，干扰少，应用范围广，可在同一试样中分别测定多种元素。

2）定量方法

（1）标准曲线法：配制相同基体的含有不同浓度待测元素的系列标准溶液，分别测其吸光度，绘制标准曲线。在同样操作条件下，测定试样溶液的吸光度，从标准曲线上查得其浓度。

（2）标准加入法：如果试样的基体组成复杂，且对测定有明显干扰时，则在标准曲线成线性关系的浓度范围内，可使用这种方法测定；但应注意消除背景吸收的影响。取若干（不少于 4 份）体积相同的试样溶液，从第二份开始依次加入不同等份量的待测元素的标准溶液（如 10、20、40μg），然后用蒸馏水稀释至相同体积后摇匀。在相同的实验条件下依次测得各溶液的吸光度为 A_x、A_1、A_2、A_3。以吸光度 A 为纵坐标，以加入标准溶液的量（浓度、体积、绝对含量）为横坐标，作出 A-C 曲线（不过原点），外延曲线与横坐标相交于一点 c_x，此点与原点的距离，即为所测试样溶液中待测元素的含量。

2. 原子吸收分光光度计

原子吸收分光光度计（或称作原子吸收光谱仪）主要由光源、原子化系统、分光系统及检测系统四个主要部分组成，如图 3.13 所示。

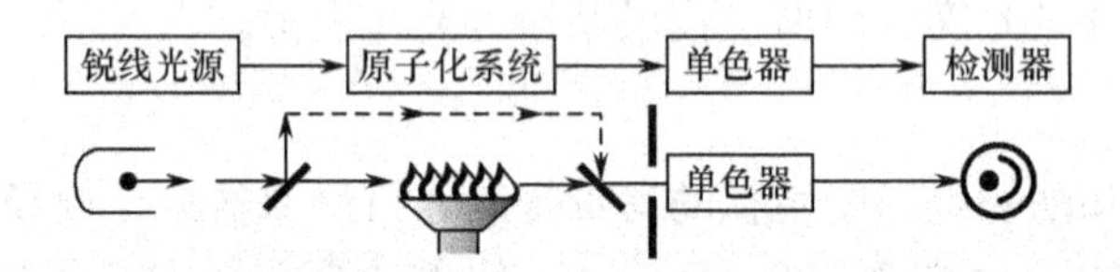

图 3.13　原子吸收分析过程示意图

1）光源

原子吸收分光光度计的光源是空心阴极灯，由一个被测元素纯金属或其合金制成的空心圆筒形阴极和一个阳极组成，其发出的特征光谱线宽度窄，干扰少，故称为锐线光源。

2）原子化系统

原子化系统是将被测元素转变成原子蒸气的装置，可分为火焰原子化系统和无火焰原子化系统。

（1）火焰原子化系统：包括喷雾器、雾化室、燃烧器和火焰及气体供给部分。火焰是将试样雾滴蒸发、干燥并经过热解离或还原作用产生大量基态原子的能源，常用的火焰是空气-乙炔火焰。对用空气-乙炔火焰难以解离的元素，如 Al、Be、V、Ti 等，可用氧化亚氮-乙炔火焰（最高温度可达 3300K）。

（2）无火焰原子化系统：无火焰原子化系统是电热高温石墨管原子化器，其原子化效率比火焰原子化器高得多，因此可大大提高测定灵敏度。无火焰石墨炉原子化系统，由保护气、冷却水和石墨管构成（图 3.14）。外气路中 Ar 气体沿石墨管外壁流动，冷却保护石墨管；内气路中 Ar 气体由管两端流向管中心，从中心孔流出，用来保护原子不被氧化，同时排除干燥和灰化过程中产生的蒸汽。

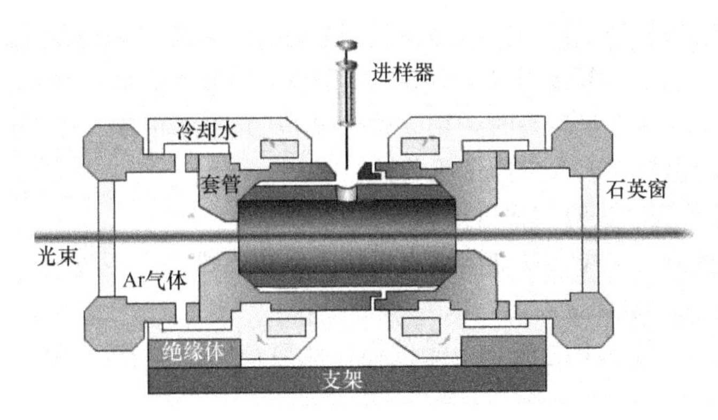

图 3.14　石墨炉原子化系统结构示意图

石墨炉原子化系统的原子化过程分为干燥（去除溶剂，防样品溅射）、灰化（使基体和有机物尽量挥发除去）、原子化（待测物化合物分解为基态原子，此时停止通 Ar，延长原子停留时间，提高灵敏度）和净化（样品测定完成，高温去残渣，净化石墨管）四个阶段，待测元素在高温下生成基态原子。

3）分光系统

分光系统又称单色器，主要由色散元件、凹面镜、狭缝等组成。在原子吸收分光光度计中，单色器放在原子化系统之后，将被测元素的特征谱线与邻近谱线分开。

4）检测系统

检测系统由光电倍增管、放大器、对数转换器、指示器（表头、数显器、记录仪及打印机等）、自动调节和自动校准等部分组成，是将光信号转变成电信号并进行测量的装置。现在生产的中、高档原子吸收分光光度计都配有微型电子计算机，用于控制仪器操作和进行数据处理。

3. 测定方法

1）直接吸入-火焰原子吸收法测定水样镉（或铜、铅、锌）

清洁水样可不经预处理直接测定；污染的地面水和废水样需用硝酸或硝酸-高氯酸消解，并进行过滤、定容后，将试样喷雾于火焰中原子化，分别测量各元素对其特征波长光的吸收，用标准曲线法或标准加入法定量。测定条件和方法适用浓度范围列于表 3.18。

表 3.18　镉铜铅锌测定的条件及浓度范围

元素	分析线/nm	火焰类型	测定浓度范围/(mg/L)
Cd	228.8	乙炔-空气，氧化型	0.05～1
Cu	324.7	乙炔-空气，氧化型	0.05～5
Pb	283.3	乙炔-空气，氧化型	0.2～10
Zn	213.8	乙炔-空气，氧化型	0.05～1

2）萃取-火焰原子吸收法测定微量镉（或铜、铅）

本方法适用于镉、铜含量在 1～50μg/L 范围，和铅含量在 10～200μg/L 范围的水样。

清洁水样或经消解的水样中待测金属离子在酸性介质中与吡咯烷二硫代氨基甲酸铵（APDC）生成络合物，用甲基异丁基甲酮（MIBK）萃取后，喷入火焰进行原子吸收分光光度测定。当水样铁含量较高时，用碘化钾-甲基异丁基甲酮（KI-MIBK）萃取效果更好。操作条件同直接吸入火焰原子吸收法。

3）石墨炉原子吸收法测定镉（或铜、铅）

（1）进样：将清洁水样和标准溶液直接注入电热石墨炉内石墨管进行测定。每次进样量 10～20μL（视元素含量而定）。

（2）干燥：以低温（小电流）干燥试样，使溶剂完全挥发，但以不发生剧烈沸腾为宜。

（3）灰化：用中等电流加热，使试样灰化或碳化。在此阶段应有足够长的灰化时间和足够高的灰化温度，使试样基体完全蒸发，但又不使被测元素损失。

（4）原子化：用大电流加热，使待测元素迅速原子化，通常选择最低原子化温度。

（5）净化：测定结束后，将温度升至最大允许值并维持一定时间，以除去残留物，消除记忆效应，做好下一次进样的准备。

石墨炉的工作条件见表 3.19。

表 3.19　石墨炉工作条件

元素	分析线/nm	干燥阶段温度及时长/(℃/s)	灰化阶段温度及时长/(℃/s)	原子化阶段温度及时长/(℃/s)	清洗气体	进样体积/μL	适用浓度范围/(μg/L)
Cd	228.8	110/30	350/30	1000/8	氩	20	0.2～2
Cu	324.7	110/30	900/30	2500/8	氩	20	1～50
Pb	283.3	110/30	500/30	2200/8	氩	20	1～50

（三）双硫腙分光光度法测定镉、铅、锌

1. 测定原理

1）镉

在强碱性介质中，镉离子与双硫腙反应，生成红色螯合物（反应式形式同汞），用三氯甲烷萃取分离后，于 518nm 处测其吸光度，标准曲线法定量。该方法的测定浓度范围为 1～60μg/L，适用于受镉污染的天然水和工业废水中镉的测定。

2）铅

双硫腙分光光度法基于在 pH 8.5～9.5 的氨性柠檬酸盐-氰化物的还原介质中，铅与双硫腙反应生成红色螯合物，用三氯甲烷（或四氯化碳）萃取后于 510nm 波长处比色定量。该法检测限为 0.01 ～ 0.3mg/L，适用于地面水和工业废水中铅的测定。

3）锌

在 pH 4.0～5.5 的乙酸缓冲介质中，锌离子与双硫腙反应生成红色螯合物，用四氯化碳或三氯甲烷萃取后于 535nm 处，测吸光度，用标准曲线法定量。该方法若使用 20mm 比色皿，其最低检测浓度为 0.005mg/L，适用于天然水和轻度污染的地面水中锌

的测定。

2. 测定条件比较

双硫腙分光光度法测定镉、铅、锌和汞等不同金属的控制条件及浓度范围见表3.20。

表3.20　双硫腙分光光度法测定不同金属的条件及浓度范围

元素	反应介质	适宜pH范围	分析线/nm	螯合物颜色	测定浓度范围/(mg/L)
Cd	强碱	>7	518	红色	0.001～0.06
Pb	氨性柠檬酸盐-氰化物	8.5～9.5	510	红色	0.01～0.3
Zn	乙酸	4.0～5.5	535	红色	>0.005
Hg	酸性	<7	485	橙色	0.002～0.04

3. 注意事项

（1）测定水中镉时，水样含铅20mg/L、锌30mg/L、铜40mg/L、锰和铁4mg/L，不干扰测定，但镁离子浓度达到20mg/L时，需要多加酒石酸钾钠掩蔽。

（2）测水中铅时要特别注意器皿、试剂及去离子水是否含痕量铅；对某些金属离子如Bi^{3+}、Sn^{2+}、Fe^{3+}的干扰，应事先予以处理。

（3）测定水中锌含量时，水中存在少量铋、镉、钴、铜、汞、镍、亚锡等离子均产生干扰，采用硫代硫酸钠掩蔽剂和控制溶液的pH来消除；三价铁、余氯和其他氧化剂会使双硫腙变成棕黄色。

（四）分光光度法测铜

1. 铜试剂分光光度法

铜试剂即二乙氨基二硫代甲酸钠，专用符号为DDTC。在pH 9～10氨性溶液中，铜离子与DDTC作用，生成黄棕色胶体络合物，用四氯化碳萃取，于440nm处测吸光度。此法最低检测浓度为0.01mg/L，测定上限2.0mg/L；多用于地面水和工业废水中铜的测定。

注意：①所用玻璃仪器均需先以硝酸溶液（1+3）浸泡12h以上，然后用水洗净；②脱脂棉要用硝酸溶液（1+3）浸泡4h后，用水洗至中性，烘干；③甲酚红指示液若在酸性时不呈黄色，示已失效，应重新配制。

2. 新亚铜灵分光光度法

将水样中的二价铜离子用盐酸羟胺还原为亚铜离子，在中性或微酸性介质中，亚铜离子与新亚铜灵（2,9-二甲基-1,10-菲啰啉）反应，生成黄色络合物，用三氯甲烷-甲醛混合溶剂萃取，于457nm处测吸光度。该方法的最低检出浓度为0.06mg/L，测定上限为3mg/L，适用于地面水、生活污水和工业废水的铜含量测定。

测定时注意对Be^{2+}、Cr^{6+}、Sn^{4+}、氰化物、硫化物、有机物等干扰物进行掩蔽。

三、铬的测定

在水体中，铬主要以三价和六价化合物存在，六价铬多以 CrO_4^{2-}、$HCr_2O_7^-$、$Cr_2O_7^{2-}$三种阴离子形式存在，三价铬和六价铬化合物可以互相转化。铬是生物体所必需的微量元素之一。三价铬能参与生物正常的糖代谢过程，而六价铬有强毒性，为致癌物质，并易被人体吸收而蓄积体内。通常认为六价比三价毒性大，但是对于鱼类三价比六价毒性高。水中铬的污染源主要是铬矿加工、金属表面处理、皮革加工、印染、照相材料、皮革鞣制等行业的工业废水。

我国的污水排放标准既要求测定六价铬，也要求测定总铬。水中铬的测定方法主要有原子吸收法、二苯碳酰二肼分光光度法和滴定法，第一种方法参加镉测定，这里主要介绍后两种方法。

（一）二苯碳酰二肼分光光度法

1. 六价铬测定

在酸性介质中，六价铬与二苯碳酰二肼（DPC）反应，生成紫红色络合物，于540nm处进行比色测定。本方法的测定下限为0.004mg/L，测定上限为1mg/L。

测定中需注意消除某些金属离子及氧化还原物的干扰。

2. 总铬测定

在酸性溶液中，首先将水样中的三价铬用高锰酸钾氧化成六价铬，过量的高锰酸钾用亚硝酸钠分解，过量的亚硝酸钠用尿素分解，然后，加入二苯碳酰二肼显色，于540nm处比色测定。该方法适用于总铬含量在0.004～1mg/L的水样。

3. 注意事项

(1) 所用器皿先用洗涤剂洗净，再用1＋3硝酸溶液浸泡2～3d，不得使用重铬酸钾洗液，以免沾污。

(2) 六价铬与二苯氨基脲生成的络合物的稳定性随温度增加而降低，一般应在2h内测定完毕，温度高于30℃时，应在30min内完成测定。

(3) 二苯氨基脲丙酮溶液变黄或浑浊时，应重配。

（二）硫酸亚铁铵滴定法

在酸性介质中，以银盐作催化剂，用过硫酸铵将三价铬氧化成六价铬，加少量氯化钠并煮沸，除去过量的过硫酸铵和反应中产生的氯气，以苯基代邻氨基苯甲酸作指示剂，用硫酸亚铁铵标准溶液滴定至溶液呈亮绿色。根据硫酸亚铁铵溶液的浓度和进行试剂空白校正后的用量，可以计算出水样总铬含量。该方法适用于总铬浓度大于（1mg/L）的工业废水。

四、砷的测定

元素砷毒性极低，而砷的化合物均有剧毒，三价砷化合物比其他砷化物毒性更强，

如 As_2O_3（砒霜）毒性最大。砷化物容易在人体内积累，造成急性或慢性中毒。水体砷的污染源主要是采矿、冶金、化工、化学制药、农药生产、玻璃制革等行业的工业废水，也可能是随粉尘和烟尘等形式进入水体中的砷化物。

（一）新银盐分光光度法

1. 方法原理

该方法也称作硼氰化钾-硝酸银分光光度法。硼氰化钾在酸性溶液中产生新生态氢，将水样中无机砷还原为砷化氢气体，以 HNO_3-$AgNO_3$-聚乙烯醇-乙醇溶液吸收，则砷化氢将吸收液中的银离子还原为单质胶态银，使溶液显黄色，其颜色强度与生成氢化物的量成正比，于 400nm 处测其吸光度，标准曲线法定量。

该方法具有灵敏度高、操作严格、应用范围广等特点；其检出下限为0.0004mg/L，测定上限为 0.012mg/L；适用于地面水和地下水中痕量砷的测定。

2. 砷化氢发生及吸收装置

砷化氢发生及吸收装置如图 3.15 所示，水样中的砷化物在反应管中转变成 AsH_3（胂）；U 形管装有二甲基甲酰胺（DMF）、乙醇胺、三乙醇胺混合溶剂浸渍的脱脂棉，用以消除锑、铋、锡等元素的干扰；脱胺管内装吸有无水硫酸钠和硫酸氢钾混合粉的脱脂棉，用于除去有机胺的细沫或蒸气；吸收管装有吸收液，吸收 AsH_3 并显色。吸收液中的聚乙烯醇是胶态银的良好分散剂，但通入气体时，会产生大量的泡沫，在此加入乙醇作消泡剂。吸收液中加入硝酸，有利于胶态银的稳定。

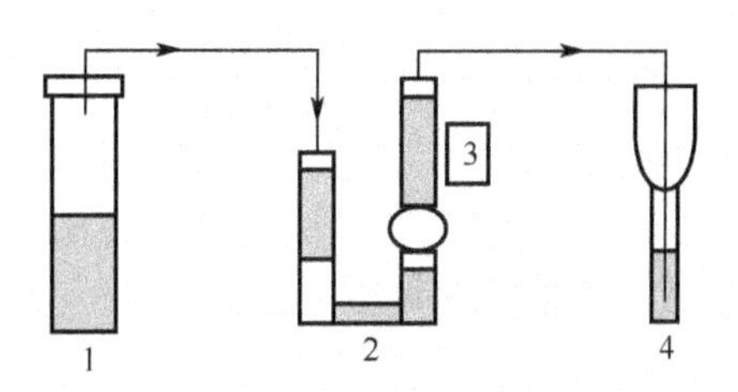

图 3.15　砷化氢发生与吸收装置

1. 反应管；2. U 形管；3. 脱氨管；4. 吸收管

3. 注意事项

（1）对于清洁的地下水和地面水，可直接取样进行测定；对于被污染的水，要用盐酸-硝酸-高氯酸消解。

（2）要求水样经调节 pH，加还原剂和掩蔽剂后移入反应管中测定。

（二）二乙氨基二硫代甲酸银分光光度法

在碘化钾、酸性氯化亚锡作用下，五价砷被还原为三价砷，并与新生态氢（由锌与酸作用产生）反应，生成气态砷化氢（胂），被吸收于二乙氨基二硫代甲酸银（Ag-DDC)-三乙醇胺的三氯甲烷溶液中，生成红色的胶体银，在 510nm 波长处，以三氯甲烷为参比测其经空白校正后的吸光度，用标准曲线法定量。

该法最低检测浓度为 0.007mg/L 砷，测定上限为 0.50mg/L。

技能实训

项目七　工业废水汞含量测定

一、实训目的

(1) 掌握冷原子吸收分光光度法测汞原理，会测定水样汞含量。

(2) 会操作使用冷原子吸收测汞仪。

二、实验原理

在硫酸-硝酸介质中，水样用高锰酸钾-过硫酸钾消解，使所含汞化合物全部转化为二价汞，过剩的氧化剂用盐酸羟胺还原，用氯化亚锡将二价汞还原为金属汞。通入载气（空气或氮气）将金属汞吹脱载入冷原子吸收测汞仪中，在253.7nm的汞原子特征吸收波长光下测定吸光度。在一定条件下，吸光度与仪器吸收池的汞蒸气浓度成正比，也就是与待测试样汞含量成正比，标准曲线法定量即可获得试样汞含量。

三、实训准备

(一) 仪器设备

1. 冷原子吸收测汞仪

冷原子吸收测汞仪，或带有汞原子化装置的原子吸收分光光度计。

2. 翻泡瓶

翻泡瓶也叫汞还原瓶，是一种带莲蓬形多孔吹气头的磨口玻璃瓶。大多数冷原子吸收测汞仪都配备有翻泡瓶；若仪器未配置还原瓶，可用250mL锥形玻璃洗瓶改制而成，截割洗瓶通气管下端，恰使管端刚离开待测的液面即可。

3. 其他

包括500mL和1000mL透明玻璃试剂瓶，250mL棕色玻璃试剂瓶，0.2、0.5、1.0、2.0、5.0mL的吸量管，1mL移液管和100mL量杯等。

(二) 试剂

(1) 无汞水，要求汞含量应低于0.005μg/L，一般的电渗析去离子水或二次重蒸馏水即可达到此纯度，也可将蒸馏水加盐酸酸化至pH=3后通过巯基棉纤维管制得。

(2) 优级纯浓硫酸（ρ=1.84 g/mL）。

(3) 优级纯浓硝酸（ρ=1.42 g/mL）。

(4) 优级纯浓盐酸（ρ=1.19 g/mL）。

(5) 优级纯重铬酸钾。

(6) 高锰酸钾溶液 (50g/L)：称取 50g 优级纯高锰酸钾 ($KMnO_4$) 用水溶解后，稀释定容至 1000mL，混匀，装于棕色试剂瓶备用。

(7) 过硫酸钾溶液 (50g/L)：称取 50g 过硫酸钾 ($K_2S_2O_8$) 用水溶解后，稀释定容至 1000mL，装瓶备用。

(8) 硝酸溶液 (1+1)：取适量浓硝酸 (ρ=1.42 g/mL) 与等体积水混合后立即装瓶。

(9) 盐酸羟胺溶液 (100g/L)：称取 25 g 盐酸羟胺 ($NH_2OH \cdot HCl$) 溶于适量水中，再将其转移入 250mL 容量瓶中，稀释、混匀、定容至刻度线，装瓶备用。

(10) 氯化亚锡溶液 (200g/L)：称取 20g 氯化亚锡 ($SnCl_2$) 于烧杯中，加入 20mL 盐酸 (ρ=1.19g/mL)，微微加热至氯化亚锡完全溶解，冷却后，用无汞水稀释至 100mL 盛于试剂瓶中。若溶液有汞可通入氮气鼓泡除汞。

(11) 汞标固定液（固定液）：称取 0.5g 重铬酸钾溶于 950mL 水中，再加 50mL (1+1) 硝酸，混匀后装瓶，备用。

(12) 汞标准贮备溶液 (100.0μg/mL)：可直接到试剂店购买商品汞标。或称取预先在干燥器中干燥的氯化汞 ($HgCl_2$) 0.1354 g 于 50mL 烧杯中，用固定液溶解后，全量转移到 1000mL 容量瓶中，再用固定液稀释至标线，摇匀。该溶液盛于棕色硼硅玻璃试剂瓶中可保存一年。

(13) 汞标准中间溶液 (10.00μg/mL)：移取 10.00mL 汞标准贮备溶液于 100mL 量瓶中，用固定液稀释至标线，混匀，备用。

(14) 汞标准使用溶液 (0.100μg/mL)：移取 10.00mL 汞标准贮备溶液于 1000mL 量瓶中，用固定液稀释至标线，混匀，备用。该溶液在阴凉处放置可稳定 100d 左右。

四、实训过程

(一) 水样采集与保存

1. 采样

在设定的采样点，用硼硅玻璃瓶或高密度聚乙烯塑料壶，按采样规范采集不少于 500mL 的代表性工业废水水样。

2. 水样保存

采样后，首先立即加入适量（一般为水样体积的 1%）硫酸溶液 (1+1) 使水样 pH 小于 1，再加入 0.5 g 左右的重铬酸钾使水样保持淡橙色，塞紧瓶盖，摇匀后置于阴凉处保存。保存期不超过 30d。

3. 空白样的采集与保存

用无汞水代替水样，按水样样品保存的方法对其进行处理，并同法同条件平行保存。

(二) 水样消解

总汞测定的水样消解方法有近沸保温法和沸腾法两种，前者适用于不含或少含有机质的工业废水、地表水和地下水总汞含量测定，后者适用于富含有机物和悬浮物、物质组成复杂的城市污水及工业废水。

1. 近沸保温法

(1) 将待测水样摇匀后开盖，立即准确吸取10～50mL废水水样注入125mL锥形瓶中。

(2) 依次加入1.5mL浓硫酸、1.5mL（1+1）硝酸和4.0mL高锰酸钾溶液（50g/L），使溶液颜色保持至少15min的紫色，否则补加高锰酸钾溶液，但高锰酸钾溶液的加入总量不得超过30mL。

(3) 加入4.0mL过硫酸钾溶液后，向其中插入干净的小漏斗，置于沸水浴中使试样溶液在近沸状态下保持1h后，取出冷却至室温。

2. 沸腾法

(1) 将待测试样充分摇匀后立即根据样品汞含量准确吸取5～50mL废水样置于125mL锥形瓶中，取样量少者应补加无汞水使总体积约50mL。

(2) 向试样溶液中加数粒玻璃珠（或沸石），插入小漏斗，擦干试样瓶瓶底然后置高温电炉（或电热板上）加热煮沸10min，取下冷却至室温。

3. 空白样消解

按样品消解方法相同的操作处理两份空白样品。如没有采集空白样，则在水样消解前，用无汞水代替水样，先加入与样品等量的相同保存剂，再按样品消解方法相同的操作处理两份空白样品。

（三）标准系列溶液配制

准确吸取0.00、0.50、1.00、2.00、2.50、3.00和4.00mL的汞标准使用液（0.100μg/mL）注入7个已编号的100mL容量瓶中，用无汞水稀释至标线，加盖，摇匀。该标准系列溶液的汞含量依次为0.00、0.500、1.00、2.00、2.50、3.00和4.00 μg/L。

（四）上机测定

1. 开机调试

(1) 按所用的冷原子吸收测汞仪的使用说明书调好仪器，开机，并保证测定前有大约30min的预热时间。

(2) 将测汞仪的三通开关转至调零档，使空气以1.0～1.5 L/min流速通过光吸收池。

(3) 调节测汞仪零点后，把三通开关转至测定档，测试样吸光值A_i。

2. 标准系列溶液吸光度测定

(1) 吸取10.0mL“0”号标准系列溶液（汞浓度为0.00μg/mL）注入翻泡瓶中，加入1.0mL氯化亚锡溶液后，迅速插入吹气头，将三通阀旋转至“进样”端，使载气通入翻泡瓶，将汞蒸汽载入测汞仪的吸收池，调整测汞仪“调零”旋钮使仪器读数为“0.00”（即A_0）。

(2) 吸取10.0mL“1”号标准系列溶液（汞浓度为1.00μg/L）注入翻泡瓶中，加入1mL氯化亚锡溶液后，迅速插入吹起头，读取测汞仪器读数峰值即可得到该试样的吸光度值（A_1）。

(3) 同法按标准系列浓度升序测定其他试样的吸光度值（A_i）。

(4) 将数据记录，以吸光值 $A_i - A_0$（标准空白）为纵坐标，相应的汞量（μg）为横坐标，绘制标准曲线。

3. 水样测定

(1) 标准系列溶液测定完后，立即用无汞水代替水样反复进行测定，使仪器读数等于或接近“0.00”，以尽量扣除背景值。

(2) 吸取 10.0mL 已消解好的待测水样注入翻泡瓶中，依照标准系列测定方法测定其吸光值 A_w。

4. 空白值测定

吸取 10.0mL 已消解好的空白试样注入翻泡瓶中，依照标准系列测定方法测定测定空白的吸光度（A_b）。

五、实训成果

1. 数据记录

将测定数据记录表 3.21 中。

表 3.21 水样汞分析数据记录表

采样点：______采样日期：___年___月___日 测定方法______ 测定日期：___年___月___日

<table>
<tr><th>序号</th><th>标准液加入量
/mL</th><th>加入汞量
x/μg</th><th>吸光值
A_i</th><th>校正吸光度
$A_{校}$</th><th>线性回归拟合标准
（工作）曲线方程</th></tr>
<tr><td>0</td><td>0.00</td><td>0</td><td></td><td></td><td rowspan="7">拟合方程：$A=a+bx$
其中$a=$
$b=$
$r=$</td></tr>
<tr><td>1</td><td>0.50</td><td>0.05</td><td></td><td></td></tr>
<tr><td>2</td><td>1.00</td><td>0.10</td><td></td><td></td></tr>
<tr><td>3</td><td>2.00</td><td>0.20</td><td></td><td></td></tr>
<tr><td>4</td><td>2.50</td><td>0.25</td><td></td><td></td></tr>
<tr><td>5</td><td>3.00</td><td>0.30</td><td></td><td></td></tr>
<tr><td>6</td><td>4.00</td><td>0.40</td><td></td><td></td></tr>
<tr><td>空 1</td><td></td><td></td><td></td><td></td><td rowspan="7">备注：
①标准系列 $A_{校}=A_i-A_0$；
②水样 $A_{校}=A_i-A_b$；
④空白均值=（空 1+空 2）/2；
⑤样均值=（样 1+样 2+样 3）/3</td></tr>
<tr><td>空 2</td><td></td><td></td><td></td><td></td></tr>
<tr><td>空白值（A_b）</td><td></td><td></td><td></td><td></td></tr>
<tr><td>样 1</td><td></td><td></td><td></td><td></td></tr>
<tr><td>样 2</td><td></td><td></td><td></td><td></td></tr>
<tr><td>样 3</td><td></td><td></td><td></td><td></td></tr>
<tr><td>水样均值</td><td></td><td></td><td></td><td></td></tr>
</table>

测定者______ 测定者______ 校对者______

2. 结果计算

(1) 根据标准系列溶液汞含量与对应吸光度计算 A-C 回归方程：

$$A = a + bx \tag{3.39}$$

(2) 根据水样校正吸光度均值用线性回归计算消解水样的汞含量 m 值：

$$m = \frac{A - a}{b} \tag{3.40}$$

(3) 按下式计算水样汞含量：

$$c_{Hg} = \frac{m}{V} \times 1000 \tag{3.41}$$

式中：c_{Hg}——水样中汞浓度，μg/L；

V——消解时吸取的水样体积，mL；

m——水样中汞含量，μg；

a——曲线截距；

b——曲线斜率。

六、注意事项

(1) 氯气影响测定结果，测定前必须除净消化样品中的氯气，否则结果偏高。

(2) 所用器皿均须用 1+3 硝酸溶液浸泡 1d 以上，并检查合格；用过的翻泡瓶（汞蒸气发生瓶）须先用酸性高锰酸钾溶液洗涤，再用水洗净。

项目八 AAS 法测定水样铜、镉、铅、锌

一、实训目的

(1) 掌握原子吸收分光光度法的定量分析方法及实验条件选择技术。

(2) 会配制混合标准系列溶液，能用原子吸收分光光度法分测同一水样的铜、镉、铅、锌含量。

二、实验原理

AAS 法干扰少，可在同一试样中分别测定多种元素。清洁水样可不经预处理直接测定；污染的地面水和废水样需用硝酸或硝酸-高氯酸消解，并进行过滤、定容后测定。

将试样喷雾于火焰中原子化，分别测量各元素对其特征波长光的吸收，用标准曲线法或标准加入法定量。各待测元素的测定条件见表 3.22。

表 3.22 铜锌镉铅的特征谱线及火焰类型

元素	分析线/nm	火焰类型
Cu	324.7	乙炔-空气，氧化型
Zn	213.8	乙炔-空气，氧化型
Cd	228.8	乙炔-空气，氧化型
Pb	283.3	乙炔-空气，氧化型

三、实训准备

（一）仪器

（1）原子吸收分光光度计，建议使用火焰原子吸收分光光度计，同时准备提供助燃气的空气压缩机和装有纯度不低于99.6%乙炔气的钢瓶等配套设备。

（2）空心阴极灯，准备铜空心阴极灯、镉空心阴极灯、铅空心阴极灯和锌空心阴极灯。

（3）分析实验常用器具。

（二）试剂

（1）浓硝酸，要求用优级纯浓硝酸。

（2）稀硝酸，用优级纯浓硝酸分别配制（1+1）硝酸、（1+3）硝酸、（1+5）硝酸和0.2%硝酸。

（3）铜标准储备液（1000μg/mL）：准确称取稀酸清洗并干燥后的0.5000g光谱纯铜金属，用50mL（1+1）硝酸溶解，必要时加热直至溶解完全。用水稀释至500.0mL，此溶液每1mL含1.0mg铜。

（4）锌标准储备液（1000μg/mL）：称取1.000g 99.9%金属锌溶解于（1+1）硝酸中，用水稀释至于1L的容量瓶中，此溶液每1mL含1000μg锌。

（5）镉标准贮备液（1000μg/mL）：称取0.5000g金属镉粉（光谱纯），溶于25mL（1+5）HNO_3（微热溶解）。冷却，移入500mL容量瓶中，用蒸馏去离子水稀释并定容。此溶液每1mL含1.0mg镉。

（6）铅标准储备液（1000μg/mL）：准确称取稀酸清洗并干燥后的0.5000 g光谱纯铅粉，用50mL（1+1）硝酸溶解，必要时加热直至溶解完全。用水稀释至500.0mL，此溶液每1mL含1.0mg铅。

（7）混合标准液：于500mL容量瓶中，分别精确加入铜标准储备液25mL、锌标准储备液5mL、镉标准储备液5mL和铅标准储备液50mL。用0.2%硝酸稀释至刻度线。此混合标准液含铜50μg/mL、含锌10μg/mL、含镉10μg/mL、含铅100μg/mL。

四、实训过程

（一）水样的采集与保存

1. 采样器准备

采样容器应该用聚乙烯瓶（桶）。使用前先用洗涤剂洗1次，自来水洗2次，（1+3）HNO_3荡洗1次，自来水洗3次，最后用去离子水1次。

2. 采样

按测定金属含量的要求采集适量代表性水样；为了保证铜等金属离子不沉淀或不被容器壁吸附，1L水样中加10mL浓HNO_3，水样最长保存期为14d。

（二）样品预处理

1. 测定溶解态金属水样处理

样品采集后，立即通过0.45μm滤膜，滤液用硝酸酸化至pH=1～2，正常情况下每1000mL样品加2mL硝酸。

2. 测定金属总量水样处理

（1）样品混匀后，取100mL水样放入200mL烧杯中，加入浓硝酸5mL，在电热板上加热消解，在确保不沸腾情况下蒸至10mL左右。再加入5mL硝酸和2mL高氯酸，继续消解，直至1mL左右。

（2）如果消解不完全，再加入硝酸5mL高氯酸2mL，再次蒸至1mL左右。取下冷却，加水溶解残渣，用水定容至100mL。

3. 空白样处理

取0.2%硝酸100mL，按上述相同的程序操作，以此为空白样。

（三）配制标准溶液

吸取混合标准溶液0、0.50、1.00、3.00、5.00和10.00mL，分别放入6个100mL容量瓶中，用0.2%硝酸稀释定容到100mL。此混合标准系列各金属含量见表3.23。

表3.23 混合标准些列溶液浓度

编号	混合标准液加入量/mL	混标准系列溶液待测元素含量/(μg/mL)			
		铜	锌	镉	铅
标0	0	0	0	0	0
标1	0.5	0.25	0.05	0.05	0.50
标2	1.00	0.50	0.10	0.10	1.00
标3	3.00	1.50	0.30	0.30	3.00
标4	5.00	2.50	0.50	0.50	5.00
标5	10.00	5.00	1.00	1.00	10.00

（四）开机测试与关机

本部分以WFD-Y_2型原子吸收分光光度计为例进行介绍。

1. 开机

将主机排水管槽加满水，开启电脑，开启主机电源，稳定30min。

2. 实验条件设定

（1）双击电脑桌面上“AAwin”控制软件，进入仪器“自动初始化窗口”；待仪器自检结束，按提示依次进行“工作灯”和“预热灯”的选择、“寻峰”、“扫描”过程，工作灯设定完成后，进入“设置”，并根据实验条件（见表3.22）设置“测量参数”。

(2) 根据标准液类型、浓度和待测样品类型等已知信息，设置“样品测量向导”相关信息，“完成”信息出现后，测量窗口中显示出实验过程提示信息。

3. 仪器点火

检查乙炔钢瓶，先使之处于关闭状态，再打开无油空气压缩机工作开关和风机开关，调节压力表为0.2～0.25 MPa，再打开乙炔钢瓶调节压力至0.07MPa，最后点击控制软件界面上“点火”。

注意：空压机使用1h需按下排水阀排水；点火及实验过程中要远离燃烧器，燃烧器上避免遮盖。

4. 试样测定

(1) 根据铜元素测定条件，选择参数分析线和调节火焰，用“标0”号标准系列溶液进行仪器调零，按浓度从小到达的顺序进样，测定其吸光度，记录结果入表3.24。

(2) 接着按标准系列测定的方法测定水样和空白试样的吸光度，并记录结果入表3.24。

(3) 再依次按锌、镉、铅的顺序，设置参数及分析线，调节火焰，按上述办法测定其标准系列、空白及水样的吸光度。

5. 关机

(1) 所有测试完毕后，用蒸馏水代替试样进行测试，仪器吸取蒸馏水5min以上后，关闭乙炔，待火焰熄灭后退出测量程序。

(2) 关闭主机、电脑和空压机电源，按下空压机排水阀。

五、实训成果

1. 数据记录

将测定结果记录入表3.24。

表3.24 水样铜锌镉铅含量测定结果记录表

编号	铜		锌		镉		铅	
	含量/(μg/mL)	吸光度	含量/(μg/mL)	吸光度	含量/(μg/mL)	吸光度	含量/(μg/mL)	吸光度
标0								
标1								
标2								
标3								
标4								
标5								
空白								
样1								
样2								
样3								

2. 绘制标准曲线

用各标准溶液的吸光度对相应的浓度作图，绘制各元素校准曲线。

3. 结果计算

用水样测定的吸光度值扣除空白样吸光度后，从标准曲线上查出试样的金属含量。

六、注意事项

（1）本方法所用的器皿均先用（1+1）硝酸浸泡24h以上，使用前用二次去离子水冲洗干净，待用。

（2）本实验是根据WFD-Y2型原子吸收分光光度计选择的仪器工作条件，不同型号的原子吸收分光光度计，请自行选定仪器最佳工作条件。

第五节　有机化合物测定

未经处理的工业废水、生活污水和农业退水进入河流、湖泊等水体，会引发水体有机化合物污染。水体中的有机化合物通常以毒性和使水中溶解氧减少等形式对生态系统产生影响，危害人体健康。水中的绝大多数致癌物质是有毒有机物，水中溶解氧的多少直接影响到水体中好氧生物的生存。大量资料表明，水体溶解氧值小于5mg/L时鱼类开始死亡，小于1mg/L时几乎所有水生生物都难以生存。所以，有机污染物指标是评价水质优劣和水体污染状况的重要指标之一。

由于自然界中的有机物种类繁多，不易逐个测定，但其都易被水中微生物氧化分解而消耗水中溶解氧，因此，目前多以化学需氧量（COD）、生化需氧量（BOD），总有机碳（TOC）等综合指标，或挥发酚类、石油类、硝基苯类等有机物类别指标，来表征有机物质污染情况。

一、化学需氧量测定

化学需氧量（COD）是在一定条件下利用化学氧化剂将水样中的还原物质氧化，然后根据剩余氧化剂的量计算出氧的消耗量，以（O_2，mg/L）表示。化学需氧量是表征水中还原性物质多少的指标。水中的还原性物质包括各类有机物、亚硝酸盐、硫化物、和亚铁盐，其中最主要的是有机物。因此，化学需氧量常作为衡量水中耗氧有机物含量水平的指标；一般化学需氧量越大，水中有机物含量就越高。化学需氧量的测定方法不同，其数值不同。目前常用的化学需氧量测定方法有三种：重铬酸钾法、催化快速法和密封催化消解法，近年来快速消解分光光度法也得到广泛应用。

（一）重铬酸钾法

重铬酸钾法是在一定条件下水样经重铬酸钾氧化处理时，其溶解性物质和悬浮物所消耗的重铬酸钾相对应的氧的质量浓度。

1. 测定原理

在水样中加入已知量的重铬酸钾溶液，并在强酸介质下以银盐作催化剂，经沸腾回流 2h 后，以试亚铁灵为指示剂，用硫酸亚铁铵滴定水样中未被还原的重铬酸钾，由消耗的硫酸亚铁铵的量换算成消耗氧的质量浓度。

对未经稀释水样，该法适宜用于 COD 值在 30～700mg/L 的各种类型水样，但当水样的 COD 值在 100mg/L 以下时，不易实现准确测定。重铬酸钾氧化法适用于工业废水有机物总量测定，但不适用于含氯化物浓度大于 1000mg/L 的水样。

水样化学需氧量计算公式为

$$\mathrm{COD_{Cr}}(\mathrm{O_2},\mathrm{mg/L})=\frac{(V_1-V_2)\cdot c\times 8\times 1000}{V} \tag{3.42}$$

式中：c ——硫酸亚铁铵标准溶液的浓度，mol/L；

V_1——滴定空白时硫酸亚铁铵标准溶液的耗量，mL；

V_2——滴定水样时硫酸亚铁铵标准溶液的耗量，mL；

V ——水样体积，mL；

8——氧（1/2O）的摩尔质量，g/mol。

2. 测定方法

1）污染较轻（COD＜50mg/L）水样 COD 值测定

对于污染较轻水样（COD 值小于 50mg/L），应采用低浓度（0.0250mol/L）的重铬酸钾标准溶液氧化，加热回流 2h 以后，用低浓度（0.010mol/L 左右）的硫酸亚铁铵标准溶液回滴。

2）污染严重（COD＞50mg/L）水样 COD 值测定

（1）先选取所需体积 1/10 的水样和 1/10 的试剂，放入 10mm×150mm 硬质玻璃管中，摇匀后，用酒精灯加热至沸数分钟，观察溶液是否变成蓝绿色。如呈蓝绿色，应再适当少取水样，重复以上试验，直至溶液不变蓝绿色为止。从而确定待测水样适当的稀释倍数。

（2）再取适量水样稀释至 20.00mL，置 250mL 磨口的回流锥形瓶中，准确加入 10.00mL 重铬酸钾标准溶液及数粒洗净的玻璃珠（或沸石），连接磨口回流冷凝管，打开冷凝水，从冷凝管上口慢慢加入 30mL 硫酸-硫酸银溶液，轻轻摇动锥形瓶使溶液混匀，加热回流 2h（自开始沸腾时计时）。冷却后，用 90mL 水从上部慢慢冲洗冷凝管壁，取下锥形瓶。溶液总体积不得少于 140mL。

（3）溶液再度冷却后，加 3 滴试亚铁灵指示液，用硫酸亚铁铵标准溶液滴定，溶液的颜色由黄色经蓝绿色至红褐色即为终点，记录硫酸亚铁铵标准溶液的用量 V_2。

3）空白试验

测定水样的同时，以 20.00mL 重蒸馏水，按同样操作步骤作空白试验。记录滴定空白时硫酸亚铁铵标准溶液的用量 V_1。

4）数据记录结果计算

将数据及时记录到相应表格中，把测定结果带入式 3.42 中计算出水样化学需氧量。

3. 注意事项

1）去干扰试验

无机还原性物质如亚硝酸盐、硫化物及二价铁盐将使结果增大，将其需氧量作为水样 COD 值的一部分是可以接受的。该实验的主要干扰物为氯化物，加入硫酸汞可部分地除去，因为经回流后，氯离子可与硫酸汞结合生成可溶性的氯汞络合物。

2）水样体积确定

需要测定水样体积在 10.0～50.0mL 之间时，试剂用量及浓度需按表 3.25 进行相应调整，以得到满意结果。

表 3.25 水样取用量和试剂用量表

水样体积/mL	重铬酸钾标液/mL	硫酸-硫酸银溶液/mL	硫酸汞粉末/g	硫酸亚铁铵标液/(mol/L)	滴定前总体积/mL
10.0	5.0	15	0.2	0.050	70
20.0	10.0	30	0.4	0.100	140
30.0	15.0	45	0.6	0.150	210
40.0	20.0	60	0.8	0.200	280
50.0	25.0	75	1.0	0.250	350

（二）密封催化消解法

1. 测定原理

本方法在经典重铬酸钾-硫酸消解体系中加入助催化剂硫酸铝钾与钼酸铵。同时密封法消解过程是在加压下进行的，因此大大缩短了消解时间。消解后化学需氧量测定，既可以采用滴定法，也可采用比色法。

因水样化学需氧量值有高有低，因此在消解时应选择不同浓度的重铬酸钾消解液进行消解。不同 COD 值水样选择重铬酸钾消解液浓度可参照表 3.26。

表 3.26 不同 COD 值水样应选重铬酸钾消解液浓度

COD 值/(mg/L)	<50	50～1000	1000～2500
消解液中重铬酸钾浓度/(mol/L)	0.05	0.2	0.4

密封催化消解法可以测定地表水、生活污水、工业废水（包括高盐度废水）的化学需氧量。

2. 测定方法

1）水样采集与保存

水样采集后，应加入硫酸调至 pH<2，以抑制微生物活动。样品应尽快分析，必要时应在 0～5℃下冷藏保存，并在 48h 内测定。

2）滴定法测定

(1) 准确吸取 3.00mL 水样，置于 50mL 具密封塞的加热管中，加入 1mL 掩蔽剂，混匀。

(2) 然后加入 3.00mL 消化液和 5mL 催化剂，旋紧密封盖，混匀。

(3) 接通加热器电源，待温度达到 165℃时，将加热管置入加热器中，打开计时开关，经 7min，待液体也达到 165℃时，加热器会自动复零计时。

(4) 待加热器工作 15min 后自动报警时，取出加热管，冷却后用硫酸亚铁铵标准溶液滴定，记录消耗的硫酸亚铁铵标准溶液的体积 V_2。

(5) 水样测定的同时做空白实验，记录消耗的硫酸亚铁铵标准溶液的体积 V_1。

(6) 将 V_1，V_2 等数据带入公式计算水样 COD 值。

3）比色法测定

(1) 标准曲线绘制：称取 0.8502g 邻苯二甲酸氢钾（基准试剂）用重蒸水溶解后，转移至 1000mL 容量瓶中，用重蒸水稀释至标线。此储备液 COD 值为 1000mg/L。分别取上述储备液 5、10、20、40、60、80 和 100mL 于 100mL 容量瓶中，加水稀释至标线即可得到 COD 值分别为 50、100、200、400、600、800 及 1000mg/L 标准使用液系列。然后按滴定法操作步骤，取样并进行消解。消解完毕后，打开加热管的密封盖，用移液管加入 3.0mL 蒸馏水，盖好盖，摇匀冷却后，将溶液倒入 3cm 比色皿中（空白按全过程操作），在 600nm 处以试剂空白为参比，测定吸光度。绘制标准曲线，并求出回归方程式。

(2) 样品测定：准确吸取 3.00mL 水样，置于 50mL 具密封塞的加热管中，加入 1mL 掩蔽剂，混匀。再加入 3.0mL 消化液和 5mL 催化剂，旋紧密封塞，混匀。将加热管置于加热器中进行消解，消解后的操作与 (1) 标准曲线绘制的操作相同，进行比色，读取吸光度。

(3) 按下式计算 COD 值：

$$COD_{Cr}(O_2, mg/L) = A \cdot F \cdot K \tag{3.43}$$

式中：A——样品的吸光度；

F——稀释倍数；

K——曲线的斜率，即 $A=1$ 时的 COD 值。

3. 注意事项

(1) 测定高氯水样时，取水样后，一定要先加掩蔽剂后再加其他试剂，次序不能颠倒。若出现沉淀时，说明掩蔽剂使用的浓度不够，可适当提高掩蔽剂浓度。

(2) 为了提高分析的精密度与准确度，在分析低 COD 值水样时，滴定用硫酸亚铁铵标准溶液浓度要进行适当的稀释。

(3) 本分析方法对于 COD 值在 10mg/L 左右的样品，测定结果的相对标准偏差在 10%左右。对于 COD 值在 5mg/L 左右的样品，相对标准偏差将会超过 15%。

（三）催化快速法

1. 测定原理

在强酸性溶液中，加入一定量重铬酸钾作氧化剂，在专用复合催化剂存在下，于165℃恒温加热消化水样10min，重铬酸钾被水中还原性物质（主要是有机物）还原为三价铬，在波长610nm处，比色测定三价铬含量。根据三价铬的量换算成消耗氧的质量浓度。当使用30mm光程比色皿时，不经稀释废水的COD测定范围为60～1000mg/L。

催化快速法适用于焦化、造纸、石化、化工、印染、皮毛、制革、酿造、试剂、冶金、木材、加工、日化、助剂、制药、化肥及食品加工等多种工业废水的化学需氧量测定。

当Cl^-浓度高于900mg/L时会干扰测定，故在消化水样前应加入硫酸汞使其与氯形成络合物，以消除干扰。Cl^-高于900mg/L的水样也可先做定量稀释，使Cl^-含量降至900mg/L以下再行测定。

2. 仪器

1）分光光度计

备有30mm比色皿的紫外-可见分光光度计。

图3.16 恒温消化装置

2）恒温消化装置

恒温消化装置见图3.16，其电源为交流电220V、50Hz，功率200W，温控（165±0.5)℃，10个以上加热反应孔穴。

3）专用反应管

磨口具塞刻度试管，耐温高于200℃，容积15mL和12mL处有定量刻线，高度不低于16cm。

3. 试剂

1）氧化剂

用仪器厂家提供的专用氧化剂。

2）催化剂

使用前将仪器厂家提供的专用催化剂用浓硫酸稀释10倍后即得到催化剂使用液。

3）邻苯二甲酸氢钾标准溶液（COD=1000mg/L）

称取预先在105～110℃烘干2h的基准或优级纯邻苯二甲酸氢（$HOOCC_6H_4COOK$）0.4251g溶于少量水中，转移至500mL容量瓶中，用水稀释至标线，摇匀。现配现用。

4）掩蔽剂

称取7.0g纯硫酸汞，用新配制的20%（V/V）硫酸100mL溶解。

4. 测定方法

（1）吸取3mL混合均匀的水样（或适量水样稀释至3mL）置于专用反应管中，加入1mL掩蔽剂，摇匀；再加入1mL专用氧化剂，摇匀；最后快速加入5mL催化剂使用液。

（2）将反应管依次置于恒温加热装置的孔穴内（严禁加盖消化），当温度回升到165℃后开始计时，消化水样19min后，取出反应管。先室温下冷却，再用水冷却数分钟，最后用水定容至12mL刻度线，加盖摇匀，冷却至室温后待测定。

（3）于619nm波长处，用30mm的比色皿，以水作参比液，测定吸光度并做空白校正，从校准曲线（或经回归方程计算出的）查出COD值。

（4）校准曲线的绘制：向一系列专用反应管中，分别加入0、0.15、0.30、0.90、1.50、2.40和3.00mL邻苯二甲酸氢钾标准溶液（相对应的COD值为0、50、100、300、500、800和1000mg/L）用水补足至3mL，然后按照与测定水样相同的步骤操作。

测得的吸光度经空白校正后，以吸光度对COD值绘制校准曲线（或计算回归方程）。

（5）将数据记录，记录表格式参见表3.27。

表3.27 水样化学需氧量测定数据记录

样品名称：＿＿＿＿＿ 采样地点：＿＿＿＿＿＿＿＿ 采样编号：＿＿＿＿＿

分析日期：＿＿＿年＿月＿日 记录人：＿＿＿＿＿＿＿

序 号	1	2	3	4	5	6	7
邻苯二甲酸氢钾标准溶液体积/mL	0	0.15	0.30	0.90	1.50	2.40	3.00
COD值/(mg/L)	0	50	100	300	500	800	1000
水样COD值/(mg/L)							

（6）将数据代入下式，即可计算出水样的化学需氧量：

$$\mathrm{COD(mg/L)} = \frac{3 \times m}{V} \tag{3.44}$$

式中：m——由校准曲线查得（或经回归方程计算出）的COD值，mg/L；

V——水样试份体积，mL；

3——试份最大体积，mL。

5. 注意事项

（1）样品消化过程需在通风柜内进行；溶液酸度较大，操作时防止意外烧伤。

（2）如全部试剂加入后溶液颜色不匀，将其充分冷却后摇匀，再进行消化。

（3）对于本方法尚未涉及的废水类型，需经与标准方法进行对比实验后，再决定可否适用。

（4）标准系列在消化冷却后有时会于试管底部析出极少量沉淀物（硫酸汞），这对测定结果无影响。

（5）对于COD值高于1000mg/L的水样，也可采用增加邻苯二甲酸氢钾标准溶液浓度，换用较短光程比色皿等办法，扩大COD测定的上限浓度。

（6）采集样品后，先用浓硫酸调节使pH$<$2，再取样测定。

（7）当$Cl^-$$>$900mg/L时，亦可提高掩蔽剂中$H_2SO_4$的浓度，但必须保持20%（V/V）的硫酸酸度。

二、高锰酸盐指数测定

前些年，曾把以高锰酸钾溶液为氧化剂测得的化学耗氧量称为锰法化学耗氧量。现在我国新的环境水质标准中，已把该值改称高锰酸盐指数，而仅将酸性重铬酸钾法测得的值称为化学需氧量。高锰酸盐指数多用于洁净水体、自然水域及饮用水的水质检测分析。

高锰酸盐指数（PV）是指在一定条件下，以高锰酸钾氧化水样中的有机及无机还原性物质，根据消耗的高锰酸钾量计算相当的氧量，单位为氧的毫克/升（O_2，mg/L)。高锰酸盐指数常被用作地表水体受耗氧有机污染物和还原性无机物质污染程度的综合指标。高锰酸盐指数（PV）的数值越大表明水体污染越严重。因为在规定的条件下，许多有机物只能部分地被氧化，易挥发的有机物也不包含在测定值之内，故高锰酸盐指数不能作为理论需氧量或总有机物含量的表征指标。

高锰酸盐指数测定方法按介质不同，一般分为酸性高锰酸钾法和碱性高锰酸钾法。酸性高锰酸钾法用于较清洁的地面水和被污染水体中氯化物（Cl^-）含量低于 300mg/L 的水样；碱性高锰酸钾法用于 Cl^- 含量高于 300mg/L 的水样。

（一）酸性高锰酸钾法

1．测定原理

样品中加入已知量的高锰酸钾和硫酸，在沸水浴中加热 30min，高锰酸钾将样品中的有机物和无机还原性物质氧化，反应后加入过量的草酸钠还原剩余的高锰酸钾，再用高锰酸钾标准溶液回滴过量的草酸钠。通过计算得到样品高锰酸盐指数。

酸性高锰酸钾法测定范围为 0.5～4.5mg/L；适用于饮用水、水源水和地面水的测定，对污染较重的水样，应经适当稀释后测定。该方法不适用于测定工业废水有机污染物负荷量，如需测定，可用重铬酸钾法测定化学需氧量。

高锰酸盐指数以每 1L 样品消耗氧化剂的毫克氧数来表示（O_2，mg/L），如样品未经稀释直接测定按式（3.45）计算；如样品经稀释后测定，按式（3.46）计算。

$$\text{高锰酸盐指数}(O_2,\text{mg/L})=\frac{[(10+V_1)k-10]\times c\times 8\times 1000}{100} \tag{3.45}$$

式中：V_1——滴定时，消耗高锰酸钾标准溶液的体积，mL；

k——c（1/5 $KMnO_4$）＝0.01 mol/L 的高锰酯钾溶液的校正系数；

c——草酸钠标准溶液（1/2$Na_2C_2O_4$）。

$$\text{高锰酸盐指数}(O_2,\text{mg/L})=\frac{\{[(10+V_1)k-10]-[(10+V_0)k-10]\times f\}\times c\times 8\times 1000}{V} \tag{3.46}$$

式中：V_0——空白试验时，消耗高锰酸钾标准溶液的体积，mL；

V——分取水样体积［V＝100×（1－f)］，mL；

f——稀释样品时，蒸馏水在 100mL 测定用体积内所占比例（例如，10mL 样品用水稀释至 100mL，则 $f=\frac{100-10}{100}$＝0.90)。

2. 测定方法

1）水样预处理

采样后要加入（1+3）硫酸溶液，使样品 pH 为 1～2，并尽快分析。如保存时间超过 6h，则需置于暗处，0～5℃下保存，但不得超过 2d。

2）水样测定

(1) 吸取 100.0mL 经充分摇动、混合均匀的样品（或分取适量，用水稀释至 100mL)，置于 250mL 锥形瓶中，加入（5±0.5）mL（1+3）硫酸溶液，用滴定管加入 10.00mL 高锰酸钾标准溶液，摇匀。将锥形瓶置于沸水浴内（30±2）min，水浴沸腾后开始计时。

(2) 取出后用滴定管加入 10.00mL 草酸钠标准溶液至溶液变为无色。趁热用高锰酸钾标准溶液滴定至刚出现粉红色，并保持 30s 不退。记录消耗的高锰酸钾溶液体积。

(3) 用 100mL 纯水代替样品，按样品测定的步骤测定空白值，记录下回滴的高锰酸钾标准溶液体积。

(4) 向空白试验滴定后的溶液中加入 10.00mL 草酸钠标准溶液，将溶液加热至 80℃。用高锰酸钾标准溶液继续滴定至刚出现粉红色，并保持 30s 不退，记录下消耗的高锰酸钾标准溶液体积。

(5) 将数据带入公式计算水样高锰酸盐指数。

3. 注意事项

(1) 加热时，如溶液红色退去，说明高锰酸钾用量不够，须重新取样，将水样稀释后测定。

(2) 沸水浴的水面要高于锥形瓶内的液面。

(3) 滴定时温度如低于 60℃，反应速度缓慢，因此应加热至 80℃左右。

(4) 沸水浴温度为 98℃。如在高原地区，报出数据时，需注明水的沸点。

（二）碱性高锰酸钾法

1. 测定原理

当样品中氯离子浓度高于 300mg/L 时，则应采用在碱性介质下，用高锰酸钾氧化样品中的有机物及无机还原性物质。碱性条件下，样品中加入已知量的高锰酸钾，在沸水浴中加热 30min，高锰酸钾将样品中的有机物和无机还原性物质氧化，反应完结后加入过量的草酸钠还原剩余的高锰酸钾，最后再用高锰酸钾标准溶液回滴过量的草酸钠。根据高锰酸钾标准溶液消耗量，计算得到样品高锰酸盐指数。

2. 测定方法

(1) 吸取 100.0mL 样品（或吸取适量后用水稀释至 100mL）置于 250mL 锥形瓶中，加入 0.5mL 氢氧化钠溶液（500g/L)，摇匀。用滴定管加入 10.00mL 高锰酸钾溶液，将锥形瓶置于沸水浴中，水浴沸腾后开始计时，连续加热（30±2）min。

(2) 取出后，加入（10±0.5）mL（1+3）硫酸，摇匀。

(3) 以下步骤同酸性高锰酸钾法。

三、溶解氧测定

溶解氧（DO）是指溶解于水中的分子态氧的含量，一般用1L水中所含氧气的毫克数表示。水中溶解氧含量与空气中氧的分压、大气压、水温和水中耗氧有机物含量等有密切关系。溶解氧是衡量水体自净能力的一个指标，水里的溶解氧被消耗，短时间内能恢复到初始状态，说明该水体的自净能力强，水体污染不严重。否则说明水体自净能力弱，甚至失去自净能力，水体污染严重。

清洁水体可直接采样碘量法测定。当水样有色或含有氧化性物质及还原性物质、藻类、悬浮物等干扰测定，则采用修正碘量法和膜电极法。

（一）碘量法

1. 测定原理

水样中加入硫酸锰和碱性碘化钾，水中溶解氧将低价锰氧化成高价锰，生成四价锰的氢氧化物棕色沉淀。加酸后，氢氧化物沉淀溶解并与碘离子反应而释出游离碘。以淀粉作指示剂，用硫代硫酸钠滴定释出碘，可计算溶解氧的含量。

溶解氧计算公式为

$$\text{溶解氧}(O_2,\text{mg/L})=\frac{M\cdot V\times 8\times 1000}{100} \tag{3.47}$$

式中：M——$Na_2S_2O_3$ 溶液浓度，mol/L；

V——滴定时消耗 $Na_2S_2O_3$ 溶液的体积，mL。

2. 测定方法

1）样品采集

将洗净的溶解氧瓶用待测水样荡洗3次，用虹吸法取水样注满溶解氧瓶，迅速盖紧瓶盖，瓶中不能留有气泡。平行做2份水样。

2）溶解氧的固定

水样溶解氧的固定，一般要求在采样现场进行，方法如下：

(1) 用吸管插入溶解氧瓶的液面下，加入1.0mL $MnSO_4$ 和2.0mL碱性KI溶液，盖好瓶塞（注意瓶内不能留有气泡），颠倒混合数次，静置。

(2) 待棕色沉淀物降至瓶内一半时，再颠倒混合一次，继续静置，待沉淀物下降到瓶底。

3）析出碘

轻轻打开瓶塞，立即用吸管插入液面下加入2.0mL H_2SO_4。小心盖好瓶塞，颠倒混合摇匀，至沉淀物全部溶解为止，若沉淀物溶解不完全，可再加入少量浓 H_2SO_4 至溶液澄清且呈黄色或棕色（因析出 I_2），放置暗处5min。

4）滴定

吸取100.00mL上述溶液于250mL锥形瓶中，用 $Na_2S_2O_3$ 溶液滴定至溶液呈淡黄色，加入1mL 1%淀粉溶液，继续滴定至蓝色刚好褪去为止，记录 $Na_2S_2O_3$ 溶液的用量（V）。

5）数据记录结果计算

设计数据记录表格，及时记录测定数据；将数据代入公式计算水样溶解氧值。

3. 注意事项

1）强碱强酸水样

水样呈强酸或强碱时，测定前应用氢氧化钠或盐酸溶液调至中性后测定。

2）富含游离氯的水样

水样中游离氯大于 0.1mg/L 时，应预先用 $Na_2S_2O_3$ 除去游离氯后再测定。具体方法如下：

（1）用两个溶解氧瓶各取一瓶水样，其中一瓶，加入 5mL 3 mol/L H_2SO_4 和 1g KI，摇匀，此时游离出碘。吸取 100.00mL 该溶液于 250mL 锥形瓶中，用 $Na_2S_2O_3$ 溶液滴定至溶液呈淡黄色，加入 1mL 1%淀粉指示剂，继续滴定至蓝色刚好退去为止，据消耗 $Na_2S_2O_3$ 溶液的量计算得 Cl^- 含量。

（2）向另一瓶水样加入同样量的 $Na_2S_2O_3$ 溶液，摇匀后，按操作步骤测定。

（二）叠氮化钠修正碘量法

1. 原理

水样中含有亚硝酸盐会干扰碘量法测定溶解氧，可用叠氮化钠将亚硝酸盐分解后再用碘量法测定。

测定结果按下式计算：

$$\mathrm{DO}(\mathrm{O_2},\mathrm{mg/L}) = \frac{c \cdot V \times 8 \times 1000}{V_{水}} \tag{3.48}$$

式中：c——硫代硫酸钠标准溶液浓度，mol/L；

V——滴定消耗硫代硫酸钠标准溶液体积，mL；

$V_{水}$——水样体积，mL；

8——氧换算值，g。

$$溶解氧饱和度(\%) = \frac{水中溶解氧含量}{采样水温和气压下饱和溶解氧含量} \times 100 \tag{3.49}$$

2. 注意事项

（1）当水样中三价铁离子含量较高时，干扰测定，可加入氟化钾或用磷酸代替硫酸酸化来消除。

（2）叠氮化钠是剧毒、易爆试剂，不能将碱性碘化钾-叠氮化钠溶液直接酸化，以免产生有毒的叠氮酸雾。

（三）氧电极法

广泛应用的溶解氧电极是聚四氟乙烯薄膜极谱型氧电极，其结构如图 3.17 所示。该电极由黄金阴极、银-氯化银阳极、聚四氟乙烯薄膜、壳体等部分组成。电极腔内充入氯化钾溶液，聚四氟乙烯薄膜将内电解液和被测水样隔开，溶解氧通过薄膜渗透扩散。当两极间加上0.5～0.8V固定极化电压时，则水样中的溶解氧扩散通过薄膜，并在阴极上还原，产生与氧浓度成正比的扩散电流。当实验条件固定后，只要测得还原电流就可以求出水样中溶解氧的浓度。

目前市面的大多数溶解氧仪正是根据这一原理测定水样溶解氧的，其工作原理示意图见图3.18。测定时，首先用无氧水样校正零点，再用化学法校准仪器刻度值，最后测定水样，便可直接显示其溶解氧浓度。仪器设有自动或手动温度补偿装置，补偿由于温度变化造成的测量误差。

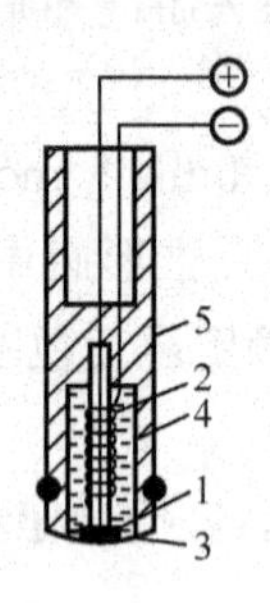

图3.17 溶解氧电极结构

1. 黄金阴极；2. 银丝阳级；3. 薄膜；4. KCl溶液；5. 壳体

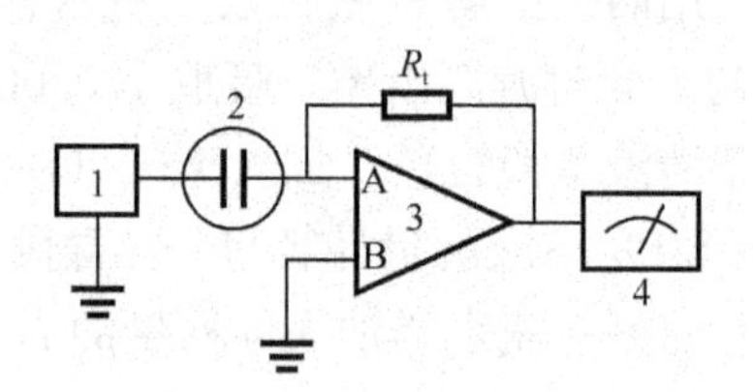

图3.18 溶解氧测定仪原理

1. 极化电压源；2. 溶解氧电极及测量池；3. 运算放大器；4. 指示表

四、生化需氧量测定

生化需氧量（BOD）是指在有溶解氧的条件下，好氧微生物分解水中有机物所消耗的溶解氧的量（以质量浓度表示）。BOD是反映水体被有机物污染程度的综合指标，也是研究废水可生化降解性、生化处理效果，以及废水生化处理工艺的重要参数。

有机物在微生物作用下的好氧分解大体上分两个阶段：第一阶段称为含碳物质氧化阶段，主要是含碳有机物氧化为二氧化碳和水；第二阶段称为硝化阶段，主要是含氮有机化合物在硝化菌的作用下分解为亚硝酸盐和硝酸盐。然而这两个阶段并非截然分开，而是各有主次。对生活污水及性质与其接近的工业废水，硝化阶段大约在5～7d，甚至10d以后才显著进行，故目前国内外广泛采用的20℃五日培养法测定BOD_5。除五日培养法外，也可用微生物电极法和检压库仑式BOD仪法等测定BOD值。

（一）五日培养法

1. 测定原理

五日培养法也称标准稀释法，即水样经稀释后，在（20±1）℃条件下培养5d，求出培养前后水样溶解氧含量的差值，即为BOD_5。该方法适用于BOD_5大于或等于2mg/L、但不超过6000mg/L的水样。如果BOD_5超过6000mg/L的水样用该法测定，会因稀释造成较大误差。

如果水样五日生化需氧量未超过7mg/L，则不必进行稀释，可直接测定，如很多较清洁的河水。

对于某些地面水及大多数工业废水、生活污水，因含较多的有机物，需要稀释后再培养测定，以降低有机物浓度、保证降解过程在有足够溶解氧的条件下进行。具体水样稀释倍数可借助于高锰酸钾指数或化学需氧量（COD_{Cr}）推算。

对于不含或少含微生物的工业废水，在测定 BOD_5 时应进行接种，以引入能分解废水中有机物的微生物。当废水中存在难于被一般的微生物以正常速度降解的有机物或含有剧毒物质时，应接种经过驯化的微生物。

2. 接种稀释水制备

1）稀释水制备

（1）在 5～20 L 玻璃瓶内装入一定量的水，控制水温在 20℃左右。然后用无油空气压缩机或薄膜泵，将此水暴气 2～8h，使水中的溶解氧接近于饱和，也可以鼓入适量纯氧。

（2）瓶口盖以两层经洗涤晾干的纱布，置于 20℃培养箱中放置数小时，使水中溶解氧含量达 8mg/L 左右。

（3）临用前于每升水中加入氯化钙溶液、氯化铁溶液、硫酸镁溶液、磷酸盐缓冲溶液各 1mL，并混合均匀。稀释水的 pH 应为 7.2，其 BOD_5 应小于 0.2mg/L。

2）接种液制备

可任选用以下方法，以获得适用的接种液。

（1）城市污水，一般采用生活污水，在室温下放置一昼夜，取上层清液供用。

（2）表层土壤浸出液，取 100g 生长植物的花园或农田土壤，加入 1L 水，混合并静置 10min，取上清液供用。

（3）用含城市污水的河水或湖水。

（4）污水处理厂的出水。

3）驯化接种液制备

（1）当分析含有难于降解物质的废水时，在排污口下游 3～8km 处取水样作为废水的驯化接种液。

（2）取中和或经适当稀释后的废水进行连续暴气、每天加入少量待测定废水，同时加入适量表层土壤或生活污水，使能适应该种废水的微生物大量繁殖。当水中出现大量絮状物，或检查其化学需氧量的降低值出现突变时，表明适用的微生物已进行繁殖，可用做接种液。一般驯化过程需要 3～8d。

4）接种稀释水制备

取适量接种液，加于稀释水中，混匀。每 1L 稀释水中接种液加入量生活污水为 1～10mL；表层土壤浸出液为 20～30mL；河水、湖水为 10～100mL。

接种稀释水的 pH 应为 7.2，BOD_5 值以在 0.3～1.0mg/L 之间为宜。接种稀释水配制后应立即使用。

3. 样品采集

（1）采集水样于适当大小的玻璃瓶中，满瓶封存。采样后，应在 2h 内测定；否则，应在0～4℃以下保存，且10h后必须完成测定。需要远距离转运的，在任何情况下，贮存时间不应超过24h。

(2) 水样的pH若超出6.5～7.5范围时，可用盐酸或氢氧化钠稀溶液调节至近于7，但用量不要超过水样体积的0.5%。若水样的酸度或碱度很高，可改用高浓度的碱或酸液进行中和。

(3) 水样中含有铜、铅、锌、镉、铬、砷、氰等有毒物质时，可使用经驯化的微生物接种稀释水进行稀释，或增大稀释倍数减小毒物的浓度。

(4) 含有少量游离氯的水样，一般放置1～2h，游离氯即可消失。对于游离氯在短时间不能消散的水样，可加入亚硫酸钠溶液，以除去之。其加入量的计算方法是：取中和好的水样100mL，加入(1+1)乙酸10mL，10%(m/V)碘化钾溶液1mL，混匀。以淀粉溶液为指示剂，用亚硫酸钠标准溶液滴定游离碘。根据亚硫酸钠标准溶液消耗的体积及其浓度，计算水样中所需加亚硫酸钠溶液的量。

(5) 从水温较低水域中采集的水样，可能含有过饱和溶解氧，应将水样迅速升温至20℃左右，充分振摇，以赶出过饱和的溶解氧。

(6) 从水温较高水域或废水排放口取得的水样，应迅速使其冷却至20℃左右，并充分振摇，使之与空气氧分压平衡。

4. 不经稀释水样BOD_5的测定

(1) 溶解氧含量较高、有机物含量较少的地面水，可不经稀释，而直接以虹吸法将约20℃的混匀水样转移至2个溶解氧瓶内，转移过程中应注意不使其产生气泡。

(2) 以同样的操作使2个溶解氧瓶充满水样，加塞水封。

(3) 立即测定其中一瓶溶解氧。

(4) 将另一瓶放入培养箱中，在(20±1)℃培养5d后，测其溶解氧。在培养过程中注意添加封口水。

5. 需稀释水样BOD_5的测定

1) 稀释倍数的确定

(1) 地面水可由测得的高锰酸盐指数乘以适当的系数(表3.28)求出稀释倍数。

表3.28 根据高锰酸盐指数估算稀释倍数的系数

高锰酸盐指数/(mg/L)	<5	5～10	10～20	>20
系数	—	0.2，0.3	0.4，0.6	0.5，0.7，1.0

(2) 工业废水可由重铬酸钾法测得的COD_{Cr}值确定。通常需作3个稀释比，即由废水的COD_{Cr}值分别乘以系数0.075、0.15、0.25，获得3个稀释倍数。

2) BOD_5值测定

稀释倍数确定后，可按下列方法之一测定水样BOD_5值。

(1) 一般稀释法：按照选定的稀释比例，用虹吸法沿筒壁先引入部分稀释水(或接种稀释水)于1000mL量筒中，加入需要量的均匀水样，再引入稀释水(或接种稀释水)至800mL，用带胶板的玻璃棒小心上下搅匀(搅拌时勿使搅棒的胶板露出水面，防止产生气泡)。按不经稀释水样的测定步骤，进行装瓶，测定当天溶解氧和培养 5d 后的溶解氧含量。另取两个溶解氧瓶，用虹吸法装满稀释水（或接种稀释水）作为空白，分别测定 5d 前、后的溶解氧含量。

(2) 直接稀释法：在已知两个容积相同的溶解氧瓶内，用虹吸法加入部分稀释水（或接种稀释水），再加入适量（根据瓶容积和稀释比例计算出的水样量）水样，然后引入稀释水（或接种稀释水）至刚好充满，加塞，勿留气泡于瓶内。其余操作与上述的一般稀释法相同。

在 BOD_5 测定中，一般采用叠氮化钠修正法测定溶解氧。如遇干扰物质，应根据具体情况采用其他测定法。

6. 结果计算

1) 不经稀释直接培养的水样

$$BOD_5(mg/L) = \rho_1 - \rho_2 \tag{3.50}$$

式中：ρ_1——水样在培养前的溶解氧浓度（mg/L）；

ρ_2——水样经 5d 培养后的溶解氧浓度（mg/L）。

2) 经稀释后培养的水样

$$BOD_5(mg/L) = \frac{(\rho_1 - \rho_2) - (B_1 - B_2)f_1}{f_2} \tag{3.51}$$

式中：B_1——稀释水（或接种稀释水）在培养前的溶解氧浓度（mg/L）；

B_2——稀释水（或接种稀释水）在培养后的溶解氧浓度（mg/L）；

f_1——稀释水（或接种稀释水）在培养液中所占比例；

f_2——水样在培养液中所占比例。

（二）库伦测压法

库伦测压法 BOD 测定仪的原理如图 3.19 所示，在密闭培养瓶中，水样中溶解氧由于微生物降解有机物而被消耗，产生与耗氧量相当的 CO_2 被吸收后，使密闭系统的压

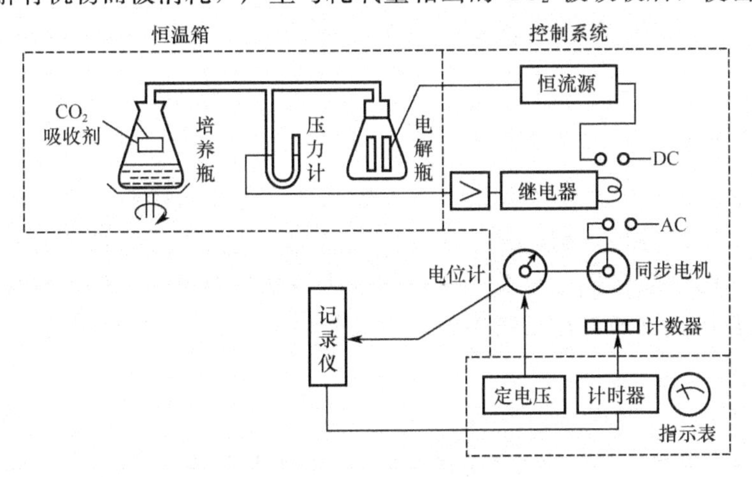

图 3.19　库仑测压法 BOD 测定仪工作原理

力降低，用压力计测出此压降，即可求出水样的BOD值。在实际测定中，先以标准葡萄糖-谷氨酸溶液的BOD值和相应的压差作关系曲线，然后以此曲线校准仪器刻度，便可直接读出水样的BOD值。

（三）微生物电极法

微生物电极是一种主要由溶解氧电极和紧贴其透气膜表面的固定化微生物膜组成的传感器。在适宜的BOD物质浓度范围内，电极输出电流降低值与BOD物质浓度之间呈线性关系，从与水样BOD值之间有定量关系。

微生物膜电极BOD测定仪的工作原理示于图3.20。该测定仪由测量池（装有微生物膜电极、鼓气管及被测水样）、恒温水浴、恒电压源、控温器、鼓气泵及信号转换和测量系统组成。恒电压源输出0.72V电压，加于Ag-AgCl电极（正极）和黄金电极（负极）上。黄金电极因被测溶液BOD物质浓度不同产生的极化电流变化送至阻抗转换和微电流放大电路，经放大的微电流再送至A/D转换电路，或A/V转换电路，转换后的信号进行数字显示或记录仪记录。仪器经用标准BOD物质溶液校准后，可直接显示被测溶液的BOD值，并在20min内完成一个水样的测定。该仪器适用于多种易降解废水的BOD监测。

目前，根据微生物电极法原理制造的BOD速测仪，如图3.21所示，已实现快速化、自动化、直读化、性能稳定可靠，广泛用于环保、化工、饮料等行业的水质检测。不同厂家仪器的测量范围不同，测定周期从30min到数小时。

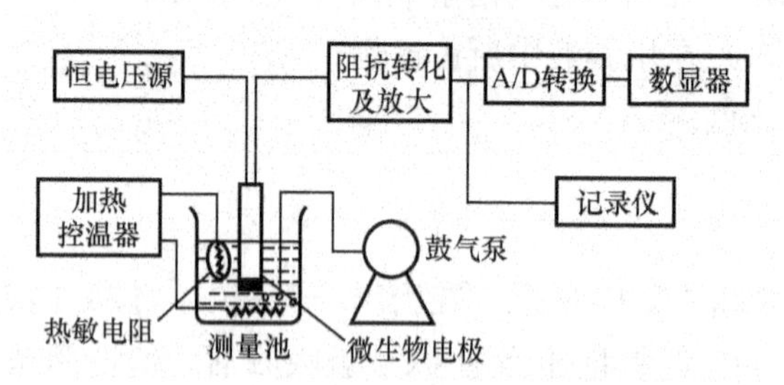

图3.20 微生物电极BOD测定仪工作原理示意图

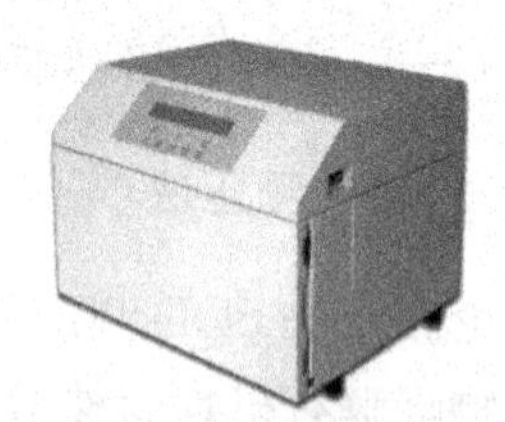

图3.21 BOD速测仪

五、石油类测定

地表水中的石油类物质主要来自工业废水，工业废水中石油类污染物主要来自原油开采、加工及各种炼制油的使用部门。石油类化合物漂浮在水体表面，影响空气与水体界面间的氧交换；分散于水中的油可被微生物氧化分解，消耗水中的溶解氧，使水质恶化。石油类化合物中的芳烃类物质的毒性远大于烷烃类，有的还具有致癌性。

1. 重量法

用硫酸酸化水样，用石油醚萃取矿物油，然后蒸发除去石油醚，称量残渣重，计算矿物油含量。该方法适用于测定含油10mg/L以上的水样。

由于石油的较重组分中可能含有不被石油醚萃取的物质，蒸发除去溶剂时轻质油有明显损失，因而该方法测定的是水中可被石油醚萃取的物质总量。若废水中动、植物性油脂含量大，需用层析柱分离。

2. 红外分光光度法

1）测定原理

用四氯化碳萃取水样中的油类物质，测定总萃取物，然后用硅酸镁吸附除去萃取液中的动、植物油等极性物质，测定吸附后滤出液中的非极性石油类物质。总萃取物和石油类物质的含量均由波数分别为 2930cm^{-1}（CH_2 基团中 C—H 键的伸缩振动）、2960cm^{-1}（CH_3 基团中 C—H 键的伸缩振动）和 3030cm^{-1}（芳香环中 C—H 键的伸缩振动）谱带处的吸光度 A_{2930}、A_{2960} 和 A_{3030} 进行计算。动、植物油含量为总萃取物含量与石油类含量之差。

2）测定方法

首先用四氯化碳直接萃取或絮凝富集萃取（对石油类物质含量低的水样）水样中的总萃取物，并将萃取液定容后分成两份，一份用于测定总萃取物，另一份经硅酸镁吸附后，用于测定石油类物质。

然后以四氯化碳为溶剂，分别配制一定浓度的正十六烷、2，6，10，14-四甲基十五烷和甲苯溶液，用红外分光光度计分别测量它们在 2930cm^{-1}、2960cm^{-1}、3030cm^{-1}处的吸光度 A_{2930}、A_{2960} 和 A_{3030}，由以下通式列联立方程求解，分别求出相应的校正系数 X、Y、Z 和 F。

$$c = X \cdot A_{2930} + Y \cdot A_{2960} + Z(A_{3030} - A_{2930}/F) \tag{3.52}$$

式中：c——所配溶液中某一物质含量（mg/L）；

A_{2930}、A_{2960} 和 A_{3030}——三种物质溶液各对应波数下的吸光度；

X、Y、Z——吸光度校正系数；

F——脂肪烃对芳香烃影响的校正系数，即正十六烷在 2930cm^{-1}和 3030cm^{-1}处的吸光度之比。

最后，测量水样总萃取物萃取液的吸光度 $A_{1,2930}$、$A_{1,2960}$、$A_{1,3030}$ 和除去动、植物油后的萃取液吸光度 $A_{2,2930}$、$A_{2,2960}$、$A_{2,3030}$ 按照下列三式分别计算水样中的总萃取物含量 ρ_1（mg/L）、石油类物质含量 ρ_2（mg/L）和动植油含量 ρ_3（mg/L）：

$$\rho_1 = [X \cdot A_{1,2930} + Y \cdot A_{1,2960} + Z(A_{1,3030} - A_{1,2930}/F)] \cdot \frac{V_0 \cdot D \cdot l}{V_W \cdot L} \tag{3.53}$$

$$\rho_2 = [X \cdot A_{2,2930} + Y \cdot A_{2,2960} + Z(A_{2,3030} - A_{2,2930}/F)] \cdot \frac{V_0 \cdot D \cdot l}{V_W \cdot L} \tag{3.54}$$

$$\rho_3 = \rho_1 - \rho_2 \tag{3.55}$$

式中：V_0——萃取水样溶剂定容体积，mL；

V_W——水样体积，mL；

D——萃取液稀释倍数；

l——测定校正系数时所用比色皿光程，cm；

L——测定水样时所用比色皿光程，cm。

本方法适用于各类水中石油类和动植物油的测定。样品体积为500mL，使用光程为4cm的比色皿时，检出限为0.1mg/L。

技能实训

项目九　工业废水化学需氧量测定

一、实训目的

(1) 理解水样化学需氧量测定的化学原理。

(2) 学会安装化学需氧量测定回流装置，会测定水样化学需氧量。

二、实训原理

化学需氧量（COD或COD_{Cr}）是指在一定条件下用强氧化剂氧化水中的还原性物质所消耗的氧化剂量，以（O_2，mg/L）表示。在强酸性溶液中，准确加入过量的重铬酸钾标准溶液，加热回流消解，将水样中还原性物质（主要是有机物）氧化，过量的重铬酸钾以试亚铁灵作指示剂、用硫酸亚铁铵标准溶液回滴，根据所消耗的重铬酸钾标准溶液量计算水样化学需氧量。

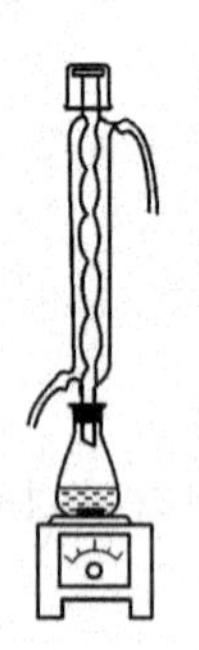

图3.22　氧化回流装置

三、实训准备

(一) 仪器

(1) 全玻璃回流装置：重铬酸钾法测定水样化学需氧量的加热回流装置如图3.22所示。根据测定需要，其盛水样的磨口平底烧瓶或磨口锥形瓶，应选择250mL或500mL规格。

(2) 加热装置（变电阻电炉）。

(3) 酸式滴定管（50mL）。

(二) 试剂

(1) 重铬酸钾标准溶液 [$c(1/6\ K_2Cr_2O_7)=0.2500$ mol/L]：称取预先在120℃烘干2h的优级纯重铬酸钾12.258g溶于水中，移入1000mL容量瓶，稀释至标线，摇匀。

(2) 试亚铁灵指示液：称取1.485g邻菲啰啉（$C_{12}H_8N_2 \cdot H_2O$）和0.695g硫酸亚铁（$FeSO_4 \cdot 7H_2O$）溶于水中，稀释至100mL，贮于棕色瓶内。

(3) 硫酸亚铁铵标准溶液[$c\ (NH_4)_2Fe(SO_4)_2 \cdot 6H_2O \approx 0.1$ mol/L]：称取39.5g硫酸亚铁铵溶于水中，边搅拌边缓慢加入20mL浓硫酸，冷却后移入1000mL容量瓶中，加水稀释至标线，摇匀。临用前，用重铬酸钾标准溶液标定。

标定方法：准确吸取10.00mL重铬酸钾标准溶液于500mL锥形瓶中，加水稀释至110mL左右，缓慢加入30mL浓硫酸，混匀。冷却后，加入3滴试亚铁灵指示液

（约 0.15mL），用硫酸亚铁铵溶液滴定，溶液的颜色由黄色经蓝绿色至红褐色即为终点。

$$c[(NH_4)_2Fe(SO_4)_2] = 0.2500 \times 10.00 / V \qquad (3.56)$$

式中：c——硫酸亚铁铵标准溶液的浓度，mol/L；

V——硫酸亚铁铵标准溶液的用量，mL。

（4）硫酸-硫酸银溶液：500mL 浓硫酸中加入 5g 硫酸银，放置 1～2 d，不时摇动使其溶解。

（5）硫酸汞。结晶或粉末。

四、实训过程

1. 取样体积确定

1）化学需氧量较低水样

一般取 20.00mL 混合均匀的水样，置于 250mL 磨口的回流锥形瓶中即可。

2）化学需氧量较高水样

对于化学需氧量高的废水样，可先取上述操作所需体积 1/10 的废水样和试剂于15mm×150mm 硬质玻璃试管中，摇匀，加热后观察是否成绿色。如溶液显绿色，再适当减少废水取样量，直至溶液不变绿色为止，从而确定废水样分析时应取用的体积。稀释时，所取废水样量不得少于 5mL，如果化学需氧量很高，则废水样应多次稀释。

2. 加氧化剂加热回流

1）含氯量低的水样

准确加入 10.00mL 重铬酸钾标准溶液及数粒小玻璃珠或沸石，连接磨口回流冷凝管，从冷凝管上口慢慢地加入 30mL 硫酸-硫酸银溶液，轻轻摇动锥形瓶使溶液混匀，加热回流 2h（自开始沸腾时计时）。

2）含氯量高的水样

当废水中氯离子含量超过 30mg/L 时，应先把 0.4g 硫酸汞加入回流锥形瓶中，再加 20.00mL 废水（或适量废水稀释至 20.00mL），摇匀。

3. 调试样酸度

稍冷后（约 70℃左右），用 90mL 水冲洗冷凝管壁，取下锥形瓶。溶液总体积不得少于 140mL，否则因酸度太大，滴定终点不明显。

4. 滴定

溶液再度冷却后（约 40℃左右），加 3 滴试亚铁灵指示液，用硫酸亚铁铵标准溶液滴定，溶液的颜色由橙黄色经蓝绿色至红褐色即为终点，记录硫酸亚铁铵标准溶液的用量 V_2。

5. 空白实验

测定水样的同时，取 20.00mL 重蒸馏水，按同样操作步骤作空白试验。记录滴定空白时硫酸亚铁铵标准溶液的用量 V_1。

五、数据处理

1. 测定结果记录

将数据记录，记录表格式参见表 3.29。

表 3.29 水样化学需氧量测定数据记录表

水样名称：________ 分析方法标准：________ 分析日期：____年____月____日

编号	稀释倍数	取样体积 V/mL	硫酸亚铁铵标液浓度 c/（mol/L）	硫酸亚铁铵标液耗量 V_2/mL	化学需氧量 COD/（O_2，mg/L）
空白					
1					
2					
3					

分析人：________ 记录人：________

2. 结果计算

将数据代入下式中，可计算水样的化学需氧量

$$COD_{Cr}(O_2,mg/L)=\frac{(V_1-V_2)\cdot c\times 8\times 1000}{V} \tag{3.57}$$

式中：c——硫酸亚铁铵标准溶液的浓度，mol/L；

V_1——滴定空白时硫酸亚铁铵标准溶液用量，mL；

V_2——滴定水样时硫酸亚铁铵标准溶液的用量，mL；

V——水样的体积，mL；

8——氧（1/2 氧原子）摩尔质量，g/mol。

六、注意事项

（1）使用 0.4g 硫酸汞络合氯离子的最高量可达 40mg，如取用 20.00mL 水样，即最高可络合 2000mg/L 氯离子浓度的水样。若氯离子的浓度较低，也可少加硫酸汞，使保持硫酸汞∶氯离子=10∶1（质量比）。若出现少量氯化汞沉淀，并不影响测定。

（2）水样取用体积可在 10.00～50.00mL 范围内，但试剂用量及浓度需按表 3.25 进行相应调整，也可得到满意的结果。

（3）对于化学需氧量小于 50mg/L 的水样，应改用 0.0250mol/L 重铬酸钾标准溶液；回滴时用 0.01 mol/L 硫酸亚铁铵标准溶液。

（4）水样加热回流后，溶液中重铬酸钾剩余量应为加入量的 1/5～4/5 为宜。

（5）用邻苯二甲酸氢钾标准溶液可检查试剂质量和操作技术。由于每 1g 邻苯二甲酸氢钾的理论 COD_{Cr} 为 1.176g，所以溶解 0.4251g 邻苯二甲酸氢钾于重蒸馏水中，转入 1000mL 容量瓶，用重蒸馏水稀释至标线，使之成为 500mg/L 的 COD_{Cr} 标准溶液。该标准溶液要求现用现配制。

(6) 每次实验时，应对硫酸亚铁铵标准滴定溶液进行标定，实验室温度较高时要尤其注意其浓度的变化。

项目十 生活污水高锰酸盐指数测定

一、实训目的

(1) 理解水样高锰酸盐指数测定的化学原理。

(2) 掌握生活污水等水样的高锰酸盐指数测定技术。

二、实验原理

高锰酸盐指数是指在一定条件下以高锰酸钾为氧化剂氧化水中的还原性物质，所消耗的高锰酸钾的量，以（O_2，mg/L）表示。按测定的溶液介质不同，分酸性高锰酸盐指数和碱性高锰酸盐指数。高锰酸钾在酸性介质中的氧化能力比碱性强，故一般多用酸性高锰酸钾法测定高锰酸盐指数。

在酸性溶液中，以过量高锰酸钾氧化水样中的有机物和某些还原性无机物，然后用过量的草酸钠溶液还原反应剩余的高锰酸钾，再以高锰酸钾标准溶液回滴过量的草酸钠，通过计算求出水样高锰酸盐指数值。

三、实训准备

(一) 仪器

多孔可控温水浴装置、棕色酸式滴定管（25mL 或 50mL 规格）、锥形瓶（250mL 规格）

(二) 试剂

(1) 高锰酸钾溶液 [$c(1/5\ KMnO_4)\approx 0.1$ mol/L]：溶解 3.2g 高锰酸钾于 1.2 L 水中，煮沸 0.5～1h，使体积减少到 1L 左右。放置过夜，用 G-3 号玻璃砂芯漏斗过滤，滤液贮存于棕色瓶中，避光保存。

(2) 高锰酸钾溶液 [$c(1/5\ KMnO_4)=0.01$ mol/L]：吸取 100mL 试剂 (1) 于 1000mL 容量瓶中，用水稀释至标线，混匀，置于棕色瓶中避光保存。使用前标定其浓度。

(3) 硫酸 (1+3)：取 1 体积 1.84 的浓硫酸慢慢加到盛有 3 体积水的烧杯中，搅匀后，滴加高锰酸钾溶液 [$c(1/5\ KMnO_4)=0.01$ mol/L] 使溶液呈浅红色，若红色褪去应再补加至浅红色不褪为止，转入试剂瓶。

(4) 草酸钠标准液 [$c(1/2\ Na_2C_2O_4)=0.1000$ mol/L]：称取 0.6750g 在 105～110℃烘 1h 在干燥器中冷却的草酸钠，放入烧杯中，加水和 25mL 硫酸 (1+3) 至草酸钠全部溶解，移入 100mL 容量瓶，用水稀释至标线。

(5) 草酸钠标准液 [$c(1/2\ Na_2C_2O_4)=0.0100$ mol/L]：吸取 10.00mL 试剂 (4)

置于100mL容量瓶中，用水稀释至标线。

四、实训过程

1. 水样准备

吸取100.0mL充分混匀的水样（或经过稀释的水样）于250mL锥形瓶中。

2. 加氧化剂

加入5.0mL（1+3）硫酸，精确加入10.00mL $c(1/5\ KMnO_4)=0.01$ mol/L的高锰酸钾溶液，摇匀。

3. 水浴加热

将锥形瓶放入水浴中，水浴水面要高于锥形瓶内的反应溶液液面，加热使水浴锅中的水沸腾后保持30min。

4. 冷却

取下锥形瓶，冷却至70～80℃，加入10.00mL $c(1/2\ Na_2C_2O_4)=0.0100$ mol/L的草酸钠标准液，摇匀。

5. 滴定

用 $c(1/5\ KMnO_4)=0.01$ mol/L的高锰酸钾溶液回滴，使溶液呈微红色为止，记录滴定消耗的高锰酸钾溶液 V_1(mm)。

6. 高锰酸钾溶液校正系数测定

（1）取步骤5滴定完毕的水样，用滴定管加入10.00mL $c(1/2\ Na_2C_2O_4)=0.0100$ mol/L草酸钠标准液，再用 $c(1/5\ KMnO_4)=0.01$ mol/L的高锰酸钾溶液回滴至溶液呈微红色。

（2）记录相当于10.00mL $c(1/2\ Na_2C_2O_4)=0.0100$ mol/L草酸钠标准液的高锰酸钾溶液的体积 V_2，则高锰酸钾溶液的校正系数 $K=10.00/V_2$。

7. 空白值测定

如果所测定水样是经蒸馏水稀释过水样，则需另取100mL蒸馏水，按水样测定的步骤测定空白值，记录消耗的高锰酸钾标准溶液的体积（V_0）。

五、实训成果

1. 测定结果记录

将测定结果填写表3.30。

表 3.30　水样高锰酸盐指数测定数据记录表

水样名称：__________　　分析方法标准：__________　　分析日期：____年___月___日

编号	稀释倍数	f 值	所取水样体积 V/mL	草酸钠标准液浓度 c/(mol/L)	高锰酸钾溶液消耗量 V_0 或 V_1/mL	高锰酸钾溶液消耗量 V_2/mL	高锰酸钾溶液校正系数 K
空白							
1							
2							
3							

分析人：__________　　记录人：__________

2. 计算

1）未稀释水样

将数据带入下式计算高锰酸盐指数：

$$\text{高锰酸盐指数}(O_2,\text{mg/L})=\frac{[(10+V_1)k-10]\times c\times 8\times 1000}{100} \tag{3.58}$$

式中：V_1——滴定水样消耗的高锰酸钾溶液的量，mL；

k——c（1/5 $KMnO_4$）=0.01 mol/L 的高锰酸钾溶液的校正系数；

c——测定用草酸钠标准溶液的浓度，mol/L；

8——1/2 氧（1/2 O）的摩尔质量，g/mol。

2）稀释水样

将数据带入式（3.46）计算高锰酸盐指数：

$$\text{高锰酸盐指数}(O_2,\text{mg/L})=\frac{\{[(10+V_1)k-10]-[(10+V_0)k-10]\times f\}\times c\times 8\times 1000}{V} \tag{3.59}$$

式中：V——所取水样体积，mL；

V_0——空白实验中所消耗的 0.01mol/L 高锰酸钾溶液的体积，mL；

f——稀释水样中所含蒸馏水的比值。

六、注意事项

（1）水样稀释时，应取水样的体积，回滴过量草酸钠标准溶液消耗的高锰酸钾溶液的体积在 4～6mL 左右为宜。如果所消耗的体积过大或过小，都需要重新再取适量的水样进行测定。

（2）在水浴加热完毕后，水样溶液仍应保持淡红色；如果红色很浅或全部褪去，说明稀释倍数过小，应将水样稀释倍数加大后再重新测定。

（3）在酸性条件下，草酸钠和高锰酸钾的反应温度应保持在 60～80℃，所以滴定操作必须趁热进行，若溶液温度过低，需适当加热。

项目十一 地表水五日生化需氧量测定

一、实训目的

（1）理解水样生物化学需氧量测定的原理。

（2）会操作生化培养箱，掌握五日培养法测定水样生化需氧量技术。

二、实验原理

目前测定水样生化需氧量的方法较多，国标方法是五日培养法，故多称为五日生化需氧量（BOD_5）。分别测定水样培养前的溶解氧含量和在（20±1）℃培养 5d 后的溶解氧含量，二者之差即为五日生化需氧量（BOD_5）。

在 BOD_5 测定中，一般采用叠氮化钠修正法测定溶解氧。如遇干扰物质，应根据具体情况采用其他测定法。

三、实训准备

（一）仪器

（1）生化恒温培养箱。

（2）细口玻璃瓶（5～20 L）。

（3）量筒（1000～2000mL）。

（4）玻璃搅棒。棒长应比所用量筒高度长 20cm。在棒的底端固定一个直径比量筒直径略小，并带有几个小孔的硬橡胶板。

（5）溶解氧瓶，200～300mL 规格，带有磨口玻璃塞，并具有供水封用的钟形口的溶解氧瓶。

（6）虹吸管，供分取水样和添加稀释水用。

（二）试剂

（1）磷酸盐缓冲溶液：将 8.5g 磷酸二氢钾（KH_2PO_4）、21.75g 磷酸氢二钾（K_2HPO_4）、33.4g 磷酸氢二钠（$Na_2HPO_4 \cdot 7H_2O$）和 1.7g 氯化铵（NH_4Cl）溶于水中，稀释至 1000mL。此溶液的 pH 应为 7.2。

（2）硫酸镁溶液：将 22.5g 硫酸镁（$MgSO_4 \cdot 7H_2O$）溶于水中，稀释至 1000mL。

（3）氯化钙溶液：将 27.5g 无水氯化钙溶于水，稀释至 1000mL。

（4）氯化铁溶液：将 0.25g 氯化铁（$FeCl_3 \cdot 6H_2O$）溶于水，稀释至 1000mL。

（5）盐酸溶液（0.5 mol/L）：将 40mL（ρ=1.18g/mL）盐酸溶于水中，稀释至 1000mL。

（6）氢氧化钠溶液（0.5mol/L）：将 20g 氢氧化钠溶于水，稀释至 1000mL。

（7）亚硫酸钠溶液［$c(1/2Na_2SO_3)=0.025mol/L$］：将 1.575g 亚硫酸钠溶于水，稀释至 1000mL。此溶液不稳定，需使用当天配制。

(8) 葡萄糖-谷氨酸标准溶液：将葡萄糖（$C_6H_{12}O_6$）和谷氨酸（$HOOC\text{-}CH_2\text{-}CH_2\text{-}CHNH_2\text{-}COOH$）在103℃干燥1h，各称取150mg溶于水中，移入1000mL容量瓶内并稀释至标线，混合均匀。此标准溶液临用前配制。

(9) 稀释水：在5～20L玻璃瓶内装入一定量的水，控制水温在20℃左右。然后用无油空气压缩机或薄膜泵，将此水暴气2～8h，使水中的溶解氧接近于饱和，也可以鼓入适量纯氧。瓶口盖以两层经洗涤晾干的纱布，置于20℃培养箱中放置数小时，使水中溶解氧含量达8mg/L左右。临用前于每1L水中加入氯化钙溶液、氯化铁溶液、硫酸镁溶液、磷酸盐缓冲溶液各1mL，并混合均匀。

稀释水的pH应为7.2，其BOD_5应小于0.2mg/L。

四、实训过程

(一) 水样预处理

(1) 水样的pH若超出6.5～7.5范围时，可用盐酸或氢氧化钠稀溶液调节至近于7，但用量不要超过水样体积的0.5%；若水样的酸度或碱度很高，可改用高浓度的碱或酸液进行中和。

(2) 含有少量游离氯的水样，一般放置1～2h，游离氯即可消失。对于游离氯在短时间不能消散的水样，可加入亚硫酸钠溶液，除去之。其加入量的计算方法是：取中和好的水样100mL，加入1+1乙酸10mL，10%（m/V）碘化钾溶液1mL，混匀。以淀粉溶液作指示剂，用亚硫酸钠标准溶液滴定游离碘。根据亚硫酸钠标准溶液消耗的体积及其浓度，计算水样中所需加亚硫酸钠溶液的量。

(3) 从水温较低的水域中采集的水样，可能含有过饱和溶解氧，此时应将水样迅速升温至20℃左右，充分振摇，以赶出过饱和的溶解氧。从水温较高的水域或废水排放口取得的水样，则应迅速使其冷却至20℃左右，并充分振摇，使之与空气中氧分压接近平衡。

(二) 水样的测定

1. 不需稀释水样的测定

用虹吸法将约20℃的混匀水样转移至两个溶解氧瓶内，转移过程中应注意不使其产生气泡。以同样的操作使两个溶解氧瓶充满水样，加塞水封。

立即测定其中一瓶溶解氧。将另一瓶放入培养箱中，在(20±1)℃培养5d后。测其溶解氧。

2. 需经稀释水样的测定

1) 稀释倍数确定

地面水可根据测得的高锰酸盐指数乘以表3.28中的相应系数求出稀释倍数。

2) 稀释测定

(1) 按照选定的稀释比例，用虹吸法沿筒壁先引入部分稀释水于1000mL量筒中，加入需要量的均匀水样，再引入稀释水至800mL，用带胶板的玻璃棒小心上下搅匀。

搅拌时勿使搅棒的胶板露出水面，防止产生气泡。

(2) 按不经稀释水样的测定步骤，进行装瓶，测定当天溶解氧和培养5d后的溶解氧含量。最后，另取两个溶解氧瓶，用虹吸法装满稀释水（或接种稀释水）作为空白，分别测定5d前、后的溶解氧含量。

五、实训成果

1. 数据记录

1）不经稀释直接培养的水样

设计数据记录表格，及时记录实验数据。不经稀释直接培养的水样BOD_5测定数据记录表可参见表3.31。

表3.31 水样五日生化需氧量测定数据记录表

编号	稀释倍数	取样体积 V_1/mL	硫代硫酸钠溶液浓度 c/(mol/L)	硫代硫酸钠溶液消耗量 V_2/mL		溶解氧含量 DO/(O_2，mg/L)	
				培养前	5d后	培养前	5d后
1							
2							
3							
空白							

2）经稀释后培养的水样

稀释后培养的水样BOD_5测定数据记录表见表3.32。

表3.32 水样五日生化需氧量测定数据记录表

样品名称：__________ 分析方法标准：______________ 大气压：__________

水温：______________ 分析日期：__________年__月__日 记录人：__________

编号	采样点	试样体积 /mL	水样溶解氧		（接种）稀释水溶解氧		（接种）稀释水培养液中所占比例 f_1	水样在培养液中所占比例 f_2	水样BOD_5 (O_2，mg/L)
			培养前 C_1	培养后 C_2	培养前 B_1	培养后 B_2			

2. 计算

1）不经稀释直接培养的水样

将数据带入下式中，计算水样五日生化需氧量：

$$BOD_5(mg/L) = \rho_1 - \rho_2 \tag{3.60}$$

式中：ρ_1——水样在培养前的溶解氧浓度，mg/L；

ρ_2——水样经5d培养后，剩余溶解氧浓度，mg/L。

2）经稀释后培养的水样

将数据带入式3.51中计算水样五日生化需氧量：

$$BOD_5(mg/L)=\frac{(\rho_1-\rho_2)-(B_1-B_2)f_1}{f_2} \tag{3.61}$$

式中：B_1——稀释水（或接种稀释水）在培养前的溶解氧浓度（mg/L）；

B_2——稀释水（或接种稀释水）在培养后的溶解氧浓度（mg/L）；

f_1——稀释水（或接种稀释水）在培养液中所占比例；

f_2——水样在培养液中所占比例。

六、注意事项

（1）对于含有大量硝化细菌生物处理池出水，在测定BOD_5时也包括了部分含氮化合物的需氧量；如只需测定有机物的需氧量，应加入丙烯基硫脲（ATU，$C_4H_2N_2S$）等硝化抑制剂。

（2）在2个或3个稀释比的样品中，凡消耗溶解氧大于2mg/L和剩余溶解氧大于1mg/L的都有效，计算结果时，应取平均值。

（3）为检查稀释水和接种液的质量，以及化验人员的操作技术，可将20mL葡萄糖-谷氨酸标准溶液用接种稀释水稀释至1000mL，测其BOD_5，其结果应在180～230mg/L之间。否则，应检查接种液、稀释水或操作技术是否存在问题。

（4）水样稀释倍数超过100倍时，应预先在容量瓶中初步稀释后，再取适量进行最后的稀释培养。

第六节　微生物指标测定

水体中微生物数量的多少是衡量水体质量的重要指标之一，其变化可以间接地说明水体污染程度。水中细菌的数量和大肠菌群数是判断水源是否符合饮用水水源标准的重要指标。

水中的细菌种类和数量虽然很多，但大部分都不是病原微生物。进入水体中的病原微生物主要来自人或动物的排泄物，常见的有伤寒杆菌、霍乱弧菌、痢疾杆菌及甲型肝炎病毒等；还有借水传播的寄生虫病，如蛔虫、血吸虫等。这些病原微生物主要通过医院污水和生活污水的排放进入水环境，当它们进入水体后，则以水体为生存环境和传播媒介，传播的疾病主要是肠道传染病，如伤寒、痢疾、霍乱和肠炎等。

生活饮用水卫生标准GB 5749—2006中规定的微生物指标为总大肠菌群、耐热大肠菌群、大肠埃希氏菌、菌落总数、贾第鞭毛虫、隐孢子虫等6项，其中前4项为水质常规指标，后2项为水质非常规指标。

一、水中的病原微生物

（一）志贺氏菌

志贺氏菌属（*Shigella*）的细菌通称痢疾杆菌，是细菌性痢疾的病原菌。临床上能引起痢疾症状的病原生物很多，有志贺氏菌、沙门氏菌、变形杆菌、大肠杆菌等，还有阿米巴原虫、鞭毛虫以及病毒等均可引起人类痢疾，其中以志贺氏菌引起的细菌性痢疾最为常见。人类对痢疾杆菌有很高的易感性，可引起幼儿急性中毒性菌痢，死亡率甚高。

志贺氏菌属细菌的形态与一般肠道杆菌无明显区别，长2～3m，宽0.5～0.7m。不形成芽孢，无荚膜，无鞭毛，有菌毛，革兰氏染色阴性杆菌。志贺氏菌属为兼性厌氧菌，能在普通培养基上生长，形成中等大小、半透明的光滑型菌落。在肠道杆菌选择性培养基上形成无色菌落。

志贺氏菌属最适宜的温度为37℃，不耐热及干燥，阳光直射即有杀灭作用，加热60℃ 10min即死亡；但耐寒能力强，在阴暗潮湿及冰冻环境下能生存数周，在蔬菜、瓜果、腌菜中能生存1～2周。痢疾杆菌对一般消毒剂如新洁尔灭、来苏、过氧乙酸等抵抗力弱，可被迅速杀死。主要借助食物、饮用水及蝇类携带传播。

（二）伤寒杆菌

伤寒杆菌呈短杆状，长1～3.5μm，宽0.5～0.8μm。有鞭毛，能活动，不形成芽孢，无荚膜，革兰染色阴性。在自然条件下，伤寒杆菌只感染人类，不感染动物。菌体裂解时会释放强烈的内毒素，对伤寒病的发生发展起着支配作用。伤寒是由伤寒杆菌引起的急性肠道传染病，临床症状为持续发热、全身中毒症状、相对缓脉、玫瑰疹、肝脾肿大与白细胞减少等，主要并发症为肠出血、肠穿孔。

伤寒杆菌在自然界中生活力强，在水中可存活2～3周，在粪便中可维持1～2个月，在牛奶中能生存繁殖；耐低温，在冰冻环境中可持续数月；但对光、热、干燥及消毒剂的抵抗力较弱。加热60℃ 15min或煮沸后立即死亡，水中余氯达到0.2～0.4mg/L时可迅速杀灭。

（三）霍乱弧菌

霍乱是烈性传染病，曾在世界上有过7次大流行属于国际检疫疾病。霍乱的暴发与水污染有着密切的联系，其密切程度胜过其他的肠道传染病。轻型霍乱病只造成腹泻。在较严重或较典型的霍乱病例中，除腹泻外还有呕吐、米汤样大便、腹痛和昏迷等症状。霍乱病病程短，严重者常在症状出现12h内死亡。霍乱借水传播，与病人或带菌者接触可能传染，也可由食物或蝇类传播。引发霍乱的病原菌主要是霍乱弧菌，其菌体长1.5～2.0μm，宽0.3～0.4μm，弯曲如逗点状；有一根长度为菌体4～5倍的极端鞭毛，无芽孢、无荚膜，革兰染色阴性，如图3.23所示。

霍乱弧菌经干燥2h或55℃加热10min即可死亡，煮沸立即死亡，在0.1%漂白粉

图 3.23 霍乱弧菌形态及其菌落

中 10min 即死亡。霍乱弧菌在正常胃酸中能生存 4min，在未经处理的粪便中存活数天。氯化钠浓度高于 4%或蔗糖浓度在 5%以上的食物、香料、醋、酒等环境，均不利于弧菌的生存。霍乱弧菌在冰箱内的牛奶、鲜肉和鱼虾水产品存活时间分别为 2～4 周、1 周和1～3 周；在室温存放的新鲜蔬菜中可存活 1～5d。

（四）贾第鞭毛虫

贾第鞭毛虫为人体肠道感染的常见寄生虫之一，主要寄生在肠道内，可引起腹痛、腹泻和吸收不良等症状，典型病人表现为以腹泻为主的吸收不良综合症，儿童患者可由于腹泻引起贫血等营养不良，导致生长滞缓。若不及时治疗，多发展为慢性，表现为周期性稀便，反复发作，大便甚臭，病程可长达数年。贾第虫可分布于世界各地，近年来，由于旅游事业的发展，在旅游者中发病率较高，故又称旅游者腹泻，已引起各国的重视。

贾第鞭毛虫如图 3.24 所示，其生活史中有滋养体和包囊两个不同的发育阶段。滋养体呈倒置梨形，长 9.5～21μm，宽 5～15μm，厚 2～4μm；两侧对称，背面隆起，腹面扁平。腹面前半部向内凹陷成吸盘状陷窝，借此吸附在宿主肠黏膜上。贾第鞭毛虫有 4 对鞭毛，按其位置分别为前侧鞭毛、后侧鞭毛、腹鞭毛和尾鞭毛各一对，依靠鞭毛的摆动，可活泼运动。

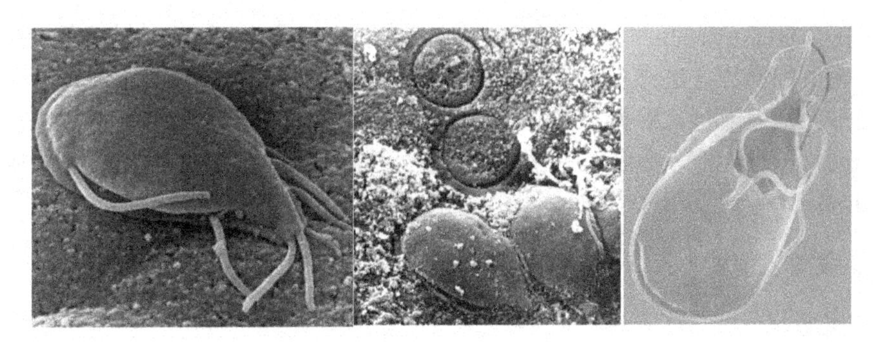

图 3.24 贾第鞭毛虫

（五）隐孢子虫

隐孢子虫为体积微小的球虫类寄生虫，广泛存在多种脊椎动物体内，寄生于人和大多数哺乳动物的主要为微小隐孢子虫。微小隐孢子虫引起的疾病称为隐孢子虫病，是一种以腹泻为主要临床表现的人畜共患性原虫病。

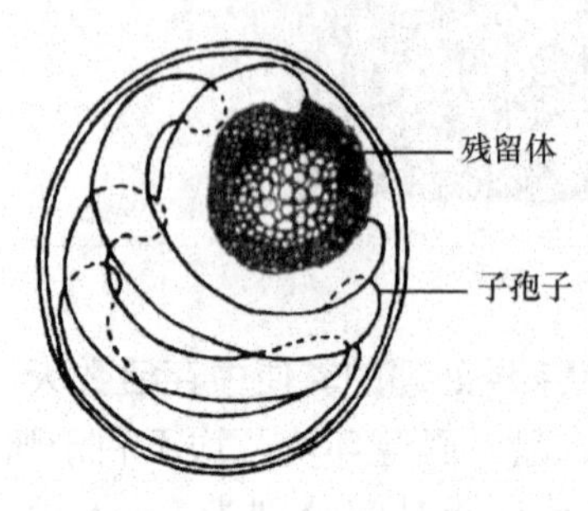

图 3.25 隐孢子虫

隐孢子虫生活史简单，可分为裂体增殖，配子生殖和孢子生殖三个阶段。虫体在宿主体内的发育时期称为内生阶段。随宿主粪便排出的成熟卵囊为感染阶段。隐孢子虫如图 3.25 所示，其卵囊呈圆形或椭圆形，直径 4～6μm，成熟卵囊内含 4 个裸露的子孢子和残留体；子孢子呈月牙形，残留体由颗粒状物和一空泡组成。

隐孢子虫病的临床症状和严重程度取决于宿主的免疫功能与营养状况。免疫功能正常人的轻度感染后，主要表现为急性水样腹泻，一般无脓血，日排便 2～20 余次；严重感染的可出现喷射性水样泻，排便量多等病状。腹痛、腹胀、恶心、呕吐、食欲减退或厌食、口渴和发热亦较常见的隐孢子虫病症。

（六）阿米巴虫

阿米巴虫是一种单细胞生物，能通过粪便中的包囊传播引起阿米巴病。阿米巴病的症状包括发热、寒战、腹泻等，有时也引起出血、黏液及腹部绞痛。阿米巴虫的滋养体（有活动力的阿米巴）可以侵及肝、肺、脑，或引起肠穿孔而导致败血症。

二、大肠菌群检测

总大肠菌群是一群需氧或兼性厌氧的、在 37℃培养 24～48h 能发酵乳糖产酸与产气的革兰氏阴性无芽孢杆菌的总称。它们普遍存在于肠道中，且具有数量多，与多数肠道病原菌存活期相近，易于培养和观察等特点。该菌群包括肠杆菌科中的埃希氏菌属（*Escherichia*）、肠杆菌属（*Enterobacter*）、柠檬酸细菌属（*Citrobacter*）和克雷伯氏菌属（*Klebsiella*）等。通常可根据水中大肠菌群的数目来判断水源是否被粪便污染，并可间接推测水源受肠道病原菌污染的可能性。因而，总大肠菌群已经成为国际公认的粪便污染指标。

大肠菌群的检测方法有多管发酵法和滤膜法两种。前者为标准分析法，即将一定量的样品接种乳糖发酵管，根据发酵反应的结果，确证大肠菌群的阳性管数后在检索表中查出大肠菌群的近似值。后者是一种快速的替代方法，能测定大体积水样的大肠菌群指标。我国规定，生活饮用水中的总大肠菌群不得检出。

（一）多管发酵法

1. 测定原理

多管发酵法是以最可能数（Most Probable Number，简称 MPN）来表示试验结果的，是根据统计学原理，估计水体大肠杆菌密度和卫生质量的一种方法。从理论上考虑，进行大量的重复检定，可以发现这种估计有大于实际数字的倾向。不过只要每一稀释度试管重复数目增加，这种差异便会减少。因此在实验设计上，水样检验所要求的重复数，要根据所要求数据的准确度而定。大肠菌群数是指每升水中含有的大肠菌群的近似值（MPN/100mL 或 CFU/100mL）。本方法适用于地表水、地下水及废水中粪大肠菌群的测定。

2. 专用培养液的制备、消毒和保存

1）单倍乳糖蛋白胨培养液

取蛋白胨 10g，牛肉膏 3g，乳糖 5g，NaCl 5g，1.6%溴甲酚紫乙醇溶液 1mL，蒸馏水 1000mL 备用。将蛋白胨、牛肉膏、乳糖及 NaCl 加热溶解于1000mL蒸馏水中，调节 pH 至 7.2～7.4。加入 1.6%溴甲酚紫乙醇溶液 1mL，充分混匀，分装于含有一倒置杜氏小管的试管中，每管 10mL，115℃灭菌 20min。

2）三倍浓度浓缩乳糖蛋白胨培养液

按上述乳糖蛋白胨培养基浓缩 3 倍配制，分装于含有一倒置杜氏小管的三角瓶和试管中，其中试管中每管 5mL，而三角瓶（150mL）中分装 50mL，115℃灭菌 20min。

3）伊红美蓝培养基（EMB 培养基）

蛋白胨 10g，K_2HPO_4 2g，乳糖 10g，2%伊红 Y 溶液 20mL，0.65 %美蓝溶液 10mL，琼脂 20g，蒸馏水 1000mL，pH 7.1（先调节 pH，再加伊红溶液、美蓝溶液）。分装三角瓶，每瓶 150mL，115℃灭菌 20min。

3. 水样的采集

1）自来水水样采集

先将水龙头用火焰烧灼 3min 灭菌，然后再放水 5～10min，最后用无菌容器接取水样，并速送回实验室检测。

2）池水、河水或湖水水样采集

将无菌的带玻璃塞瓶瓶口向下浸入距水面 10～15cm 的深层水中，然后翻转过来，除去玻璃塞，水即流入瓶中，当取完水样后，即将瓶塞塞好（注意：采样瓶内水面与瓶塞底部间留些空隙，以便在测定时可充分摇匀水样），再从水中取出。

4. 自来水中大肠菌群的检测

水中大肠菌群的检测步骤如图 3.26 所示。

1）初发酵试验

在 2 个装有 50mL 3 倍浓缩的乳糖蛋白胨溶液的三角瓶中，各加入 100mL 水样。另在 10 支各装有 5mL 3 倍浓度浓缩乳糖蛋白胨液的试管中，各加入 10mL 水样。混匀后 37℃培养 24h。观察其产酸产气情况，若 24h 未产酸产气，可继续培养至 48h，记下实验初步结果。

2）确定性试验用平板分离

首先将经 24h 或 48h 培养后产酸产气或仅产酸的试管中菌液分别划线接种于伊红美蓝琼脂平板上，再置于 37℃培养 24h，最后将出现以下 3 种特征的菌落进行涂片、革兰氏染色和镜检：①深紫黑色，具有金属光泽的菌落；②紫黑色，不带或略带金属光泽的菌落；③淡紫红色，中心颜色较深的菌落。

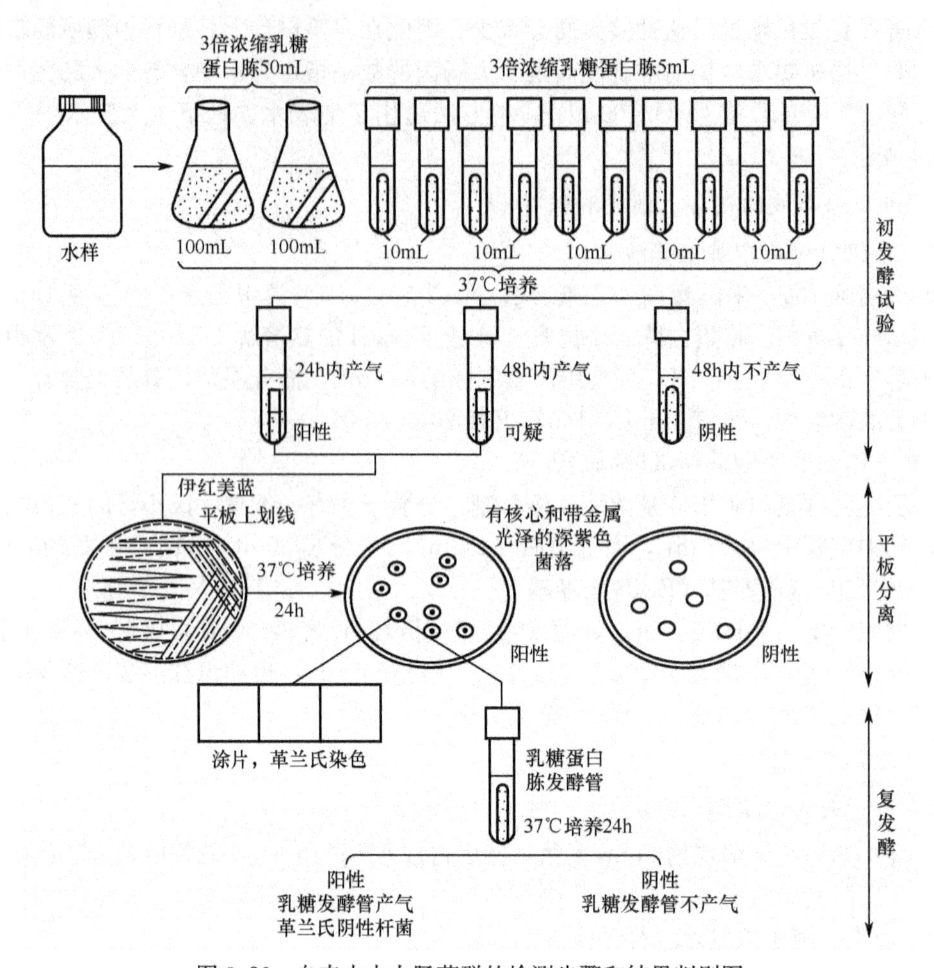

图 3.26 自来水中大肠菌群的检测步骤和结果判别图

3）复发酵试验

选择具有上述特征的菌落，经涂片、染色镜检后，若为革兰氏阴性无芽孢杆菌，则用接种环挑取此菌落的一部分转接含乳糖蛋白胨培养基试管，经 37℃培养 24h 后，观察试验结果，若呈现产酸产气即证实存在有大肠菌群。根据证实有大肠菌群存在的阳性管（瓶）数查表 3.33，报告每 1L 水样中的大肠菌群数。

表 3.33 大肠菌群检数表

10mL 水量的阳性管数	100mL 水量中的阳性瓶数			10mL 水量的阳性管数	100mL 水量中的阳性瓶数		
	0	1	2		0	1	2
0	<3	4	11	6	22	36	92
1	3	8	18	7	27	43	120
2	7	13	27	8	31	51	161
3	11	18	38	9	36	60	230
4	14	24	52	10	40	69	>230
5	18	30	70				

注：水样总量 300mL（2 份 100mL，10 份 10mL），此表用于测定生活饮用水。

5. 池水、河水或湖水等水样中的大肠菌群检测

1）水样稀释

将水样10倍稀释至10^{-1}和10^{-2}。

2）初步发酵

在装有5mL和50mL 3倍浓度浓缩乳糖蛋白胨培养基试管或三角瓶中分别加入10mL和100mL的原水样（各1支或1瓶）。然后在装有10mL乳糖蛋白胨培养基试管中分别加入1mL 10^{-1}和10^{-2}的稀释水样和1mL原水样，混匀后，37℃培养24h。

3）确定性试验

用平板分离和复发酵试验的检测步骤同自来水中大肠菌群检测方法。

（二）滤膜法

1. 测定原理

滤膜法适用于一般地表水、地下水及废水中粪大肠菌群的测定。滤膜是一种微孔性薄膜（孔径0.45μm）。将水样注入已灭菌的放有滤膜的滤器中，经过抽滤，细菌即被截留在滤膜上，然后将滤膜贴在M-FC培养基上，37℃温度下培养，计数滤膜上生长的此特征的细菌数，计算出1L水样中含有总大肠菌群数。

2. 测定方法

1）M-FC培养基的制备、消毒

2）水样量的选择

水样量的选择根据细菌受检验特征和水样预测的细菌密度而定。如未知水样中粪大肠菌的密度，就应按表3.34所列体积过滤水样，以得知水样的粪大肠杆菌密度。先估计出适合在滤膜上计数所应使用的体积，然后再取这个体积的1/10和10倍，分别过滤。理想的水样体积是一片滤膜上生长20～60个粪大肠菌群菌落，总菌落数不得超过200个。

表3.34 滤膜法接种用水量参考表

水样种类	检测方法	接种量/mL								
		100	50	10	1	0.1	10^{-2}	10^{-3}	10^{-4}	10^{-5}
较清洁的湖水	滤膜法	×	×	×						
一般的江水	滤膜法		×	×	×					
城市内的河水	滤膜法				×	×	×			
城市原污水	滤膜法					×	×	×		

3）滤膜及滤器的灭菌

将滤器、接液瓶和垫圈分别用纸包好，在使用前先经121℃高压蒸汽灭菌30min。滤器灭菌也可用点燃的酒精棉球火焰灭菌。滤膜可用121℃灭菌10min，时间一到，迅速将蒸汽放出，这样可以尽量减少滤膜上凝集的水分。

4）过滤装置安装

以无菌操作把滤器装置依照如图 3.27 所示装好。

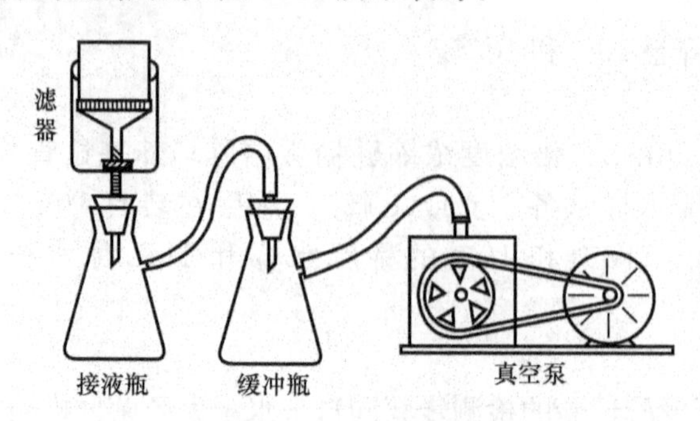

图 3.27 滤膜过滤装置

5）过滤

用无菌镊子夹取灭菌滤膜边缘，将粗糙面向上，贴放在已灭菌的滤床上，稳妥地固定好滤器。将适量的水样注入滤器中，加盖，开动真空泵即可抽滤除菌。

6）培养

使用 M-FC 培养基。将滤过水样的滤膜置于琼脂或吸收垫表面，将培养皿紧密盖好后，置于 37℃的恒温培养箱中，培养（24±2）h。

7）计数

大肠菌群菌落在 M-FC 培养基上呈蓝色或蓝绿色，计数呈蓝或蓝绿色的菌落。

3. 结果计算

将实验数据代入下式，计算水样粪大肠菌群数。

$$\text{大肠菌群菌落数(个/L)} = \frac{\text{滤膜上生长的大肠菌群菌落数} \times 1000}{\text{过滤水样量(mL)}} \tag{3.62}$$

三、菌落总数检测

（一）测定原理

水中细菌总数可作为判定被检水样有机物污染程度的标志，一般细菌数量越多，则水中有机质含量越大。在水质卫生学检验中，细菌总数是指 1mL 水样在牛肉膏蛋白胨琼脂培养基中经 37℃、24h 培养后所生长出的细菌菌落数。

实验室多采用平板菌落计数法测定水中细菌总数。我国规定 1mL 自来水中细菌总数不得超过 100 个（100CFU/mL）。

（二）测定方法

1. 水样采集和保藏

水样采集法同大肠菌群。

2. 自来水细菌总数测定

先用无菌移液管吸取 1mL 水样，加入无菌培养皿中（每个水样重复 3 个培养皿），再在每个上述培养皿内各加入约 15mL 已融化并冷却至 45～50℃的牛肉膏蛋白胨琼脂培养基，并轻轻旋转摇动，使水样与培养基充分混匀，冷凝后即成检测平板。然后将其倒置于 37℃恒温箱内培养 24h，计菌落数。

3. 池水、河水或湖水细菌总数测定

1）水样稀释

取 3～4 支无菌试管，依次编号为 10^{-1}、10^{-2}、10^{-3}（或 10^{-4}），在上述每支试管中加入 9mL 无菌水。先取 1mL 水样加入到 10^{-1}试管中，摇匀（注意：这根已接触过原液水样的移液管的尖端不能再接触 10^{-1}试管中液面），另用 1mL 无菌移液管从 10^{-1}试管中吸 1mL 水样至 10^{-2}试管中（注意点同上），如此稀释至 10^{-3}或 10^{-4}管（稀释倍数视水样污染程度而定，取在平板上能长出 30～300 个菌落的稀释倍数为宜）。

2）加稀释水样

从最后 3 个稀释度的试管中各取 1mL 稀释水样加入无菌培养皿中，每一稀释度重复 2 个培养皿。

3）加入融化培养基

在上述每个培养皿内加入约 15mL 已融化并冷却至 45～50℃的牛肉膏蛋白胨琼脂培养基，随即快速轻轻摇匀。

4）待凝培养

待平板完全凝固后，倒置于 37℃培养箱中培养 24h。

4. 计菌落数

将培养 24h 的平板取出，用肉眼观察，计平板上的细菌菌落数。

细菌菌落总数计算通常是采用同一浓度的两个平板菌落总数，取其平均值，再乘以稀释倍数，即得 1mL 水样中细菌菌落总数。各种不同情况计算方法如下：

（1）首先选择平均菌落数为 30～300 者进行计算，当只有一个稀释度的平均值符合此范围时，则以该平均菌落数乘以稀释倍数即为该水样的细菌总数，见表 3.35 中的例 1。

（2）若有两个稀释度，其平均菌落数均为 30～300，则按两者菌落总数之比值来决定。若其比值小于 2 应取两者的平均数，若大于 2 则取其中较小的菌落总数。

（3）若所有稀释度的平均值均大于 300，则应按稀释度最高的平均菌落数乘以稀释倍数，见表 3.35 中例 4。

（4）若所有稀释度的平均值均小于 30，则应按稀释度最低的平均菌落数乘以稀释倍数，见表 3.35 中例 5。

（5）若所有稀释度的平均值均不在 30～300，则以最近 300 或 30 的平均菌落数乘以稀释倍数，见表 3.35 中例 6。

（6）若同一稀释度的两个平板中，其中一个平板有较大片状菌苔生长，则该平板的数据不予采用，而应以无片状菌苔生长的平板作为该稀释度的平均菌落数；若片状菌苔大小不到平板的一半，而其余一半菌落分布又很均匀，则可将此一半的菌落数乘以 2 来表示整个平板的菌落数，然后再计算该稀释度的平均菌落数。

表 3.35 菌落总数计算方法举例

序号	不同稀释度的平均菌落数			两稀释度菌落数之比	菌落总数/(CFU/mL)	备注
	10^{-1}	10^{-2}	10^{-3}			
1	1365	164	20	—	16400 或 1.6×10^4	两位以后的数字采取四舍五入
2	2760	295	46	1.6	37750 或 3.8×10^4	
3	2890	271	60	2.2	27100 或 2.7×10^4	
4	无法计数	1650	513	—	513000 或 5.1×10^5	
5	27	11	5	—	270 或 2.7×10^2	
6	无法计数	305	12	—	30500 或 3.1×10^4	

四、粪大肠菌群检测

为区别存在于自然环境中的大肠菌群细菌和存在于温血动物肠道内的大肠菌群细菌，可以将培养温度提高至 44.5℃，在此条件下，仍能生长并发酵乳糖产酸产气者，称为粪大肠菌群。粪大肠菌群也采用多管发酵或滤膜法测定。

粪链球菌也是粪便污染的指示菌。这种菌进入水体后，在水中不再自行繁殖，这是它作为粪便污染指示菌的优点。此外，由于人粪便中大肠菌群数多于粪链球菌，而动物粪便中粪链球菌低于粪大肠菌群，因此，在水质监测中，根据这两种菌菌数的比值不同，可以推测粪便污染的来源。当该比值＞4 时，则认为污染主要来自人粪便，比值≤0.7，则认为污染主要来自温血动物；若比值＜4 而＞2，则为混合污染，但以人粪便为主；若比值≤2，而≥1，则难以判定污染来源。粪链球菌数的测定也采用多管发酵法或滤膜法。

技能实训

项目十二 水样细菌总数的测定

一、实训目的

（1）掌握微生物水样采集方法，会配制微生物通用培养基。

（2）掌握水样细菌总数测定原理，会测定不同类型水样的细菌总数指标。

二、实验原理

水中细菌总数可作为判定被检水样被有机物污染程度的标志。细菌数量越多，则水中有机质含量越大。在水质卫生学检验中，细菌总数是指 1mL 水样在牛肉膏蛋白胨琼脂培养基中经37℃、24h培养后所生长出的细菌菌落数。我国规定1mL自来水中细菌总数不得超过100个。本实训采用平板菌落计数法测定水中细菌总数。

三、实训准备

(一) 仪器与器具

主要有细菌培养箱、高压蒸汽灭菌锅、台秤（感量为1g）、玻璃烧杯、搪瓷烧杯、三角瓶、量筒、漏斗、试管、玻棒、牛角匙、牛皮纸（或报纸）、棉花、纱绳等。

(二) 药品与试剂

主要有牛肉膏、蛋白胨、NaCl、NaOH溶液（1mol/L）、盐酸溶液（1mol/L HCl）、无菌水和精密pH试纸（pH 5.4～9）。

四、实训过程

(一) 水样采集和保藏

1. 自来水水样

先将水龙头用火焰烧灼3min灭菌，然后再放水5～10min，最后用无菌容器接取水样，并速送回实验室检测。

2. 池水、河水或湖水水样

将无菌的带玻璃塞瓶瓶口向下浸入距水面10～15cm的深层水中，然后翻转过来，除去玻璃塞，水即流入瓶中，当取完水样后，即将瓶塞塞好（注意：采样瓶内水面与瓶塞底部间留些空隙，以便在测定时可充分摇匀水样），再从水中取出。

(二) 牛肉膏蛋白胨琼脂培养基的制备

1. 配制牛肉膏蛋白胨培养基

1）配方及配量

配方：牛肉膏0.3g，蛋白胨1g，NaCl 0.5g，琼脂粉1.5g，水100mL，pH 7.2～7.4。

配量：本实训每组可配制700mL。

2）称取药品

按培养基配方与配量分别称取各药品（药匙切莫混用，瓶盖及时盖上）。取少量水于烧杯中，将各培养基成分（琼脂除外）逐一加入水中待溶。

3）加热溶解

将玻璃烧杯放在石棉网上（搪瓷烧杯可直接用文火加热），用文火加热，并不断搅拌，促使各药品快速溶解，然后补充水分至所需配培养基的量。

4）调节pH

初配好的牛肉膏蛋白胨培养液是微酸性的，故需用1mol/L NaOH调pH至7.2～7.4。为避免调节时过碱，应缓慢加入NaOH液，边滴加NaOH边搅匀培养液，然后用 pH 试纸测其酸碱度值。也可先取 10mL 培养液于干净试管中，逐滴加入 NaOH 调 pH 至 7.2～7.4，并记录 NaOH 的用量，再换算出培养基总体积中需加入 NaOH 的数量，即可防止 NaOH 过量，并避免因用 HCl 回调而引入过多氯离子。

2. 分装牛肉膏蛋白胨培养基

1）培养基分装

将配制好的牛肉膏蛋白胨液体培养基分装于 250mL 三角瓶中。三角瓶内培养基的装量以不超过总容量的 1/2～3/5 为宜，若装量过多，灭菌时培养基在沸腾中易沾污棉塞及存放中易导致瓶内培养基的染菌等。

2）加棉塞

三角瓶口塞上用普通棉花（切勿用吸水棉!）制作的棉塞。三角瓶的口径较试管大，制成的棉塞外包一层纱布，这样的棉塞既耐用又方便。

3）包扎

在棉塞外再包上一层牛皮纸，以防灭菌时冷凝水直接沾湿棉塞及存放中防止尘埃等污染。然后挂上标签，注明培养基名称、日期和组别后进行灭菌。

3. 灭菌

将待灭菌的培养基放入加压灭菌锅内，温度升至 121℃（即 0.107MPa）灭菌 20min。自然降压，指针回到 0 处后，打开排气阀，取出灭菌的培养基。在 37℃恒温箱内培养 24h 后无菌生长，证实培养基已灭菌彻底后，才能收藏于冰箱或清洁的柜内贮存备用。在存放期间应尽量避免反复移位或晃动等易造成污染的行为。

（三）水中细菌总数测定

1. 自来水细菌总数测定

（1）用无菌移液管吸取 1mL 水样，加入无菌培养皿中（每个水样重复 3 个培养皿），然后在每个上述培养皿内各加入约 15mL 已融化并冷却至 45～50℃的牛肉膏蛋白胨琼脂培养基，并轻轻旋转摇动，使水样与培养基充分混匀，冷凝后即成检测平板。

（2）然后将其倒置于 37℃恒温箱内培养 24h。

（3）取出平板，用肉眼观察，统计平板上的细菌菌落数。

2. 池水、河水或湖水

1）水样稀释

取 3～4 支无菌试管，依次编号为 10^{-1}、10^{-2}、10^{-3}（或 10^{-4}），然后在上述每支试管中加入 9mL 无菌水。接着取 1mL 水样加入到 10^{-1}试管中，摇匀（注意：这根已接触过原液水样的移液管的尖端不能再接触 10^{-1} 试管中液面），另取 1mL 无菌移液管从 10^{-1}试管中吸 1mL 水样至 10^{-2} 试管中（注意事项同上），如此稀释至 10^{-3} 或 10^{-4} 管（稀释倍数视水样污染程度而定，取在平板上能长出 30～300 个菌落的稀释倍数为宜）。

2）加稀释水样

最后，从 3 个稀释度的试管中各取 1mL 稀释水样加入无菌培养皿中，每一稀释度重复 2 个培养皿。

3）加入融化培养基

在上述每个培养皿内加入约 15mL 已融化并冷却至 45～50℃的牛肉膏蛋白胨琼脂培养基，随即快速而轻巧地摇匀。

4）待凝培养

待平板完全凝固后，倒置于 37℃培养箱中培养 24h。

5）计菌落数

将培养 24h 的平板取出，用肉眼观察，计平板上的细菌菌落数。

五、实训成果

1. 数据记录

将各水样测定平板中细菌菌落的计数结果记录在表 3.36 中。

表 3.36　各水样测定平板中细菌菌落的计数结果记录表

稀释倍数 水样	原液 (1)（2）（3）平均值	10^{-1} (1)（2）平均值	10^{-2} (1)（2）平均值	10^{-3} (1)（2）平均值	菌落总数 (CFU/mL)
自来水					
河水					
池水					
湖水					

2. 结果计算

细菌菌落总数计算通常是采用同一浓度的两个平板菌落总数，取其平均值，再乘以稀释倍数，即得 1mL 水样中细菌菌落总数。各种不同情况计算方法如下：

(1) 首先选择平均菌落数在 30～300 之间者进行计算，当只有一个稀释度的平均值符合此范围时，则以该平均菌落数乘以稀释倍数即为该水样的细菌总数（表 3.37 例 1）。

(2) 若有两个稀释度，其平均菌落数均在 30～300 之间，则按两者菌落总数之比值来决定。若其比值小于 2，应取两者的平均数，若大于 2 则取其中较小的菌落总数（见表 3.37 例 2 和例 3）。

表 3.37　菌落总数计算方法举例

序号	不同稀释度的平均菌落数			两稀释度菌落数之比	菌落总数(CFU/mL)	备注
	10^{-1}	10^{-2}	10^{-3}			
1	1365	164	20	—	16400 或 1.6×10^{4}	两位以后的数字采取四舍五入
2	2760	295	46	1.6	37750 或 3.8×10^{4}	
3	2890	271	60	2.2	27100 或 2.7×10^{4}	
4	无法计数	1650	513	—	513000 或 5.1×10^{5}	
5	27	11	5	—	270 或 2.7×10^{2}	
6	无法计数	305	12	—	30500 或 3.1×10^{4}	

(3) 若所有稀释度的平均值均大于300，则应按稀释度最高的平均菌落数乘以稀释倍数（表3.37例4）。

(4) 若所有稀释度的平均值均小于30，则应按稀释度最低的平均菌落数乘以稀释倍数（表3.37例5）。

(5) 若所有稀释度的平均值均不在30～300之间，则以最近300或30的平均菌落数乘以稀释倍数（表3.37例6）。

(6) 若同一稀释度的两个平板中，其中一个平板有较大片状菌苔生长，则该平板的数据不予采用，而应以无片状菌苔生长的平板作为该稀释度的平均菌落数。若片状菌苔大小不到平板的一半，而其余一半菌落分布又很均匀，则可将此一半的菌落数乘以2来表示整个平板的菌落数，然后再计算该稀释度的平均菌落数。

六、注意事项

(1) 操作人员必须严格遵守无菌操作，牢固地树立无菌概念，经常保持桌面和周围环境的清洁，掌握好各种操作技术（如倒平板技术等），避免杂菌的污染，这是保证微生物实训成功的必要条件。

(2) 称药品用的各牛角匙不要混用，称完药品应及时盖紧瓶盖，瓶盖切莫张冠李戴，尤其是易吸潮的蛋白胨等更应注意及时盖紧瓶塞与旋紧瓶盖。

(3) 调pH时要小心操作，尽量避免回调而带人过多的无机离子。

(4) 配制半固体或固体培养基时，琼脂的用量应根据市售琼脂的牌号而定，否则培养基的软硬程度也会影响实验结果。

(5) 培养基冷却时需在室温下，勿用冷水直接冲洗瓶壁，以免导致琼脂凝块；也不宜放在冰凉且传热较快的瓷砖或不锈钢桌面，以避免瓶底过冷而出现凝结。

小结

本章力求引导大家在完成工业废水（或生产循环水）色度、悬浮物、酸碱度、重金属、总磷、余氯、化学需氧量及生化需氧量等水质指标的测定过程中，提炼、总结常用水质指标分析测定的方法原理及关键技术；通过边实训边总结的学做一体化过程，使大家掌握领悟水质指标测定技术的要领，具备操作原子吸收、紫外-可见分光光度计、显微镜等仪器设备，从事各种水体水质指标测定的工作能力。

作业

(1) 什么是真色？什么是表色？水质分析中测定的色度是水的真色还是表色？

(2) 分别简述铂钴比色法和稀释倍数法测定水样色度的原理和操作要点。

(3) 测定水样悬浮物时，用0.45μm滤膜、滤纸、石棉坩埚等滤器过滤水样对定结果有无影响？为什么？对于黏度大的废水样品应如何测定水中的悬浮物？

(4) 取某生活污水水样100.0mL，以酚酞为指示剂，用0.0100mol/L HCl溶液滴定至指示剂刚好褪色，用去25.00mL，再加甲基橙指示剂时不需滴入HCl溶液，就已经呈现终点颜色，问水样中有何种碱度？其含量为多少？[分别以（CaO，mg/L）、（$CaCO_3$，mg/L）、mol/L和mg/L表示]

（5）取水样100.0mL，首先加酚酞指示剂，用0.1000mol/L HCl溶液滴定至终点，消耗9.00mL；接着加甲基橙指示剂，继续用HCl溶液滴定至终点，又消耗了9.00mL。问该水样有何种碱度？其含量为多少？（用mg/L表示）

（6）取水样100mL，调节pH=10，以EBT为指示剂，用10.0mmol/LEDTA溶液滴定到终点，消耗22.00mL，求水样中的总硬度[以mmol/L、（$CaCO_3$，mg/L）和德国度表示]？

（7）水样“三氮”是指什么？测定其各有什么现实意义？水样总氮的常用什么方法测定？其原理是什么？

（8）氟离子选择电极测定水样中F^-的原理是什么？为何在测定溶液中加入总离子强度调节剂（TISAB）？用何种方法测定可以不加TISAB，为什么？

（9）冷原子吸收法测定水样汞含量的原理是什么？操作时应注意哪些关键技术环节？

（10）原子吸收法测定水样重金含量的原理是什么？有什么优缺点？应注意哪些关键技术环节？

（11）简述COD、BOD、TOC、TOD的含义，对同一水样而言，它们之间在数量上是否有一定的关系？为什么？BOD_5/COD_{Cr}的大小反映了水样的什么特性？

（12）重铬酸钾法测定水样COD的原理是什么？影响测定准确度的因素有哪些？如何控制？

（13）高锰酸盐指数和化学需氧量在应用上有何区别？二者在数量上有何关系？为什么？

（14）压差法测定水样BOD_5值的原理是什么？该方法的优缺点是什么？操作中应注意哪些问题？

（15）测定水样细菌总数、大肠菌群数和粪链球菌数各有什么现实意义？

（16）多管发酵法和滤膜法测定水中大肠菌群各有什么优缺点？

知识链接

原子吸收光谱法测定精度的影响因素分析

原子吸收光谱法（AAS法），是一种简便、易掌握的分析方法，但绝不是一种精密度最高的分析方法。用火焰原子吸收法时，火焰波动、溶液提升量等因素会影响其测定结果；用石墨炉原子吸收进行分析时，石墨管质量、光谱干扰等因素不易控制。因此，用AAS法测定分析样品时应注意以下几个方面：

1. 合理选择线性范围，正确绘制工作曲线

由于AAS法的线性范围窄，因此绘制正确的工作曲线就显得尤为重要。在做工作曲线时要注意以下几点：①绘制一条工作曲线至少要取5～7点，并且每一个点要重复测定两次或多次，直到平行样的测定值满足要求后，再进行下一个点的测定；②标准样品和待测样品必须使用相同的溶剂系统；③工作曲线所选用的浓度范围要包括待测样品的浓度。

补救AAS法测定浓度范围窄的措施有两种。一是把各种灵敏度不同的吸收线连接起来使用，以实现宽浓度范围的测定。然而，这种方法不太适用吸收线少的碱金属和碱土金属元素，只能勉强适用于铅、铜、铁、锰、铂等元素。另一种是在工作曲线开始弯曲的地方多加测几个点，以便绘制正确的工作曲线，也可用一元二次方程绘制工作曲线。

2. 注意样品稀释对分析结果的影响

水质检测领域，常用的AAS法是火焰原子吸收法和石墨炉原子吸收法，二者的灵敏度不同，应根据样品的浓度范围选择相应的分析方法。同一分析项目不同仪器的工作范围不同，在分析样品之前，首先应清楚自己所使用仪器的工作范围。如果样品的浓度范围不在自己仪器工作范围之内，那么就要考虑稀释样品，使稀释后样品的浓度范围在仪器工作范围之内。但要注意的是，稀释的倍数不能过大，特别是用石墨炉原子吸收检测时。这是因为石墨炉原子吸收的灵敏度很高，所用的蒸馏水、去离子水及稀酸中或多或少的含有杂质，从引发试剂误差。

3. 注意稀释溶解用酸对测定的影响

稀释标准系列和溶解待测物质所用酸的纯度过低会使测定空白值偏大。用石墨炉原子吸收光谱法做铅的标准曲线时，若发现空白值突然高出许多；当排除容器污染、重新更换石墨管后，重新配制空白溶液（0.2%硝酸）重新测试，结果仍然如此；我们就该怀疑是稀释用硝酸的纯度不达标。由于不同生产厂家生产的酸，杂质的含量是不相同的。因此，在用石墨炉进行水样分析时，务必注意，配标准系列所加的酸与水样中所加的酸一定要是同一厂家同一批号的酸，只有这样才能把酸对标准系列测定和对水样测定的误差控制在同一水平线上。

第四章　数据处理与误差分析

学习目标

（1）能简述各类误差的产生原因、处理方法和表征指标。

（2）能根据精度要求完成有效数字修约、可疑值分析和离群值的判断取舍。

（3）能进行测定结果的一致性检验，会两变量的相关性分析及回归方程计算。

（4）能完成污水油含量的测定及数据误差分析。

（5）能完成污水六价铬和总铬的含量测定及相关性分析。

必备知识

（1）总体和样本，系统误差和偶然误差，准确度、精密度和灵敏度的含义。

（2）绝对误差与相对误差、绝对偏差与相对偏差、平均偏差与相对平均偏差、标准偏差与相对标准偏差、置信区间和准确度的计算公式。

（3）“四舍六入五留双”的有效数字修约规则，Q 检验法等离群值检验方法。

（4）直线回归方程的求解及相关性检验。

选修知识

（1）检测限、测定限和仪器线性范围。

（2）评价准确度的“加标回收”方法。

（3）方差分析。

项目引导

项目：废（污）水油含量测定及误差分析，六价铬与总铬含量测定及相关性分析。

教学引导：皮革制造废（污）水中含有大量的矿物油和金属铬，直接排放会造成环境污染，甚至引发恶性污染事故，是国家重点控制“三废”污染之一。某制革企业欲对其生产废（污）水进行净化处理，以达到排放标准；设计废（污）水处理工艺，或是运行管理废（污）水处理设施，都需要详细了解该制革企业废（污）水主要污染物——矿物油和铬的含量及其变化规律。完成好这类工作，就要求我们具备污水油含量、铬含量测定技术，数据误差分析、相关分析和回归方程计算等方面的知识技能。

课前思考题

（1）制革污水的矿物油含量如何测定？原始数据怎样记录？结果如何分析和表述？

（2）测定数据中的可疑值如何判断和取舍？误差如何分析、计算和控制？

（3）哪些因素会影响测定结果的准确度和精密度？如何计算、表征准确度和精密度？

（4）污水六价铬和总铬的含量如何测定？怎样分析二者的相关性？如何计算回归方程？

第一节　误差分析基础

由于表征水体水质优劣的水质指标值受时间、空间等因素的显著影响，因而描述某一区域水体的水质状况，必须按相关规定布点，以一定的频率采样测定，再对大量实验测定数据进行统计处理，最后才能根据统计值来表征水质的优劣，所以水质检验的准确度和精密度就显得尤为重要。由于水质检验数据常受到测定方法、测量仪器、试剂纯度以及检测人员技术水平等因素的影响，使得测定值和真实值之间常存在差异，这就是误差。即使是技术很熟练的检验人员，采用最完善的分析方法和最精密的仪器，对同一试样仔细地进行多次分析，其结果也不会完全一样，而是在一定的范围内波动。这就说明分析过程中不可避免地存在着误差。因此，水质检测不仅要获得检验结果，而且要分析检测数据的可靠性、误差大小及产生原因，控制误差在允许范围内，保证水质检验分析结果的准确、可信。

一、总体和样本

水质检验分析中广泛采用统计学方法处理各种数据，因而，把研究对象的全体称为总体，把全体中的每一个单位叫做个体。从总体中随机抽出的一些个体组成的集合称为样本。样本所含个体的数目叫样本容量记为 n。例如，欲分析某炼油企业污水的油污染状况，则该企业排放的所有污水即为总体，每个排污口处的污水都是个体。若分别在该企业污水处理厂的污水总入口、隔油池出口、第二气浮池出口、沉淀池出口、污水回用口五处设点采样进行含油量分析，则样本中包含的个体数为 5，即样本容量为 5。

二、误差与偏差

（一）误差分类

测定值和真实值之间的差值称为误差。误差有正负之分，测定值大于真实值，误差为正；测定值小于真实值，误差为负。误差按其性质及产生原因不同分为系统误差和偶然误差两类。

1. 系统误差

系统误差是指在测定过程中由于某些固定的原因所造成的误差，可分为方法误差、仪器误差和试剂误差等。方法误差是由分析方法本身存在的缺点所造成的。例如，在重量分析法中，由于沉淀的溶解、共沉淀现象、灼烧时沉淀的分解或挥发等因素，都会导致分析结果系统的偏高或偏低。仪器误差是由于仪器本身的精确度有限所产生的误差。例如，玻璃容器的刻度不准确、砝码未经校正、坩埚灼烧后失重等，都会产生系统误差。试剂误差是由于使用的试剂纯度不够或蒸馏水中含有微量杂质所引起的误差。

系统误差对测定结果的影响具有单向性、重现性和可测性。单向性表现为误差的存在使分析结果总是偏高或偏低。重现性表现为系统误差可在多次测定中可重复出现。可测性即系统误差可通过对照试验、空白试验、校准仪器等方法进行测定和校正。

2. 偶然误差

偶然误差又称为不可测误差，是由一些偶然因素引起的。例如，温度、压力、湿度等外界条件的突然变化，仪器性能的微小变化，操作稍有出入等原因引起的，这些不可避免的偶然因素，都能使测定结果在一定范围内波动而引起误差。这种误差是由一些不确定的因素造成的，因而其变化的方向（正、负）和幅度（大、小）难以预测，在分析操作中也不可避免。但是，只要进行多次测定，便会发现其分布符合统计规律。偶然误差的主要特点为：①绝对值相近的正、负误差出现的概率相等；②小误差出现的概率多，大误差出现的概率少，很大误差出现的概率极小。上述规律可用正态分布曲线表示，如图 4.1 所示。

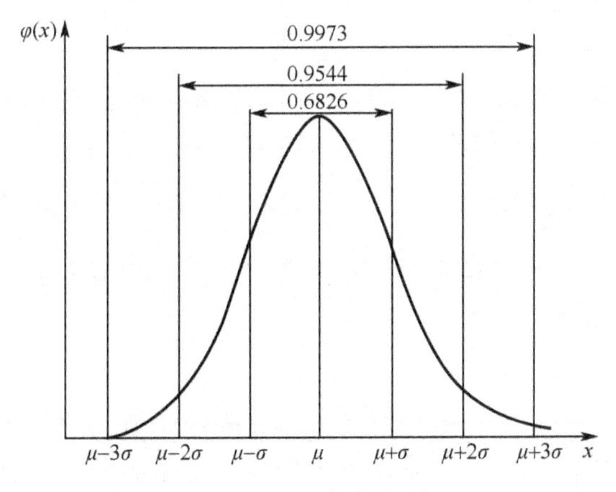

图 4.1　正态分布图

图中横坐标代表误差的大小，纵坐标代表误差发生的概率。由统计学规律知，样本落在下列区间内的概率如表 4.1 所示。

表 4.1 正态分布总体的样本落在下列区间内的概率

区间	落在区间内的概率/%	区间	落在区间内的概率/%
$\mu\pm1.000\ \sigma$	68.26	$\mu\pm2.000\ \sigma$	95.44
$\mu\pm1.645\ \sigma$	90.00	$\mu\pm2.57\ \sigma$	99.00
$\mu\pm1.96\ \sigma$	95.00	$\mu\pm3.00\ \sigma$	99.73

注：①μ 是总体平均值，是指当测定次数无限增多时所得的平均值，是曲线最高点的横坐标；

②σ 是总体标准偏差，反映了数据的离散程度。

由上述规律可以得出，在消除系统误差的前提下，随着平行测定次数的增加，多次测定结果的平均值更接近于真实值，且测量的次数愈多，也就愈接近真实值。因此，在分析过程中不能以任何一次的测定值作为测定结果，常取多次测量的算术平均值作为测定结果。实验表明，测定次数不多时，偶然误差随测定次数的增加而迅速减小；当测定多于 10 次以上时，误差减小就不很显著了，因此，从时间和经济效益考虑，测定次数太多时，不仅浪费时间，而且消耗的试剂较多，所以，在准确度要求许可的范围内，应尽可能减少测定次数。

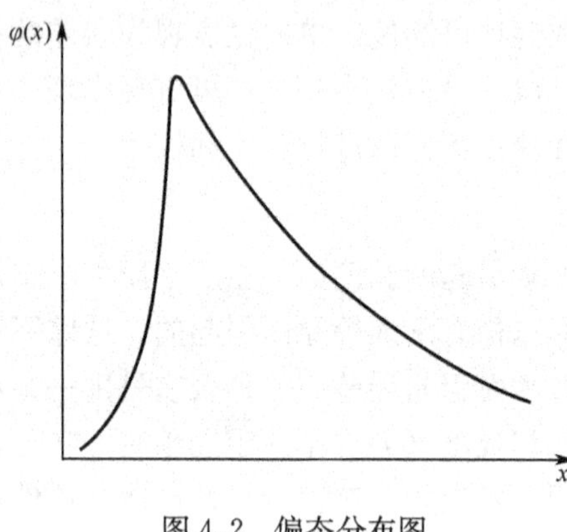

图 4.2 偏态分布图

实际工作中，有些监测数据呈偏态分布，如图 4.2 所示；有些数据本身不呈正态分布，但将数据通过数学转换后可显示正态分布。如监测数据的对数呈正态分布，称为对数正态分布。这时，可现将数据转化为正态分布，再按正态分布的数据处理方法进行误差分析和数据处理。因此，偶然误差可通过增加平行测定次数进行控制。

（二）误差和偏差的表示方法

1. 误差的表示方法

误差是指测定结果和真实值之间的差值，可用绝对误差 E 和相对误差 RE 表示。

$$\text{绝对误差}(E)=\text{个别测定值}(x_i)-\text{真实值}(\mu) \tag{4.1}$$

$$\text{相对误差}(RE)=\frac{\text{个别测定值}\ x_i-\text{真实值}\ \mu}{\text{真实值}\ \mu}\times100\% \tag{4.2}$$

应该注意，绝对误差和相对误差都有正值和负值，正值表示测定结果偏高，负值表示测定结果偏低。

2. 偏差的表示方法

在水质检测中，人们一般并不知道待测样品的真实值，因而就无法用绝对误差或相对误差来衡量测定结果的好坏，这时就可以用偏差来衡量测定结果的好坏。偏差是指测定值与多次平行测定值的算术平均值 $\bar{x}$ 的差值，偏差又分为绝对偏差和相对偏差、算术平均偏差和相对平均偏差、标准偏差和相对标准偏差。

1）绝对偏差和相对偏差

$$绝对偏差\ d_i = 个别测定值\ x_i - 多次测定的平均值\ \bar{x} \tag{4.3}$$

$$相对偏差\ Rd_i = \frac{绝对偏差}{平均值} \times 100\% = \frac{d_i}{\bar{x}} \times 100\% \tag{4.4}$$

2）算术平均偏差和相对平均偏差

在对同一试样进行多次测定，所得结果为 x_1、x_2、x_3、…、x_n，则它们的算术平均值和算术平均偏差分别表示为

$$\bar{x} = \frac{x_1 + x_2 + \cdots + x_n}{n} \tag{4.5}$$

$$\bar{d} = \frac{|x_1 - \bar{x}| + |x_2 - \bar{x}| + \cdots + |x_n - \bar{x}|}{n} \tag{4.6}$$

$$相对平均偏差 = \frac{\bar{d}}{\bar{x}} \times 100\% \tag{4.7}$$

3）标准偏差和相对标准偏差

标准偏差是离均差平方和与自由度比值的二次均方根，用以表征较大偏差的存在对测量结果的影响，其计算公式为

$$标准偏差(s) = \sqrt{\frac{\sum (x_i - \bar{x})^2}{n-1}} = \sqrt{\frac{\sum d_i^2}{n-1}} \tag{4.8}$$

相对标准偏差又称为变异系数，是样本标准偏差在样本平均值中所占的百分数，用 C_v 表示，其计算公式为

$$变异系数(C_v) = \frac{s}{\bar{x}} \times 100\% \tag{4.9}$$

例 4.1　某工厂采用红外法测定污水油含量，共进行了 9 次平行测定，其测定结果分别为 1.1、1.3、1.4、1.5、1.5、1.0、0.9、1.2、1.2mg/L，计算测定结果的平均值、算术平均偏差、相对平均偏差、标准偏差和变异系数。

解　计算过程如表 4.2 所示。

表 4.2　计算数据

x_i/(mg/L)	$\lvert d_i \rvert$/(mg/L)	d_i^2
1.1	0.1	0.01
1.3	0.1	0.01
1.4	0.2	0.04
1.5	0.3	0.09
1.5	0.3	0.09
1.0	0.2	0.04
0.9	0.3	0.09
1.2	0.0	0.00
1.2	0.0	0.00
$\bar{x}$=1.2	$\sum \lvert d_i \rvert = 1.5$	$\sum d_i^2 = 0.37$

平均值 $\bar{x}=1.3\text{mg/L}$

算术平均偏差 $\bar{d}=\frac{\sum|d_i|}{n}=\frac{1.5}{9}=0.17$

相对平均偏差 $\frac{\bar{d}}{\bar{x}}\times100\%=\frac{0.17}{1.2}\times100\%=14.2\%$

标准偏差 $s=\sqrt{\frac{\sum d_i^2}{n-1}}=\sqrt{\frac{0.37}{9-1}}=0.215$

变异系数 $C_v=\frac{s}{\bar{x}}\times100\%=\frac{0.215}{1.2}\times100\%=17.9\%$

三、准确度、精密度和灵敏度

（一）准确度

准确度是评价分析结果（单次测定值或重复测定值的均值）与真值（假定的或公认的）之间符合程度的指标，是测量过程系统误差和偶然误差的综合反映，其好坏决定分析结果是否可靠。

准确度是指测定值与真实值的接近程度。准确度的高低常用误差来衡量，误差越小，准确度越高。由于相对误差能反映出误差在真实值中所占的比例，故常用其表征或比较各种情况下测定结果的准确度。

准确度的评价方法有两种：第一种是通过分析标准物质，根据测定结果和已知真值的误差大小来判断结果的准确度；第二种是“加标回收”法，即在样品中加入一定量的标准物质构成加标样品，在相同条件下用同种方法对加标样品和未知样品（未加标准物质的样品）进行预处理和测定，然后计算出加入标准物质的回收率，以确定准确度。“加标回收”法是目前实验室中最常用的准确度分析方法，其计算公式为

$$\text{加入标准物质的回收率}=\frac{\text{加标试样测定值}-\text{未知试样测定值}}{\text{加入标准物质的量}}\times100\% \quad (4.10)$$

（二）精密度

1．精密度相关术语

讨论精密度时，常要遇到如下一些统计术语：

1）平行性

平行性是指当实验室、分析人员、分析设备和分析时间都相同时，用同一分析方法对同一样品进行双份或多份平行样测定，其测定结果之间的符合程度。

2）重复性

重复性是指在同一实验室内，分析人员、分析设备及分析时间中的任一项不相同时，用同一分析方法对同一样品进行两次或多次独立测定，所得结果之间的符合程度。

3）再现性

再现性是指在不同实验室（分析人员、分析设备、甚至分析时间都不相同），用同

一分析方法，对同一样品进行多次测定，结果之间的符合程度。

2. 精密度及表征指标

1）精密度

精密度是指在相同测定条件下，对同一试样进行多次重复测定，所得测定结果的一致程度。精密度可以表征测定方法的稳定性和重现性，反映了分析方法或测量系统偶然误差的大小。

2）精密度的表征指标

精密度高低通常用偏差大小来衡量，偏差越小，测定结果的精密度越高。偏差分为绝对偏差、平均偏差、相对平均偏差、标准偏差和相对标准偏差等，其中平均偏差、相对平均偏差、标准偏差和相对标准偏差较为常用。但是，当测定数据的分散程度较大时，因各单次测量偏差相加过程正负相互抵消等原因的存在，使得仅从平均偏差和相对平均偏差的大小看不出精密度好坏；而标准偏差和相对标准偏差不仅克服了测量偏差相加正负抵消的不足，而且使偏差更显著地表现出来，更好地说明了数据的分散程度。因此，标准偏差和相对标准偏差能更好地衡量测定数据精密度的好坏。

（三）灵敏度

分析方法的灵敏度是指该方法对单位浓度或单位量待测物质的变化所引起响应量变化的程度。灵敏度通常用仪器（分析方法）的响应量（或其他指示量）与对应待测物质的浓度（或数量、质量）之比来描述。如在用分光光度计测定样品时，常用标准曲线的斜率来度量灵敏度。标准曲线的直线部分可用下式表示：

$$A = kc + a \tag{4.11}$$

式中：A——仪器的响应量，吸光度；

c——待测物质的浓度；

a——标准曲线的截距；

k——方法的灵敏度，k 值大，说明方法灵敏度高。

某一分析方法的灵敏度可因实验条件的改变而改变，但在一定的实验条件下，灵敏度具有相对的稳定性。

第二节 数据处理

一、有效数字修约

在水质检测中，为了得到准确的分析结果，不仅要求测定过程科学规范，而且要求对测定数据进行科学记录和正确计算。测定数据不仅表示样品中被测组分含量的多少，同时还反映了测定的准确程度。所以，实验数据记录和结果计算的有效数字确定，都应根据测定方法和所用仪器的精度来决定，而不能随意增加或减少位数。

（一）有效数字

有效数字是指在实验中实际能测量到的数字，它包括数位实测（确定）数字和一位估测（不确定）数字。在数据记录和结果计算时，要保留的有效数字中，只有最后一位数字是估测的。

例如，用万分之一分析天平称得某物体的质量为 0.3280g，则这一数值中，“0.328”是准确测量的；最后一位数字“0”是估计的，其有上下一个单位的允许误差；即该物质的真实质量是 0.3280±0.0001g 范围内的某一数值。此时称量的绝对误差为 0.0001g，相对误差为±0.03%。若将上述称量结果记录为 0.328g，则表示该物体的实际质量将是 0.328±0.001g 范围内的某一数值，即称量的绝对误差为±0.001g，而相对误差为±0.3%。可见，测定数据记录时，小数点后末尾多写一位或少写一位“0”，所反映的测量精确程度是不一样的。因此，数据记录和结果计算中应保留几位有效数字，必须根据所用仪器或测定方法的精确度来确定。在测量精确度的范围内，有效数字位数越多，测量越准确，但记录超过准确度范围的数字是没有意义的。

（二）有效数字位数确定

有效数字的位数，一般是从该数据的第一位非“0”数字开始数起到最后一位数字结束的数字个数。因此，“0”可能是有效数字，也可能是非有效数字，具体与其所在位置有关。非“0”数字之间的“0”是有效数字，非“0”数字前面的“0”不是有效数字，只起定位作用。最后一个非“0”数字后面的“0”，是否为有效数字，应根据具体情况而定；以“0”结尾小数的“0”是有效数字，而以“0”结尾的整数，不一定是有效数字，其有效数字的位数不确定。

例如，在 1.0002g 中间的三个“0”都为有效数字；在 0.0045g 中的“0”不是有效数字，只起定位作用；在 0.40%中前面的“0”起定位作用，不是有效数字，后面的“0”是有效数字；2500 的有效数字位数可能是二位（4.5×10^3）、三位（4.50×10^3）、或四位（4.500×10^3），应根据测量准确度用科学计数法记录实际测定数据。

例 4.2 请确定 2.0205、0.2、0.001%、25.30%、0.5600、2.203×10^2、1200、250 等 8 个数据的有效数字位数。

解

2.0205	五位有效数字
0.2，0.001%	一位有效数字
25.30%，0.5600，2.203×10^2	四位有效数字
1200，250	有效数字位数不定

（三）有效数字的修约

在水质检测过程中，往往一个被测组分含量测定通常包括几个测量环节，得到几个测量数据，然后根据所得数据进行计算，最后求得被测组分的测定结果。而各个测量环节的测量精度不一定完全一致，因而几个测量数据的有效数字位数可能也不相同，因此在几个数据进行计算时就要对多余的数字进行修约。

在定量测定中，常采取的修约规则是“四舍六入五留双”，即在拟舍弃的数字中①若左边起的第一个数字小于等于 4 则舍去；②若左边起的第一个数字大于等于 6 则进一；③若左边起的第一个数字为5，且其右边的数字并非全部为零时进一；④若左边的第一个数字为5，其右边的数字全部为零，则拟保留的末位数字为奇数则进一，为偶数则舍去。

注意：拟舍去的数字若为两位以上，必须一次完成修约，绝对不得连续进行多次修约！

例4.3　将数字15.2435、10.3501、26.4823、12.2500、12.4563、12.3500、1225.0、1535.0和21.54537修约成三位有效数字。

解　15.2435→15.2　　10.3501→10.4

26.4823→26.5　　12.2500→12.2

12.4563→12.5　　12.3500→12.4

1225.0→1.22×10^3　　1535.0→1.54×10^3

21.54537→21.5

（四）有效数字的运算

1. 加减法

当几个数据相加或相减时，它们的和或差的有效数字的位数保留，应以小数点后位数最少的数据为准。

例4.4　计算0.0121＋25.64＋1.05783＝？

解

$$0.0121+25.64+1.05783$$
$$=0.01+25.64+1.06$$
$$=26.71$$

2. 乘除法

几个数据相乘除时，它们的积或商的有效数字位数的保留，应以有效数字位数最少的那个数据为准。

例4.5　计算$\dfrac{(0.05000\times20.00-0.5032\times5.55)\times\dfrac{52.00}{3000}}{1.000}\times100\%=?$

解

$$\frac{(0.05000\times20.00-0.5032\times5.55)\times\dfrac{52.00}{3000}}{1.000}100\%$$

$$=\frac{(1.000-0.279)\times\dfrac{52.00}{3000}}{1.000}\times100\%$$

$$=\frac{0.721\times\dfrac{52.00}{3000}}{1.000}\times100\%$$

$$=1.25\%$$

3. 注意事项

在计算和取舍有效数字位数时，应注意以下几点：

（1）若某数据的第一位有效数字大于等于 8，则其有效数字的位数可多算一位，例如 9.24 可视为四位有效数字。

（2）计算中遇到 2、5、10 等倍数或 1/2 等分数时，可不考虑其有效数字的位数，而计算结果的有效数字位数应由其他测量数据决定。

（3）一般情况下，计算各种误差时，应取一位有效数字，最多取 2 位。

二、可疑值取舍

在水质检测分析中，常会遇到某一组分析数据中有个别数据与其他数据相差较大；或者多组分析数据中有个别组数据的均值与其他组的均值相差较大。如果确知这些差异较大的数据是因为实验条件发生明显变化或实验过程中的过失所造成的，那么这种与其他数据有明显差异的数据称为离群数据。离群数据的存在会影响分析结果的准确性，当测定次数较少时影响尤为显著，因而在数据处理中应舍去。如果这些有差异的数据只是由偶然误差引起的，则属于正常现象，就是正常值，应该保留。怀疑是离群值，但尚未经检验断定其是离群数据的测量数据，称为可疑值。可疑值的取舍，不可随意进行，而应根据误差理论，采用数理统计的方法进行检验判别后再进行处理。常用的检验判别方法有 Dixon 检验法（Q 检验法）和 Grubbs 检验法（T 检验法）。

（一）Dixon 检验法

Dixon 检验法适用于一组测量值的一致性检验和离群值剔除。本检验方法的具体步骤如下：

（1）将测定结果按从小到大的顺序排列：x_1、x_2、x_3、…、x_n。其中 x_1 和 x_n 分别为最小可疑值和最大可疑值。

（2）根据测定次数 n 按表 4.3 计算式计算 Q 值。

表 4.3 Dixon 检验统计量 Q 计算公式

n 值范围	可疑值为最小值 x_1 时	可疑值为最大值 x_n 时	n 值范围	可疑值为最小值 x_1 时	可疑值为最大值 x_n 时
3～7	$Q=\frac{x_2-x_1}{x_n-x_1}$	$Q=\frac{x_n-x_{n-1}}{x_n-x_1}$	11～13	$Q=\frac{x_3-x_1}{x_{n-1}-x_1}$	$Q=\frac{x_n-x_{n-2}}{x_n-x_2}$
8～10	$Q=\frac{x_2-x_1}{x_{n-1}-x_1}$	$Q=\frac{x_n-x_{n-1}}{x_n-x_2}$	14～25	$Q=\frac{x_3-x_1}{x_{n-2}-x_1}$	$Q=\frac{x_n-x_{n-2}}{x_n-x_3}$

（3）根据给定的显著性水平（α）和样本的测定次数（n），再在表 4.4 中查得临界值（Q_α）。

（4）将计算值 Q 与临界值 Q_α 比较，若 $Q \leqslant Q_{0.05}$，则可疑值为正常值，应保留；若 $Q_{0.05} < Q \leqslant Q_{0.01}$，则可疑值为偏离值，可以保留；若 $Q > Q_{0.01}$，则可疑值为离群值，应剔除。

表 4.4　Dixon 检验临界值（Q_α）表

n	显著性水平(α)		n	显著性水平(α)	
	0.05	0.01		0.05	0.01
3	0.941	0.988	15	0.525	0.616
4	0.765	0.889	16	0.507	0.595
5	0.642	0.780	17	0.490	0.577
6	0.560	0.698	18	0.475	0.561
7	0.507	0.637	19	0.462	0.547
8	0.554	0.683	20	0.450	0.535
9	0.512	0.635	21	0.440	0.524
10	0.477	0.597	22	0.430	0.514
11	0.576	0.679	23	0.421	0.505
12	0.546	0.642	24	0.413	0.497
13	0.521	0.615	25	0.406	0.489
14	0.546	0.641			

例 4.6　某一试样的 10 次测量值分别为：15.48%、15.51%、15.52%、15.53%、15.52%、15.56%、15.53%、15.54%、15.68%、15.56%，试用 Q 检验法检验 15.48%和 15.68%是否为离群值。

解

（1）将各测定值按从小到大的顺序排列：

15.48%、15.51%、15.52%、15.52%、15.53%、15.53%、15.54%、15.56%、15.56%、15.68%

（2）检验最小值 15.48%是否为离群值。

查表 4.3 知 $n=10$ 时 Q 值的计算公式，并计算 Q 值：

$$Q=\frac{x_2-x_1}{x_{n-1}-x_1}=\frac{15.51\%-15.48\%}{15.56\%-15.48\%}=0.375$$

（3）查表 4.4，当 $n=10$，给定显著性水平 $\alpha=0.05$ 时，$Q_{0.05}=0.477$。

（4）因为 $Q=0.375<Q_{0.05}=0.477$，故最小值 15.48%为正常值，应保留。

同理，检验最大值 15.68%是否为离群值，$n=10$，根据表 4.3 公式计算 Q 值。

查表 4.3 得如下公式：

$$Q=\frac{x_n-x_{n-1}}{x_n-x_2}=\frac{15.68\%-15.56\%}{15.68\%-15.51\%}=0.706$$

查表 4.4，当 $n=10$，给定显著性水平 $\alpha=0.01$ 时，$Q_{0.01}=0.597$。由于计算 $Q=0.706>Q_{0.01}=0.597$，故最大值 15.68%为离群值，应剔除。

Dixon 检验法（Q 检验法）的缺点是没有充分利用测定数据，仅将可疑值与相邻数据比较，可靠性差。在测定次数少时，如 3～5 次测定，误将可疑值判为正常值的可能性较大。Q 检验法可以重复检验至无其他可疑值为止。但要注意 Q 检验法检验公式，随 n 不同略有差异，在使用时应注意不要混淆。

（二）Grubbs 检验法

Grubbs 检验法也称作 T 检验法，适用于检验多组测量值均值的一致性和剔除多组测量值中的离群均值，也可用于检验一组测量值一致性和剔除一组测量值中的离群值。检验步骤方法如下：

（1）将各数据按大小顺序排列：x_1、x_2、x_3、…、x_n，将其中最大值记为 x_{max}，最小值记为 x_{min}。

（2）计算这组数据的算术平均值 $\overline{x}$ 和标准偏差 s。

（3）为判断最大值 x_{max} 和最小值 x_{min} 是否可疑，分别计算其 T 值。

$$T=\frac{\overline{x}-x_{min}}{s} \quad 或 \quad T=\frac{x_{max}-\overline{x}}{s} \tag{4.12}$$

（4）根据测定次数 n（或测定值组数 l）和给定的显著性水平 α，查表 4.5 得 T 的临界值 T_α。

（5）比较计算的 T 和临界值 T_α，若 $T \leqslant T_{0.05}$，则可疑值为正常值，应予保留；若 $T_{0.05}<T \leqslant T_{0.01}$，则可疑值为偏离值；若 $T>T_{0.01}$，则可疑值为离群值，应予剔除。

（6）在第一个异常数据剔除舍弃后，如果仍有可疑数据需要判别时，则应重新计算 $\overline{x}$ 和 s，求出新的 T 值，再次检验，依此类推，直到无异常的离群数据为止。

例 4.7 10 个实验室分析同一样品，各实验室 5 次测定的平均值按大小顺序为 4.41、4.49、4.50、4.51、4.64、4.75、4.81、4.95、5.01、5.39，用 T 检验法检验最大均值 5.39 是否为离群均值？

解 要判断 $x_{max}=5.39$ 在这组数据中是否为离群值，可先将其代入下式计算 T 值

$$T=\frac{x_{max}-\overline{x}}{s}$$

其中

$$\overline{x}=\frac{4.41+4.49+4.50+4.64+4.75+4.81+4.95+5.01+5.39}{10}=4.75$$

$$s=\sqrt{\frac{\sum(x_i-\overline{x})^2}{n-1}}=0.305$$

所以

$$T=\frac{5.39-4.75}{0.305}=2.10$$

查表 4.5 知，$n=10$，$\alpha=0.05$ 时，$T_{0.05}=2.176$。

由于 $T=2.10< T_{0.05}=2.176$，故 5.39 为正常值，应予以保留。

表 4.5 Grubbs 检验临界值（T_α）表

次数 n 组数 l	临界值		次数 n 组数 l	临界值	
	$T_{0.05}$	$T_{0.01}$		$T_{0.05}$	$T_{0.01}$
3	1.153	1.155	15	2.409	2.705
4	1.463	1.492	16	2.443	2.747
5	1.672	1.749	17	2.475	2.785
6	1.822	1.944	18	2.504	2.821
7	1.938	2.097	19	2.532	2.854
8	2.032	2.221	20	2.557	2.884
9	2.110	2.322	21	2.580	2.912
10	2.176	2.410	22	2.603	2.939
11	2.234	2.485	23	2.624	2.963
12	2.285	2.050	24	2.644	2.987
13	2.331	2.607	25	2.663	3.009
14	2.371	2.659			

三、置信度与置信区间

在水质分析过程中，若样本容量为 n，则样本均值可用式（4.12）计算得到。当测定次数 n 无限增多时，所得样本平均值即为总体平均值 μ，即真值。

$$\bar{x}=\frac{1}{n}\sum_{i=1}^{n}x_i \tag{4.13}$$

对于无限次测定，测定值 x_i 将随机地分布在其总体平均值 μ 的两边。若以测定值的大小为横坐标，以其相应的出现概率为纵坐标作图，可得到一个正态分布曲线，如图 4.1所示。正态分布曲线与横坐标从 $-\infty$到$+\infty$之间所夹的总面积，代表了所有测量值出现的概率总和，其值为 100%。由数学计算可知，在 $\mu-\sigma$ 到 $\mu+\sigma$ 区间内，曲线所包围的面积为 68.3%，真值 μ 落在此区间内的概率为 68.3%，此概率称为置信度。同样可计算出落在 $\mu\pm2\sigma$ 和 $\mu\pm3\sigma$ 区间内的概率分别为 95.4%和 99.7%。

在实际分析工作中，不可能，也没有必要对某一试样进行无限多次测定，因而总体平均值 μ 和标准偏差 σ 经常是不知道的。在只进行有限次测定时，只能获得样本平均值 $\bar{x}$ 和标准偏差 s。由统计学可以推导出有限次数测定的样本均值 $\bar{x}$ 和总体平均值（真值）μ 的关系式（4.14），此关系式也是真值的置信区间。

$$\mu=\bar{x}\pm\frac{t\cdot s}{\sqrt{n}} \tag{4.14}$$

式中：s——样本标准偏差，$s=\sqrt{\dfrac{\sum(x-\bar{x})^2}{n-1}}$；

n——为测定次数，$n-1$ 称作自由度；

t——为在选定的某一置信度下的概率系数，可根据测定次数从表 4.6 中查得。

置信度（P）表示某一 t 值时真值 μ 落在（$\bar{x}\pm ts$）范围内的概率。显著性水平（$\alpha=1-P$）表示真值 μ_i 则落在（$\bar{x}\pm ts$）范围之外的概率。置信区间是指在置信度（P）保证下真值 μ 的数值范围（$\bar{x}\pm ts$）。

表 4.6 对于不同测定次数及不同置信度的 t 值（双边）

自由度 f（$f=n-1$，n 为测定次数）	置信度 P(双侧概率)，显著性水平 α		
	$P=0.90$ $\alpha=0.10$	$P=0.95$ $\alpha=0.05$	$P=0.99$ $\alpha=0.01$
1	6.31	12.71	63.66
2	2.92	4.30	9.92
3	2.35	3.18	5.84
4	2.13	2.78	4.60
5	2.02	2.57	4.03
6	1.94	2.45	3.71
7	1.89	2.37	3.50
8	1.86	2.31	3.36
9	1.83	2.26	3.25
10	1.81	2.23	3.17
11	1.80	2.20	3.11
12	1.78	2.18	3.05
13	1.77	2.16	3.01
14	1.76	2.14	2.98
15	1.75	2.13	2.95
20	1.72	2.09	2.85
30	1.70	2.04	2.75
∞	1.64	1.96	2.58
自由度 f（$f=n-1$，n 为测定次数）	$P=0.95$ $\alpha=0.05$	$P=0.975$ $\alpha=0.025$	$P=0.995$ $\alpha=0.005$
	置信度 P(单侧概率)，显著性水平 α		

分析表 4.6 知，测定次数越多，t 值越小，求得的置信区间越窄，即测定平均值与总体平均值越接近。当测定次数达 20 次以上时的 t 值就与测定次数无限大时的 $t_{+\infty}$ 值相差不多，这表明当测定次数超过 20 次以后，再增加测定次数对提高测定结果的准确度已经没有什么意义了。可见只有在一定测定次数范围内，分析数据的可靠性才随平行测定次数的增多而增加。

例 4.8 测定某废水中氰化物浓度得到下列数据：$n=10$，$\bar{x}=15.30$mg/L，$s=0.10$，求置信度分别为 90%和 95%时的置信区间。

解 （1）当 $n=10$，置信度 $P=90\%$时，查表 4.6 得 $t=1.83$，则：

$$\mu = \bar{x} \pm \frac{t \cdot s}{\sqrt{n}} = 15.30 \pm \frac{1.83 \times 0.10}{\sqrt{10}} = 15.30 \pm 0.06$$

所以真值 μ 在 90%置信度保证下的置信区间为 15.24～15.36，即有 90%的可能真值 μ=15.30±0.06mg/L。

（2）当 n=10，置信度 P=95%时，查表 4.6 得 t=2.26，则：

$$\mu = \bar{x} \frac{t \cdot s}{\sqrt{n}} = 15.30 \pm \frac{2.26 \times 0.10}{\sqrt{10}} = 15.30 \pm 0.07$$

因此，当置信度为 95%时，μ 的置信区间为 15.30 ± 0.07，也就是说真值 μ 落在 15.23～15.37mg/L 区间内的概率为 95%。

上述计算说明，废水中氰化物浓度真值在（15.30±0.06）mg/L 区间中出现的概率为 90%。而若欲使真值出现的概率提高为 95%，则置信区间就扩大为（15.30±0.07）mg/L；若想是置信度为 100%，就意味着置信区间得无限大，但这样的区间是毫无意义的。所以应当根据实际工作需要确定合理的置信度，水质分析中通常将置信度定在 95%或 90%。

第三节　统 计 检 验

在水质检验分析中，经常会遇到这样的情况，某分析人员对标准试样进行分析，得到的平均值与标准值不完全一致；或是采用两种不同的分析方法对同一试样进行分析，得到的两组数据的均值不完全相符。遇到两位分析人员或两个实验室对同一试样进行分析所得的两组数据的均值存在较大差异，这些分析结果的差异，是由偶然误差引起的，还是它们之间存在系统误差？此时，就需要对测定结果进行统计性检验，判定差异产生的原因，以采取合理措施。统计检验就是运用数理统计方法检验测定结果是否能为人们接受，即检验测定结果的准确度和精密度。

一、准确度检验 —— t 检验法

（一）测定均值与真值的一致性检验

在实际工作中，为检查分析方法或操作过程是否存在显著的系统误差，可对已知真值的标准试样进行若干次分析，再利用 t 检验法比较测定均值 $\bar{x}$ 与标准试样真值 μ 之间是否存在显著性差异，以判断差异产生原因和采取措施。若有显著性差异，则存在系统误差，否则这个差异是由偶然误差引起的。

（1）按式 4.15 计算 $t_{计}$ 值：

$$t_{计} = \frac{|\bar{x} - \mu|}{s} \sqrt{n} \tag{4.15}$$

式中：$\bar{x}$——标准试样测定的平均值；

μ——标准试样的标准值；

s——标准试样测定的标准偏差；

n——标准试样的测定次数。

（2）将 $t_{计}$ 与 t_{α} 值比较。

根据自由度 f 与置信度 P（置信度一般取 95%，即显著性水平为 $\alpha=0.05$），查表 4.6得 t 值，若 $t_{计}>t$，则存在显著性差异，否则不存在显著性差异。

例 4.9 已知某含铜 0.100mg/L 的样品发到实验室，对其进行了 5 次测定，测定结果分别为：0.098、0.098 、0.102、0.100、0.100mg/L，试分析测定结果与标准值之间有无显著性差异。

解 （1）5 次测定结果的平均值 $\overline{x}$ 和标准偏差 s 分别为

$$\overline{x}=\frac{0.098+0.098+0.102+0.100+0.100}{5}=0.0996(\text{mg/L})$$

$$s=\sqrt{\frac{\sum_{i=1}^{5}(x_i-\overline{x})^2}{n-1}}=0.00167$$

（2）计算 $t_{计}$

$$t_{计}=\frac{|\overline{x}-\mu|}{s}\sqrt{n}=\frac{|0.0996-0.100|}{0.00167}\sqrt{5}=0.536$$

（3）由于自由度 $f=n-1=5-1=4$，置信度 $P=95\%$，查表 4.6 得 $t_{0.05}=2.78$。

因为 $t_{计}=0.536<t_{0.05}=2.78$，所以分析结果与标准值之间没有显著性差异。

（二）两组平均值的一致性检验

同一水样，由不同的分析人员或用不同的分析方法进行测定时，所得的均值一般是不相等的。判断两组测定结果的均值之间是否存在显著性差异，就要用到两组平均值的一致性检验。

假设两组测定数据测定样本容量、标准偏差和样本均值分别为 n_1、s_1、$\overline{x}_1$ 和 n_2、s_2、$\overline{x}_2$，且这两组数据的方差没有明显差异，则可按下面的步骤进行显著性差异检验。

（1）先分别按式（4.16）和式（4.17）计算 $t_{计}$ 值和 $s_{合}$ 值：

$$t_{计}=\frac{|\overline{x}_1-\overline{x}_2|}{s_{合}}\sqrt{\frac{n_1 n_2}{n_1+n_2}} \tag{4.16}$$

$$s_{合}=\sqrt{\frac{(n_1-1)s_1^2+(n_2-1)s_2^2}{n_1+n_2-2}} \tag{4.17}$$

式中：$\overline{x}_1$——第一组数据的平均值；

$\overline{x}_2$——第二组数据的平均值；

$S_{合}$——合并方差；

n——测定次数。

（2）在置信度 $P=95\%$，自由度 $f=n_1+n_2-2$ 时查表 4.6 得 t_{α} 值；若 $t_{计}>t_{\alpha}$，则存在显著性差异，否则不存在显著性差异。

例 4.10 甲、乙两个分析人员用同一种分析方法测定同一水样的汞含量，得到如下两组测定结果，问两人的测定结果有无显著性差异？

甲：$n_1=4$ $\overline{x}_1=15.1$ $s_1=0.41$

乙：$n_2=3$　$\overline{x}_2=14.9$　$s_2=0.31$

解

$$s_{合}=\sqrt{\frac{(n_1-1)s_1^2+(n_2-1)s_2^2}{n_1+n_2-2}}=\sqrt{\frac{(4-1)\times 0.41^2+(3-1)\times 0.31^2}{4+3-2}}=0.37$$

$$t_{计}=\frac{|\overline{x}_1-\overline{x}_2|}{s_{合}}\sqrt{\frac{n_1 n_2}{n_1+n_2}}=\frac{|15.1-14.9|}{0.37}\sqrt{\frac{4\times 3}{4+3}}=0.71$$

在置信度 $P=95\%$，自由度 $f=n_1+n_2-2=4+3-2=5$ 时查表 4.6 得 $t_{0.05}=2.57$；因为 $t_{计}=0.71<t_{0.05}=2.57$，故两人的测定结果无显著显著性差异。

二、精密度检验——F 检验法

1. F 检验的意义

F 检验法是通过比较两组数据方差 s^2 的一致性，确定它们的精密度是否有显著性差异。只有 F 检验确定两组测定数据之间的精密度没有显著性差异之后，用 t 检验法检验两组数据之间是否存在系统误差，才有现实意义。就例 4.9 的问题而言，两组平均值检验的首要条件就是两组测定值的方差无显著性差异，即两组数据测定过程的精密度相当，才有进行两组平均值比较的价值。

样本方差 s^2 等于离均差平方和与自由度的比值，也等于样本标准偏差 s 的平方，计算公式为

$$s^2=\frac{\sum(x-\overline{x})^2}{n-1} \tag{4.18}$$

2. F 检验步骤

(1) 计算出两组数据的样本方差 $s_{大}^2$ 和 $s_{小}^2$（分别代表方差较大组和较小组数据的方差）。

(2) 根据式 (4.19) 计算 $F_{计}$ 值：

$$F_{计}=\frac{s_{大}^2}{s_{小}^2} \tag{4.19}$$

(3) 查 F 分布表（见表 4.7）得 F_{α}。

(4) 将 $F_{计}$ 与 $F_{(\alpha,f)}$ 进行比较，若$_{计}>F_{(\alpha,f)}$，则认为存在显著性差异，否则不存在显著性差异。

表 4.7　置信度为 95%时 F 分布表（$\alpha=0.05$）

$f_{小}$ \ $f_{大}$	1	2	3	4	5	6	7	8	9	10	12	15	20
1	161.4	199.5	215.7	224.6	230.2	234.0	236.8	238.9	240.5	241.9	243.9	245.9	248.0
2	18.51	19.00	19.16	19.25	19.30	19.33	19.35	19.37	19.38	19.40	19.41	19.43	19.45
3	10.13	9.55	9.28	9.12	9.01	8.94	8.89	8.85	8.81	8.79	8.74	8.70	8.66
4	7.71	6.94	6.59	6.39	6.26	6.16	6.09	6.04	6.00	5.96	5.91	5.86	5.80
5	6.61	5.79	5.14	5.19	5.05	4.95	4.88	4.82	4.77	4.74	4.68	4.62	4.56

续表

$f_{大}$ \ $f_{小}$	1	2	3	4	5	6	7	8	9	10	12	15	20
6	5.99	5.14	4.76	4.53	4.39	4.28	4.21	4.15	4.10	4.06	4.00	3.94	3.87
7	5.59	4.74	4.35	4.12	3.97	3.87	3.79	3.73	3.68	3.64	3.57	3.51	3.44
8	5.32	4.46	4.07	3.84	3.69	3.58	3.50	3.44	3.39	3.35	3.28	3.22	3.15
9	5.12	4.26	3.86	3.63	3.48	3.37	3.29	3.23	3.18	3.14	3.07	3.01	2.94
10	4.96	4.10	3.71	3.48	3.33	3.22	3.14	3.07	3.02	2.98	2.91	2.85	2.77
11	4.84	3.98	3.59	3.36	3.20	3.09	3.01	2.95	2.90	2.85	2.79	2.72	2.65
12	4.75	3.89	3.49	3.26	3.11	3.00	2.91	2.85	2.80	2.75	2.69	2.62	2.54
13	4.67	3.81	3.41	3.18	3.03	2.92	2.83	2.77	2.71	2.67	2.60	2.53	2.46
14	4.60	3.74	3.34	3.11	2.96	2.85	2.76	2.70	2.65	2.60	2.53	2.46	2.39
15	4.54	3.68	3.29	3.06	2.90	2.79	2.71	2.64	2.59	2.54	2.48	2.40	2.33
20	4.35	3.49	3.10	2.87	2.71	2.60	2.51	2.45	2.39	2.35	2.28	2.20	2.12
30	4.17	3.32	2.92	2.69	2.53	2.42	2.33	2.27	2.21	2.16	2.09	2.01	1.93
60	4.00	3.15	2.76	2.53	2.37	2.25	2.17	2.10	2.04	1.99	1.92	1.84	1.75
∞	3.84	3.00	2.60	2.37	2.21	2.10	2.01	1.94	1.88	1.83	1.75	1.67	1.57

例 4.11 两个实验室对同一含铜的样品的 5 次测定的结果见表 4.8，请分析这两个实验室所测数据的精密度是否存在显著性差异。

表 4.8 实验测定结果

实验号	1	2	3	4	5	$\overline{x}$	s
1	0.098	0.099	0.098	0.100	0.099	0.0988	0.00084
2	0.099	0.101	0.099	0.098	0.097	0.0988	0.00148

解 已知 $s_{大}=0.00148$、$s_{小}=0.00084$，则

$$F_{计}=\frac{s_{大}^2}{s_{小}^2}=\frac{0.00148^2}{0.00084^2}=3.10$$

又两组数据的自由度 $f_1=f_2=5-1=4$，查表 4.7 得，$F_{0.05}=6.39$。

因为 $F_{计}=3.10< F_{0.05}=6.39$，所以两组测定数据的精密度不存在显著性差异。

第四节 相关与回归分析

在水质检测分析中，经常遇到需要了解两种变量之间是否有联系，可否把其关系定量化等问题，例如水中六价铬含量与总铬含量之间是否有关？如何实现二者关系量化？这类问题的解决就要采用相关分析和回归分析手段进行。

一、相关分析

两个变量 x 和 y 之间的关系不外乎有三种：第一种是无关关系；第二种是有确定关

系，即函数关系，给定一个变量值可获得另一变量的对应值；第三种是相关关系，即两个变量之间既有关系，但又没有函数关系那么确定。在相关关系中最常用的是线性相关关系。线性相关关系是指变量与变量之间有近似一元一次函数关系的相关关系，二变量之间的线性相关关系的密切程度用相关系数 r 来度量。

现有一对变量（x，y）的数据为

x：x_1、x_2、x_3、…、x_n，y：y_1，y_2、y_3、…、y_n，则变量 x 与 y 之间的相关系数 r 用下式计算：

$$r = \frac{S_{xy}}{\sqrt{S_{xx}S_{yy}}} \tag{4.20}$$

式中：$S_{xy} = \sum_{i=1}^{n}(x_i - \bar{x})(y_i - \bar{y}) = \sum_{i=1}^{n}x_i y_i - \frac{1}{n}\sum_{i=1}^{n}x_i \sum y_i$

$$S_{xx} = \sum_{i=1}^{n}(x_i - \bar{x})^2 = \sum_{i=1}^{n}x_i^2 - \frac{1}{n}(\sum_{i=1}^{n}x_i)^2$$

$$S_{yy} = \sum_{i=1}^{n}(y_i - \bar{y})^2 = \sum_{i=1}^{n}y_i^2 - \frac{1}{n}(\sum_{i=1}^{n}y_i)^2$$

变量 x 与 y 关系可根据相关系数 r 的值来判定，一般 r 的值在 -1～1 之间，因而 x 与 y 间的关系有如下几种情况：

（1）当 $r=0$ 时，y 与 x 的变化无关，即 x 与 y 无线性相关关系，如图 4.3 所示。

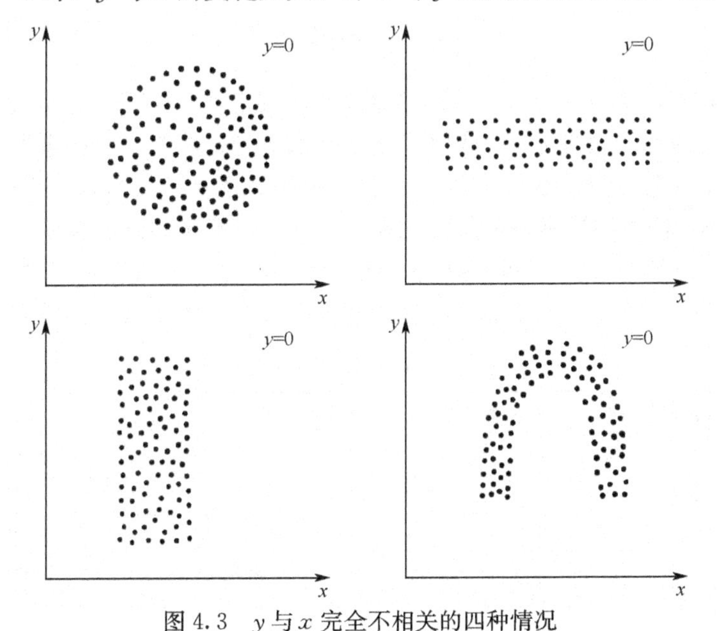

图 4.3　y 与 x 完全不相关的四种情况

（2）当 $|r|=1$ 时，x 与 y 为完全线性相关，即 y 是 x 的线性函数。$r=1$ 时，y 与 x 为完全正相关，如图 4.4（a）所示；$r=-1$ 时，y 与 x 为完全负相关，如图 4.4（b）所示。

（3）当 $0<|r|<1$ 时，x 与 y 之间存在一定的线性相关关系。若 $0<r<1$，则 x 与 y 正相关，如图 4.5（a）所示，y 因 x 取值的增大而增大；若 $-1<r<0$，则 x 与 y 负

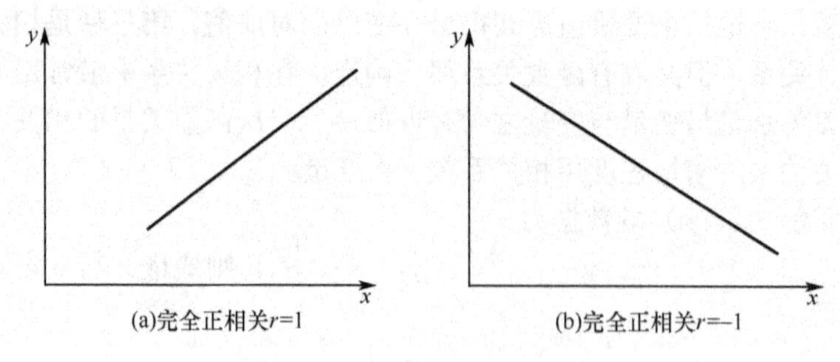

图 4.4　y 与 x 完全相关示意图

相关，如图 4.5（b）所示，x 取值增大，y 值减小。

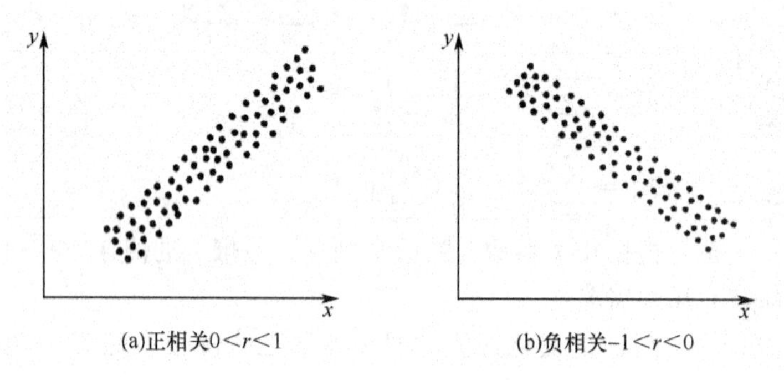

图 4.5　两种相关图形

由以上分析知，变量 x 与 y 的相关系数$|r|$越接近 1，则其线性相关性就越好。在实际工作中，很多时候两变量间的相关系数并不接近 1，此时，可根据实际计算的相关系数 $r_{计}$ 与相关系数临界值表（表 4.9）中查的相关系数 r_α 比较，以确定其相关性。表 4.9是根据不同的测定次数 n 和给定的显著水平 α 计算得到的相关系数临界值 r_α。如果$|r|>r_\alpha$ 时，表明 x 与 y 之间有显著的线性相关关系，才有计算直线回归方程的意义；而如果$|r|<r_\alpha$ 则 x 与 y 之间不存在线性相关关系，就不必要再进行回归分析。

表 4.9　相关系数临界值 r_α

测定次数	显著性水平		测定次数	显著性水平		测定次数	显著性水平	
n	0.05	0.01	n	0.05	0.01	n	0.05	0.01
3	0.9969	0.9999	12	0.5760	0.7079	21	0.4329	0.5487
4	0.9500	0.9900	13	0.5529	0.6835	22	0.4227	0.5368
5	0.8783	0.9587	14	0.5324	0.6614	23	0.3809	0.4869
6	0.8114	0.9172	15	0.5139	0.6411	24	0.3494	0.4487
7	0.7545	0.8745	16	0.4973	0.6226	42	0.3044	0.3932
8	0.7067	0.8343	17	0.4821	0.6055	52	0.2732	0.3541
9	0.6664	0.7977	18	0.4683	0.5897	62	0.2500	0.3248
10	0.6319	0.7646	19	0.4555	0.5751	82	0.2172	0.2830
11	0.6021	0.7348	20	0.4438	0.5614	102	0.1946	0.2540

例 4.12　某企业厂采用二苯碳酰二肼分光光度法对排水的六价铬和总铬含量进行测定，测定结果见表 4.10。试分析排水六价铬和总铬的含量之间有相关关系？线性相关性如何？

表 4.10　六价铬和总铬测定的实验结果

测定次数＼项目	Cr^{6+} /(mg/L)	总铬 /(mg/L)	测定次数＼项目	Cr^{6+} /(mg/L)	总铬 /(mg/L)
1	0.0012	0.0011	10	0.0026	0.0044
2	0.0009	0.0018	11	0.0041	0.0046
3	0.0020	0.0021	12	0.0028	0.0056
4	0.0021	0.0026	13	0.0047	0.0067
5	0.0011	0.0028	14	0.0042	0.0068
6	0.0015	0.0030	15	0.0065	0.0092
7	0.0018	0.0032	16	0.0087	0.0128
8	0.0025	0.0033	17	0.0095	0.0134
9	0.0035	0.0042	—	—	—

解　设总铬含量为 x(mg/L)，Cr^{6+} 含量为 y(mg/L)，则

$$\sum x_i^2 = 0.0006623,\quad \sum x_i = 0.0876,\quad (\sum x_i)^2 = 0.007674$$

$$\sum y_i^2 = 0.0003152,\quad \sum y_i = 0.0597,\quad (\sum y_i)^2 = 0.003564$$

$$\sum x_i y_i = 0.0004534$$

故六价铬含量和总铬含量之间的相关系数 r 为

$$r = \frac{S_{xy}}{\sqrt{S_{xx}S_{yy}}} = 0.9772$$

又根据 $n=17$，$\alpha=0.05$，查表 4.9 得 $r_{0.05}=0.4821$，故 $r=0.9772>r_{0.05}=0.4821$。因此，可以认为该企业污水的六价铬含量与总铬含量之间有着显著的线性相关关系。

二、回归分析

当通过相关分析证明，两变量 x 与 y 之间存在显著的线性相关关系后，我就渴望通过统计手段获得这两个变量之间的定量关系，即获得两变量 x 与 y 之间回归方程，这个获得变量与变量之间定量关系方程的过程就称为回归分析。可见，相关分析用于度量两变量之间关系的密切程度，即当变量 x 变化时，变量 y 大体上按照某种规律变化。回归分析主要是用于寻找描述两变量间关系的定量表达式，即求回归方程式，以便根据一个变量的取值而求出另一个变量的相应值。

对于存在显著线性相关关系的两变量 x 与 y 后，其直线回归方程一般为

$$\hat{y} = ax + b \tag{4.21}$$

式中：a——常数，称作斜率；

b——常数，称作截距；

$\hat{y}$——变量 y 的回归值。

常数 a、b 的计算公式分别为

$$a=\frac{\sum(x_i-\bar{x})(y_i-\bar{y})}{\sum(x_i-\bar{x})^2}=\frac{n\sum x_iy_i-\sum x_i\sum y_i}{n\sum x_i^2-(\sum x_i)^2} \tag{4.22}$$

$$b=\frac{\sum x_i^2\sum y_i-\sum x_i\sum x_iy_i}{n\sum x_i^2-(\sum x_i)^2}=\bar{y}-a\bar{x} \tag{4.23}$$

式中：$\bar{x}$，$\bar{y}$——分别为 x 与 y 的平均值；

x_i——x 的第 i 个测量值；

y_i——y 的第 i 个相对应的测量值。

例 4.13 用比色法测得某药厂污水的酚含量，得到表 4.11 数据，试求对吸光度（A）和浓度（c）的回归直线方程。

表 4.11 比色法测酚实验数据

项目 \ 测定次数	1	2	3	4	5	6
酚浓度/(mg/L)	0.005	0.010	0.020	0.030	0.040	0.050
吸光度 A	0.020	0.046	0.100	0.120	0.140	0.180

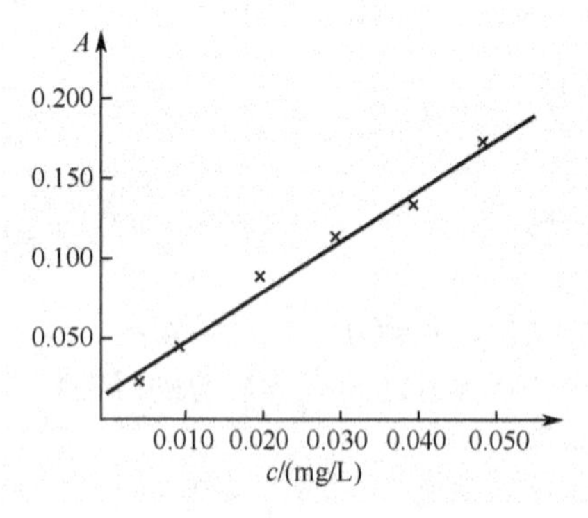

图 4.6 酚浓度与吸光度的关系

解

（1）绘制散点图。设酚的浓度为 x，吸光度为 y，根据表 4.11 的数据绘制散点图，见图 4.6，记号“×”即是按实际数据所画的点。从散点图知，污水酚浓度 x 与吸光度值 y 之间可能存在显著的线性相关关系。

（2）求回归方程：

因为 $$a=\frac{\sum(x_i-\bar{x})(y_i-\bar{y})}{\sum(x_i-\bar{x})^2}=\frac{n\sum x_iy_i-\sum x_i\sum y_i}{n\sum x_i^2-(\sum x_i)^2}$$

$$b=\frac{\sum x_i^2\sum y_i-\sum x_i\sum x_iy_i}{n\sum x_i^2-(\sum x_i)^2}=\bar{y}-a\bar{x}$$

而 $\sum x_i=0.155$，$\sum y_i=0.606$，$n=6$

$\sum y_i^2=0.0789$，$\bar{x}=0.0258$，$\bar{y}=0.101$

$\sum x_iy_i=0.0208$，$\sum x_i^2=0.00552$

则 $$a=\frac{6\times0.0208-0.155\times0.606}{6\times0.00552-0.155^2}=3.4$$

$$b = 0.101 - 3.4 \times 0.0258 = 0.013$$

故酚浓度 x 与吸光度 y 的回归方程为 $\hat{y} = 3.4x + 0.013$。

（3）显著性检验。

由于 $$S_{xy} = 0.0208 - \frac{1}{6} \times 0.155 \times 0.606 = 0.00514$$

$$S_{xx} = 0.00552 - \frac{1}{6} \times 0.155^2 = 0.00152$$

$$S_{yy} = 0.0789 - \frac{1}{6} \times 0.606^2 = 0.0177$$

所以 $$r = \frac{S_{xy}}{\sqrt{S_{xx}S_{yy}}} = \frac{0.00514}{\sqrt{0.00152 \times 0.0177}} = 0.9909$$

又查表 4.9 得 $n=6$、$\alpha=0.05$ 时，$r_{0.05}=0.8114$；$n=6$、$\alpha=0.01$ 时，$r_{0.01}=0.9172$。

因而 $r=0.9909>r_{\alpha}=0.9172$，所以，污水酚浓度与吸光度之间有着极显著的线性相关关系，回归方程 $\hat{y}=3.4x+0.013$ 有极显著意义。根据直线回归方程式 $\hat{y}=3.4x+0.013$ 作图得如图 4.6 所示直线。

技能实训

项目一　污水的油含量测定及误差分析

一、实训目的

（1）掌握污水油含量测定方法，会用重量法测定污水矿物油含量。

（2）掌握实验数据误差分析技术。

二、实训原理

取一定量水样，加硫酸酸化，用石油醚萃取水样中的矿物油，然后蒸发除去石油醚，称量残渣重，计算出矿物油的含量。

数据误差分析的原理及计算公式参见前面式 4.1～4.9。

三、实训准备

1. 仪器

分析天平、恒温箱、恒温水浴锅、1000mL 分液漏斗、干燥器、直径 11cm 中速定性滤纸。

2. 试剂

（1）石油醚：将石油醚（沸程 30～60℃）重蒸馏后使用。100mL 石油醚的蒸干残渣不应大于 0.2mg。

（2）无水硫酸钠：在 300℃马福炉中烘 1h，冷却后装瓶备用。

(3) 1+1 硫酸。

(4) 氯化钠。

四、实训过程

(1) 在采集瓶上作一容量记号后（以便以后测量水样体积），将所收集的大约 1L 已经酸化（pH<2）的水样，全部转移至分液漏斗中，加入氯化钠，其量约为水样量的 8%。用 25mL 石油醚洗涤采样瓶并转入分液漏斗中，充分摇匀 3min，静置分层并将水层放入原采样瓶内，石油醚层转入 100mL 锥形瓶中。用石油醚重复萃取水样 2 次，每次用量 25mL，合并 3 次萃取液于锥形瓶中。

(2) 向石油醚萃取液中加入适量无水硫酸钠（加入至不再结块为止），加盖后，放置 0.5h 以上，以便脱水。

(3) 用预先以石油醚洗涤过的定性滤纸过滤，收集滤液于 100mL 已烘干至恒重的烧杯中，用少量石油醚洗涤锥形瓶、硫酸钠和滤纸，洗涤液并入烧杯中。

(4) 将烧杯置于 (65±5)℃水浴上，蒸出石油醚。等近干后，再置于 (65±5)℃恒温箱内烘干 1h，然后放入干燥器中冷却 30min，称量。

五、实训成果

(1) 数据记录：

表 4.12 污水油含量测定数据记录表

项目＼测定次数	1	2	3
烧杯重量/g			
(烧杯+油)重量/g			
油的重量/g			
油的含量/(mg/mL)			
油含量的平均值/(mg/mL)			
算术平均偏差			
相对平均偏差			

(2) 数据计算：

$$\text{油含量(mg/L)} = \frac{(m_1 - m_2) \times 10^6}{V} \tag{4.24}$$

式中：m_1——烧杯和油总重量，g；

m_2——烧杯重量，g；

V——水样体积，mL。

(3) 误差分析：

计算算术平均偏差和相对平均偏差。标准偏差和相对标准偏差。

水样油含量 3 次测定值的算术均值。计算公式参见式 4.5～4.9。将计算结果填入

表4.12。

(4) 结果表述

水样油含量测定结果的平均值即为水样含油量值。

六、注意事项

(1) 石油醚对矿物油的溶解有选择性，较重的石油成分可能不被萃取。

(2) 蒸发除去石油醚时，会造成轻质油损失。

(3) 操作时注意矿物油不要黏附于容器壁。

(4) 重量法是测定矿物油中最常用的方法，它不受油品种的限制，但操作繁琐，受分析天平和烧杯重量的限制，灵敏度较低，只适合于测定含油量较大的水样。

(5) 分液漏斗的活塞不要涂凡士林。

(6) 测定废水石油类时，若含有大量动、植物性油脂，应取内径20mm，长300mm一端呈漏斗状的硬质玻璃管，填装100mm厚活性层析氧化铝（在150～160℃活化4h，未完全冷却前装好柱），然后用10mL石油醚清洗。将石油醚萃取液通过层析柱，除去动、植物性油脂，收集流出液于恒重的烧杯中。

(7) 采样瓶应为清洁玻璃瓶，用洗涤剂清洗干净（不要用肥皂）。应定容采样，并将水样全部移入分液漏斗测定，以减少油附着于容器壁上引起的误差。

项目二　污水六价铬与总铬含量的数值关系分析

一、实训目的

(1) 掌握二苯碳酰二肼分光光度法测定水样六价铬和总铬的原理。会测定水样六价铬和总铬含量。

(2) 熟悉分光光度计的使用方法。

(3) 能进行两变量相关性分析，会计算一元线性回归方程。

二、实训原理

1. 水样中六价铬的测定

在酸性介质中，六价铬与二苯碳酰二肼反应，生成紫红色配合物，于540nm波长处测定吸光度，根据标准曲线确定出水样中六价铬的含量。

2. 水样中总铬的测定

在酸性溶液中，先用高锰酸钾将三价铬氧化成六价铬，过量的高锰酸钾用亚硝酸钠分解，然后用尿素分解过量的亚硝酸钠，再按六价铬的测定方法测定。

三、实训准备

1. 仪器

分光光度计、比色皿（1cm、3cm）、50mL具塞比色管、容量瓶、移液管等。

2. 试剂

(1)(1+1)硫酸、(1+1)磷酸、4g/L氢氧化钠、丙酮、硝酸、硫酸、三氯甲烷。

(2)氢氧化锌共沉淀剂：称取硫酸锌（$ZnSO_4 \cdot 7H_2O$）8g，溶于100mL水中；称取氢氧化钠2.4g，溶于120mL水中，将以上两溶液混合。

(3)40g/L高锰酸钾溶液：称取高锰酸钾（$KMnO_4$）4g，在加热和搅拌下溶于水，最后稀释至100mL。

(4)铬标准贮备液：称取于110℃干燥2h的重铬酸钾（$K_2Cr_2O_7$）0.2829g，用水溶解后，移入1000mL容量瓶中，用水稀释至标线，摇匀。此溶液1mL含0.10mg六价铬。

(5)铬标准使用液：吸取5.00mL铬标准贮备液置于500mL容量瓶中，用水稀释至标线，摇匀。此溶液1mL含1.00μg六价铬。使用时当天配制。

(6)200g/L尿素溶液：将尿素[$(NH_2)_2CO$]20g溶于水并稀释至100mL。

(7)20g/L亚硝酸钠溶液：将2g亚硝酸钠（$NaNO_2$）溶于水并稀释至100mL。

(8)二苯碳酰二肼溶液：称取二苯碳酰二肼（$C_{13}H_{14}N_4O$）0.2g，溶于50mL丙酮中，加水稀释到100mL，摇匀，贮于棕色瓶，置冰箱中保存。颜色变深后不能再使用。

(9)1+1氢氧化铵溶液。

(10)50g/L铜铁试剂：称取铜铁试剂[$C_6H_5N(NO)ONH_4$]5g，溶于冰冷水中并稀释至100mL。临用时现配。

3. 水样

采集或制备含铬量不同的水样5份，最好为含铬工业废水。

四、实训过程

(一) 水样中六价铬的测定

1. 水样预处理

(1)样品中不含悬浮物、低色度的清洁地表水可直接测定，不需预处理。

(2)当样品有色但不太深时，可进行色度校正。即另取一份试样，加入除显色剂以外的各种试剂，以2mL丙酮代替显色剂，用此溶液作为测定试样溶液吸光度的参比溶液。

(3)对浑浊、色度较深的样品可用锌盐沉淀分离法进行前处理。

(4)水样中存在次氯酸盐等氧化性物质时，干扰测定，可加入尿素和亚硝酸钠消除。

(5)水样中存在低价铁、亚硫酸盐、硫化物等还原性物质时，可将六价铬还原为三价铬，此时，调节水样pH至8，加入显色剂溶液，放置5min后再酸化显色，并以同法作标准曲线。

2. 标准曲线的绘制

取9支50mL比色管，依次加入0、0.50、1.00、2.00、4.00、6.00和8.00mL铬标准使用液，用水稀释至标线，加入（1+1）硫酸溶液0.50mL和（1+1）磷酸溶液0.50mL，摇匀。加入2mL显色剂溶液，摇匀。5～10min后，于540nm波长处用1cm或3cm比色皿，以水为参比，测吸光度并做空白校正。以吸光度为纵坐标，相应六价铬含量为横坐标绘出标准曲线。

3. 水样的测定

取适量（含六价铬少于50μg）无色透明或经预处理的水样于50mL比色管中，用水稀释至标线，然后按测定步骤2进行测定。进行空白校正后根据所测吸光度从标准曲线上查得六价铬的含量。

（二）水样中总铬的测定

1. 水样预处理

(1) 一般清洁地面水可直接用高锰酸钾氧化后测定。

(2) 对含大量有机物的水样，需进行消解处理。即取50mL或适量（含铬少于50μg）水样，置于150mL烧杯中，加入5mL硝酸和3mL硫酸，加热蒸发至冒白烟。如溶液仍有色，再加入5mL硝酸，重复上述操作，至溶液清澈，冷却。用水稀释至10mL，用氢氧化铵溶液中和pH至1～2，移入50mL容量瓶中，用水稀释至标线，摇匀，供测定。

(3) 如果水样中钼、钒、铁、铜等含量较大，先用铜铁试剂-三氯甲烷萃取除去，然后再进行消解处理。

2. 高锰酸钾氧化三价铬

取50.0mL或适量（铬含量少于50μg）清洁水样或经预处理的水样（如不到50.0mL，用水补充至50.0mL）于150mL锥形瓶中，用氢氧化铵和硫酸溶液调至中性，加入几粒玻璃珠，加入1+1硫酸和1+1磷酸各0.5mL，摇匀。加入4%高锰酸钾溶液2滴（如紫色消退，则继续滴加高锰酸钾溶液至保持紫红色），加热煮沸至溶液剩约20mL。冷却后，加入1mL 20%的尿素溶液，摇匀，用滴管加2%亚硝酸钠溶液（每加一滴充分摇匀）至紫色刚好消失。稍停片刻，待溶液内气泡逸尽，转移至50mL比色管中，稀释至标线，供测定。

3. 水样吸光度测定

4. 总铬含量测定

五、实训成果

1. 数据记录

将铬标准液、六价铬水样和总铬水样测定数据记录入下表。

表4.13 水样六价铬含量测定数据记录表

项目	1#	2#	3#	4#	5#	6#	7#	8#	水样1#	水样2#	水样3#	水样4#	水样5#
铬标准使用液/mL													
溶液吸光度A													
相应六价铬的含量 y/μg													

2. 六价铬与总铬含量计算：

$$Cr^{6+}(\mu g/L) = \frac{m}{V} \tag{4.25}$$

$$总铬含量(\mu g/L) = \frac{m}{V} \tag{4.26}$$

式中：m——从标准曲线上查得的 Cr^{6+} 量，μg；

V——水样的体积，mL。

3. 六价铬（y）和总铬（x）含量的数值相关系分析

检验相关显著性，并将结果填入表 4.14。

(1) 计算相关性系数： $r = \frac{S_{xy}}{\sqrt{S_{xx}S_{yy}}}$ (4.27)

式中：
$$S_{xy} = \sum_{i=1}^{n}(x_i - \bar{x})(y_i - \bar{y}) = \sum_{i=1}^{n}x_i y_i - \frac{1}{n}\sum_{i=1}^{n}x_i \sum y_i$$

$$S_{xx} = \sum_{i=1}^{n}(x_i - \bar{x})^2 = \sum_{i=1}^{n}x_i^2 - \frac{1}{n}(\sum_{i=1}^{n}x_i)^2$$

$$S_{yy} = \sum_{i=1}^{n}(y_i - \bar{y})^2 = \sum_{i=1}^{n}y_i^2 - \frac{1}{n}(\sum_{i=1}^{n}y_i)^2$$

当 $|r| > r_a$（相关系数临界值 r_a 可查表 4.9）时，表明 x 与 y 之间有着良好的线性关系，可用最小二乘法原理计算直线回归方程，这时根据回归直线方程绘制的直线才有意义。反之，则 x 与 y 之间不存在线性相关关系。

(2) 求回归方程

$$\hat{y} = ax + b \tag{4.28}$$

$$a = \frac{\sum(x_i - \bar{x})(y_i - \bar{y})}{\sum(x_i - \bar{x})^2} = \frac{n\sum x_i y_i - \sum x_i \sum y_i}{n\sum x_i^2 - (\sum x_i)^2} \tag{4.29}$$

$$b = \bar{y} - a\bar{x} \tag{4.30}$$

六、注意事项

(1) 用于测定铬的玻璃器皿不应用重铬酸钾洗液洗涤。

(2) Cr^{6+} 与显色剂的显色反应一般控制酸度在 0.05～0.3mol/L（$1/2H_2SO_4$）范围，以 0.2mol/L 时显色最好。显色前，水样应调至中性。显色温度和放置时间对显色有影响，在 15℃时，5～15min 颜色即可稳定。

(3) 如测定清洁地面水样，显色剂可按以下方法配制：溶解 0.2g 二苯碳酰肼于 100mL 95%的乙醇中，边搅拌边加入 1+9 硫酸 400mL。该溶液在冰箱中可存放一个月。用此显色剂，在显色时直接加入 2.5mL 即可，不必再加酸。但加入显色剂后，要立即摇匀，以免 Cr^{6+} 可能被乙酸还原。

小结

本章以污水矿物油含量测定为案例，介绍了总体与样本、实验误差控制、准确度与精密度分析、可疑值取舍、有效数字处理等水质检验数据处理的基本知识和技术；以污水六价铬和总铬含量分析为案例，介绍了测定结果一致性检验、两变量相关分析、线性回归方程计算等水质检验分析实用技术。通过本章学习，重点掌握水质检验分析中有关测定结果准确度与精密度分析、误差与质量控制、数据处理与统计分析、相关分析与回归方程计算等方面的实用技术。

作业

（1）解释名词：

总体；样本；样本容量；系统误差；偶然误差；准确度；精密度；灵敏度；置信度；置信区间；有效数字；自由度；显著性水平

（2）请问数据0.072、36.080、4.4×10^{-3}、1000、1000.00和40.02%各包括几位有效数字？

（3）按有效数字运算规则，求下列计算式的计算结果。

$$\frac{1.20\times(112-1.240)}{5.4375}=?\qquad 1.197\times0.354+6.3\times10^{-5}-0.0176\times0.00814=?$$

$$\frac{2.46\times5.10\times13.14}{8.16\times10^{4}}=?\qquad x\%=\frac{0.1000\times(25.00-1.52)\times246.47}{1.0000\times1000}\times100$$

（4）对某一水样的铁含量进行8次测定的结果如下：0.251、0.250、0.250、0.253、0.260、0.248、0.252、0.253，试求测定结果的平均值、平均偏差、相对平均偏差、标准偏差、变异系数、并写出最终测定结果。

（5）对某污水样的油含量进行了6次测定，结果分别为2.63、2.50、2.65、2.63、2.65和2.66g/L，试用Dixon检验法检验测定值2.50和2.66是否为离群值。

（6）对某一水样的铜含量测定了10次，结果为0.251、0.250、0.250、0.263、0.235、0.240、0.260、0.290、0.262和0.234mg/L，试用Grubbs检验法检验最大值0.290mg/L和最小值0.234mg/L是否为离群值？

（7）用双硫腙比色法测定水中汞含量6次，测定分别为4.07、3.94、4.21、4.02、3.98和4.08μg/L，试估计90%概率保证下水中汞的含量范围。

（8）某一样品用两种分析方法测定，所得结果如表4.14所示，试分析这两种分析方法所得结果有无显著性差异？

表4.14 两种分析方法测定所得结果

序号	1	2	3	4	5	6
方法1	2.01	2.10	1.86	1.92	1.94	1.99
方法2	1.88	1.92	1.90	1.97	1.94	—

（9）用分光光度法测定铁标准溶液得到下列数据，表 4.15 所示，试求铁含量与吸光度间的直线回归方程，并检验其线性相关性。

表 4.15　分光光度法测定铁标准溶液实验数据

标准溶液编号	0	1	2	3	4	5
Fe 含量 $c/(\times10^{-3}mg/mL)$	0.00	0.40	0.80	1.20	1.60	2.00
吸光度 A	0.00	0.250	0.495	0.740	0.969	1.225

（10）某污水处理厂进水和出水的 BOD_5 和 COD_{Cr} 值的原始数据如表 4.16 所示，试进行进水与出水以及 BOD_5 与 COD_{Cr} 值的相关性分析，如相关显著，分别求其回归方程。

表 4.16　测定 BOD_5 和 COD_{Cr} 的实验数据

序号	进水		出水	
	BOD_5/(mg/L)	COD_{Cr}/(mg/L)	BOD_5/(mg/L)	COD_{Cr}/(mg/L)
1	233	546	49	151
2	230	538	63	173
3	222	490	61	165
4	162	385	47	118
5	252	361	61	171
6	198	448	48	121
7	216	504	48	125
8	212	469	49	134
9	264	560	63	167
10	205	456	44	136
11	180	427	51	136
12	212	518	77	220

知识链接

F 检验的单双边问题

用 F 检验法检验两组数据的精密度是否有显著性差异时，应确定是进行单边检验还是双边检验。单边检验是指一组数据的方差只能大于、等于但不可能小于另一组数据的方差。双边检验是指一组数据的方差可能大于、等于或小于另一组数据的方差。当显著性水平为 5% 时用单边检验则置信度为 95%，用双边检验时置信度变为 90%，下面分别举例说明。

例 4.14　在吸光光度分析中，用一台旧仪器测定溶液的吸光度 6 次，得标准偏差 $s_1=0.055$；再用一台性能稍好的新仪器测定 4 次，得标准偏差 $s_2=0.022$。试问新仪器的精密度是否显著优于旧仪器的精密度？

解　已知新仪器的性能稍好于旧仪器，因而其精密度不会比旧仪器的差，因此，这是属于单边检验问题。

已知　$n_1=6$、$s_1=0.055$，$n_2=4$、$s_2=0.22$，则：

$$F_{计}=\frac{s_{大}^2}{s_{小}^2}=\frac{0.055^2}{0.022^2}=6.25$$

又 $f_1=6-1=5$，$f_2=4-1=3$，查表 4.8 得 $F=9.01$，故 $F_{计}=6.25<F=9.01$。

所以，两种仪器的精密度之间不存在显著性差异，即新仪器并不显著优于旧仪器，该结论的置信度为 95%。

例 4.15　用两种不同测定方法分析某种试样，第一种方法测定 11 次，得标准偏差 $s_1=0.21\%$；第二种方法测定 9 次，得标准偏差 $s_2=0.60\%$。试判断两种分析方法的精密度之间是否存在显著性差异?

解　在本例中，不论是第一种方法的精密度显著优于或劣于第二种方法的精密度，都可认为它们之间有显著性差异，因此，该问题属于双边检验。

已知　$n_1=11$、$s_1=0.21\%$，$n_2=9$、$s_2=0.60\%$，则：

$$F_{计}=\frac{s_{大}^2}{s_{小}^2}=\frac{(0.60\%)^2}{(0.21\%)^2}=8.2$$

表 4.8 列出的为单边检验的 F 值，其置信度为 95%，即其显著性水平为 $\alpha=0.05$。当这些 F 值用于双边检验时，其显著性水平 α 应为单边检验时的 2 倍，即 $\alpha=0.05+0.05=0.10$，此时置信度则由 95%变为 90%。

又知 $f_1=9-1=8$，$f_2=11-1=10$，查表 4.8 得 $F=3.07$，故 $F_{计}=8.2>F=3.07$。

所以，可以认为两种方法的精密度之间存在显著性差异，该判断的置信度为 90%。

第五章　水质评价与水质检验报告编写

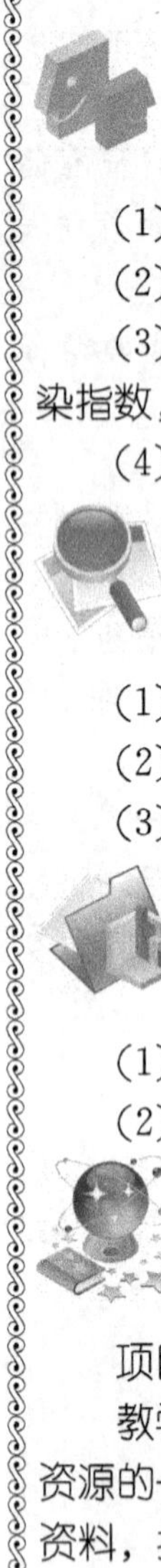

学习目标

（1）能简述水质评价的基本类型和工作程序。

（2）会通过水体的污染源评价，确定其主要污染物和主要污染源。

（3）会根据水的用途及水质检测数据，选择适宜的水质评价方法，计算水质污染指数，进行水质评价。

（4）会编制饮用水、工业废水等各类给水、排水的水质检验报告。

必备知识

（1）各种水质评价指数概念及其含义。

（2）分级评价、有机污染综合评价及生物学评价等水质评价方法。

（3）水质检验报告编写的格式、要求及方法。

选修知识

（1）物料衡算法、排污系数法和实测法等污染物排放量计算方法。

（2）水中常见微型藻类、原生动物及微型后生动物的生活特征及意义。

项目引导

项目：校园给水排水水质评价

教学引导：水质评价是科学认识水环境的重要途径，是合理开发利用和保护水资源的一项基本工作，是根据水的不同用途，通过选定的水质指标监测数据及调查资料，按一定标准和评价方法，对水体的质量、利用价值及处理要求做出评价的过程。简言之，水质评价就是对水的品质优劣给以定性或定量的描述。

本章引导大家在完成校园给水、排水水质检验工作的过程中，学习、掌握水质评价方法及水质检验报告编写技术。

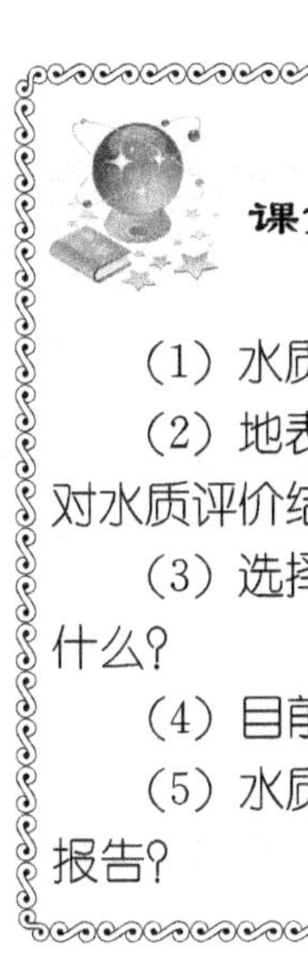

课前思考题

（1）水质评价的目的和步骤是什么？水质评价的方法有哪些？

（2）地表水评价时如何选取评价因子？选取评价因子的依据是什么？评价因子对水质评价结果有何影响？

（3）选择不同评价标准对水质评价有何影响？选取水质评价标准的依据是什么？

（4）目前广泛采用的水质评价方法有哪些？各有哪些优缺点？

（5）水质检验报告应该包括哪些内容？如何准确、规范和客观的编写水质检验报告？

第一节　水质评价

一、水质评价基础

（一）水质评价的类型

1. 按评价时段分类

按评价时段分类可分为回顾评价、现状评价和影响评价。回顾评价是利用水域的历史数据资料，揭示水质污染变化过程；现状评价是根据近期水质监测数据资料，阐明水体水质当前状况；影响评价是对拟建工程或发展规划对水体的影响，预测水体未来水质状况，又称预断评价。

2. 按评价目标分类

按评价目标分类可分为防治污染的水污染评价（如河流污染评价、湖泊富营养化评价等）、为合理开发利用水资源的水资源质量评价等。

3. 按评价水体的类型分类

按评价水体的类型分类可分为地表水水质评价和地下水水质评价。地表水水质评价以地表水体为评价对象，包括河流水质评价、湖泊水质评价、水库水质评价、沼泽水质评价、潮汐河口及海洋水质评价等。地下水水质评价以地下水为评价对象，包括浅层地下水水质评价和深层地下水水质评价。

4. 按评价因子分类

按评价因子分类可分为单因子评价和多因子评价。单因子评价就是只有一个评价因子的水质评价；多因子评价是用多个评价因子进行的水质评价。

5. 按评价水体的用途分类

按评价水体的用途分类可分为生活饮用水水质评价、渔业用水水质评价、工业用水水质评价、农业灌溉水水质评价等。

（二）水质评价的步骤

水质评价工作是在基础资料的搜集、整理，水环境的调查、监测与研究基础上，根据评价结果对合理利用水资源、改善水环境和控制水污染提出切实可行的建议。水质评价工作一般步骤如下：

1. 搜集、整理有关基础资料，分析水质监测数据

1）水体环境背景值的调查

水体环境背景是指水体没有受到人类活动干扰的自然状态。环境背景有助于了解该地区环境质量的本来面目，有助于了解当前环境问题的发生、发展过程，以及预测将会发生的环境影响。通常采用那些较少受到干扰的、相对较为原始的自然环境状况作为环境背景。

在实际工作中，环境背景值指水体环境中相对清洁区域的监测数据的统计平均值。水环境背景值调查包括自然环境背景特征调查、水文特征调查及社会经济结构特征调查。

计算环境背景值时，所取环境背景值的样品应满足一定的数量要求，以便确定样品数值出现频率与分布规律。当测定的数据符合正态规律时，可以取样品数值平均值作为背景值。环境背景值的表达国内用得较多的是用样品平均值 $\overline{X}$ 加减两个标准偏差（S）表示，即某物质背景值用 $\overline{X}\pm 2S$ 表示。

$$\overline{X}=\frac{1}{n}\sum_{i=1}^{n}X_i \tag{5.1}$$

$$s=\sqrt{\frac{1}{n-1}\sum_{i=1}^{n}(X_i-\overline{X})^2} \tag{5.2}$$

式中：$\overline{X}$ ——某物质样品的算术平均值；

X_i——第 i 个样品中某物质的含量；

n ——样品的数量；

s——标准差。

2）污染源的调查与评价

工业污染源调查的主要内容包括：企业基本登记信息，原材料消耗情况，产品生产情况，产生污染的设施情况，各类污染物产生、治理、排放和综合利用情况，各类污染防治设施建设、运行情况等。农业污染源调查的主要内容包括：农业生产规模，用水、排水情况，化肥、农药、饲料和饲料添加剂等农业投入品使用情况，秸秆等种植业剩余物处理情况以及养殖业污染物产生、治理情况等。生活污染源调查的主要内容包括：从事第三产业单位的基本情况和污染物的产生、排放、治理情况，机动车污染物排放情况，城镇生活能源结构和能源消费量，生活用水量、排水量以及污染物排放情况等。集

中式污染治理设施调查的主要内容包括：设施基本情况和运行状况，污染物的处理处置情况，渗滤液、污泥等的产生、处置以及利用情况等。

采用物料衡算法、排污系数法及实测法等方法可计算污染物排放量。

污染源评价是在污染源和污染物调查的基础上进行的。污染源评价的目的是确定主要污染物和主要污染源。各种污染物具有不同的特性和不同的环境效应，为了使不同的污染物和污染源能够在同一个尺度上加以比较，要采用特征数来表示评价的结果，或者说要对污染物和污染源进行标准化比较。

污染源评价首先要确定三个特征数：等标污染指数、等标污染负荷和污染负荷比。然后在此基础上确定主要污染源和主要污染物。

等标污染指数是指所排放的某种污染物的浓度超过该种物质的排放标准的倍数，简称超标倍数。它所反映的是污染物的排放浓度与评价所采用的排放标准之间的关系。等标污染指数可以用下式计算：

$$N_{ij} = \frac{C_{ij}}{C_{oi}} \tag{5.3}$$

式中：C_{ij}——第 j 个污染源中第 i 种污染物的排放浓度；

C_{oi}——第 i 种污染物的排放标准。

污染物的排放标准可以采用国家有关的污染物最高允许排放浓度，也可以执行地方排放标准。对于不同行业还有不同的限制，可以参看有关的国家标准。在选择污水的排放标准时要特别注意排放限制值既与污水的去向有关（进入哪一级控制区，或是进入城市污水处理厂），也与污水的性质有关。根据水体污染控制的要求有效地管理污水的排放，按地表水域使用功能要求划分为三级水域控制区，分别执行不同的排放标准。

根据监测的污染物浓度和排放标准，可以计算等标污染指数 N_{ij}。等标污染指数只反映浓度关系，并不涉及排放总量。而污染物对环境的影响是由浓度和总量两者决定的。为了描述总量的影响，引入等标污染负荷的概念。等标污染负荷用下式计算：

$$P_{ij} = \frac{C_{ij}}{C_{oi}} Q_{ij} \tag{5.4}$$

式中：P_{ij}——评价区中第 j 个污染源的第 i 种污染物的等标负荷；

Q_{ij}——第 j 个污染源中第 i 种污染物的介质排放流量，m^3/s。

若第 j 个污染源共有 n 种污染物参与评价，则该污染源的总等标污染负荷为

$$P_j = \sum_{i=1}^{n} P_{ij} = \sum_{i=1}^{n} \frac{C_{ij}}{C_{oi}} Q_{ij} \tag{5.5}$$

式中：P_j——评价区内第 j 个污染源的总等标污染负荷。

若评价区内共有 m 个污染源含有第 i 种污染物，则该种污染物在评价区内的总等标污染负荷为：

$$P = \sum_{j=1}^{m} P_j = \sum_{j=1}^{m} \sum_{i=1}^{n} \frac{C_{ij}}{C_{oi}} Q_{ij} \tag{5.6}$$

等标污染负荷是有量纲数，它的量纲与计算流量所用的量纲一致；等标污染指数则是无量纲数。

为了确定污染物和污染源对环境的贡献，还要引入污染负荷比的概念。在第 j 个污

染源内，第 i 种污染物的污染负荷比 K_{ij} 由下式确定：

$$K_{ij}=\frac{P_{ij}}{\sum_{i=1}^{n}P_{ij}} \tag{5.7}$$

K_{ij} 是一个无量纲数，可以用来确定污染源内部各种污染物的排序，K_{ij} 最大者就是最主要的污染物。

第 j 个污染源的污染负荷比 K_j 可以用下式计算：

$$K_j=\frac{\sum_{i=1}^{n}P_{ij}}{P} \tag{5.8}$$

K_j 也是一个无量纲数，它可以用来确定评价区内的主要污染源及污染的排序，K_j 值最大者为最主要的污染源。

评价区内第 i 种污染物的污染负荷比 K_i 可以用下式计算：

$$K_i=\frac{\sum_{j=1}^{n}P_{ij}}{P} \tag{5.9}$$

无量纲数 K_i 可用来确定评价区内的主要污染物及其排序，K_i 最大者为最主要的污染物。

例 5.1 某地区建有造纸厂、酿造厂和食品厂，其污水排放量与污染物监测结果如表 5.1 所示，试确定该地区的主要污染物与主要污染源（其他污染源与污染物不考虑）。

表 5.1 某地区的造纸厂、酿造厂、食品厂的污染参数表

项目	造纸厂	酿造厂	食品厂
污水量/(m^3/s)	0.87	0.42	0.63
挥发酚/(mg/L)	3.57	0.15	0.08
COD_{cr}/(mg/L)	458	1565	1232
悬浮物/(mg/L)	636	188	120
硫化物/(mg/L)	4.62	0.01	0.01

解 用于污染源评价的污染物最高容许排放浓度由表 5.2 给定（Ⅲ级水体，污水量大于 1000m^3/d）。

表 5.2 污染物最高排放浓度

项目	挥发酚	COD_{cr}	悬浮物	硫化物
排放标准/(mg/L)	1.0	200	250	2.0

根据上述公式计算等标污染负荷，然后计算污染负荷比，计算值列于表 5.3。

表 5.3　等标污染负荷比表

项目	造纸厂		酿造厂		食品厂		总污染负荷比	污染顺序
	等标污染负荷	污染负荷比	等标污染负荷	污染负荷比	等标污染负荷	污染负荷比		
污水量/(m^3/s)	0.87		0.42		0.63		—	—
挥发酚	3.57	0.20	0.06	0.003	0.05	0.003	0.20	3
COD_{cr}	1.99	0.11	3.29	0.19	3.88	0.22	0.52	1
悬浮物	2.21	0.13	0.32	0.02	0.30	0.02	0.17	2
硫化物	2.01	0.11	0.002	～0	0.003	～0	0.11	4
合计	9.78	0.55	3.67	0.21	4.23	0.24	1.0	—
污染顺序	1		3		2		—	—

根据表 5.3，不难确定该地区的主要污染源是造纸厂（污染负荷比为 0.55），其次是食品厂（污染负荷比为 0.24）；主要污染物是 COD_{cr}（污染负荷比为 0.52），其次是悬浮物（污染负荷比为 0.17）。主要污染源内的主要污染物是挥发酚（污染负荷比为 0.20）。这与地区的主要污染物并不一致，在考虑治理方案时应予注意。

2. 确定水质评价因子

水质评价因子即水质评价参数，应根据评价目的和影响水质的主要污染物来确定。

3. 水质监测

为水质评价提供必需的水质监测数据。

4. 建立模型

选择评价方法，建立水质评价的数学模型。

5. 确定评价标准

水质标准是水质评价的准则和依据，要根据评价水体的用途和目的选择合适的水质标准。

6. 结论与报告

得出评价结论，编报水质评价报告。

二、地表水水质评价方法

按照一定的水质标准选择适合的评价因子和评价方法，对地表水体的水质进行定性或定量的评价过程称地表水水质评价。评价对象可以是一条河流，或是一条河流的某一河段、几个河段、一个湖泊、一个水库等，评价方法和程序基本相似，大同小异。

（一）确定评价标准

水质标准是评价水质的准则和依据。一般以采用国家的最新标准或相应的地方标准，国家无标准的水质参数可采用国外标准或经主管部门批准的临时标准，根据评价水域水环境功能及水域特性选择相应的评价标准。常用的水质标准主要有 GB 3838—2002《地面水环境质量标准》、GB 3097—1997《海水水质标准》、GB 11607—1989《渔业水质标准》、GB 5084—2005《农田灌溉水质标准》、GB 8978—1996《污水综合排放标准》、GB 5749—2006《生活饮用水卫生标准》等国家标准及地方有关的水环境标准等。

水质评价依据的法规主要有《中华人民共和国环境保护法》、《建设项目环境保护管理条例》、《中华人民共和国海洋环境保护法》、《中华人民共和国水污染防治法》、《中华人民共和国水法》、《中华人民共和国渔业法》，以及地方有关水环境和建设项目环境保护法规。

根据不同的评价类型，采用相应的水质标准。在没有规定水质标准情况下，可采用水质基准或本水系的水质背景值作为评价标准。确定合适的评价标准十分重要，因为采用不同的标准，对同一水体的评价会得出不同的结果，甚至对水质是否污染也会有不同的结论。

（二）确定评价因子

1. 评价因子选择

地表水体质量的好坏与其污染物有关，而其污染物的种类很多、浓度不一，在评价时不可能全部考虑，但若考虑不当，则会影响到评价结论的正确性和可靠性。因此，应将能正确反映水质的主要污染物作为水质评价因子。

1）选择评价因子应遵照的原则

（1）所选择的评价因子应满足评价目的和评价要求。

（2）所选择的评价因子应是污染源调查与评价所确定的主要污染源的主要污染物。

（3）所选择的评价因子应是地表水体质量标准所规定的主要指标。

（4）所选择的评价因子应考虑评价费用的限额与评价单位可能是提供的测试条件。

2）常用评价因子

（1）感官物理性状参数，如温度、色度、浑浊度、悬浮物等。

（2）氧平衡参数，如 DO、COD、BOD 等。

（3）营养盐参数，如氨氮、硝酸盐氮、磷酸盐氮等。

（4）毒物参数，如酚、氰、汞、铬、砷、农药等。

（5）微生物学参数，如细菌总数、大肠菌群等。

2. 评价因子取值

评价因子的取值会直接影响评价结果，评价因子的不同取值反应的水质变化规律不同，目前，评价因子取值有以下几种情况：

（1）取几个小时平均值和日平均值，以评价水质的逐日变化。

（2）取年平均值，评价水质逐年或长期的变化。

（3）取月或季平均值（一般较少用），以评价水质逐月或逐季的变化。

（4）一次随机取样值，评价水质某一时刻的情况。

在水质评价时，根据不同的情况，正确给评价因子取值。

（三）地表水水质评价方法

水质评价方法可采用文字分析描述和数学方法。在文字分析描述中，可以直接用感官性状参数、氧平衡参数、毒物参数及生物学参数评价，有时可采用检出率、超标率等统计值，数学方法一般采用水污染指数及分级评价法进行评价。

1. *水污染指数法*

水污染指数法是利用表征水的各种参数的实测浓度，通过数学处理，得出一个较简单的数值（一般无量纲），用于反映水的污染程度。水污染指数是定量表示水质的一种数量指标，有反映单一污染物影响下的“分污染指数”和反映多项污染物共同影响下的“综合污染指数”两种。利用这两种指数，可以进行不同水体之间、同一水体不同部分之间、同一水体不同时间的水质状况比较。水污染指数是根据水质组分浓度相对于环境质量标准的大小来判断水的质量状况。

1）算术均值法

计算水污染指数的公式为

$$P_1 = \frac{1}{n}\sum_{i=1}^{n} I_i = \frac{1}{n}\sum_{i=1}^{n} \frac{C_i}{S_i}, \quad i = 1,2,\cdots,n \tag{5.10}$$

式中：P_1——n 种污染物的综合污染指数；

I_i——第 i 种污染物的分污染指数；

C_i——第 i 种污染物的实测浓度；

S_i——第 i 种污染物的环境评价标准；

n——参加评价的污染物的个数。

实际水域水质评价中，通常包括多个水质评价因子，如 pH、电导率、悬浮物、COD、BOD、DO、酚、氰化物、砷、六价铬、铅、汞等。按 P_1 值的大小，根据水体及其所在区域自然地理和社会经济特征可划分出当地地面水环境质量分级标准（不同水域可能有不同的分级标准）。表 5.4 为某地表水水质分级实例。

表 5.4　地面水水质分级标准

P_1	级别	分级依据
<0.2	清洁	多数项目未检出，个别检出也在标准内
0.2～0.4	尚清洁	检出值均在标准内，个别接近标准
0.4～0.7	轻污染	个别项目检出值超过标准
0.7～1.0	中污染	有两项检出值超过标准
1.0～2.0	重污染	相当一部分检出值超过标准
>0.2	严重污染	相当一部分检出值超过标准数倍或几十倍

例 5.2　某河流水质监测数据和水质评价标准列于表 5.5。若该河流水质分级标准为表 5.4 所示，试按式（5.10）计算水污染指数，并评价该河流水质状况。

表 5.5 水质监测数据及评价标准

监测项目	pH	SO_4^{2-}/(mg/L)	Cl^-/(mg/L)	COD/(mg/L)	BOD_5/(mg/L)	酚/(mg/L)	DO/(mg/L)
实测值	8.37	23.0	19.6	2.35	1.32	—	9.67
评价标准	6.5～8.5	250	250	4	3	0.002	6
监测项目	NO_2-N/(mg/L)	NO_3-N/(mg/L)	CN^-/(mg/L)	As/(mg/L)	Cr^{6+}/(mg/L)	Hg/(mg/L)	—
实测值	0.013	0.35	—	—	—	—	—
评价标准	0.1	10	0.05	0.05	0.05	0.00005	—

解 将表 5.5 中的数据代入式（5.10）得：

$$P_1 = \frac{1}{13}\sum_{i=1}^{13}\frac{C_i}{S_i} = 0.22$$

查表 5.4，可知该河流水质属于尚清洁，尚未受到污染。

2）加权平均法

加权平均法考虑水体中各种污染物的污染贡献大小（权重），计算公式如下：

$$P_2 = \sum_{i=1}^{n}\omega_i I_i = \sum_{i=1}^{n}\omega_i\frac{C_i}{S_i},\quad i = 1,2,\cdots,n \tag{5.11}$$

$$\omega_i = \frac{I_i}{\sum_{i=1}^{n} I_i} \tag{5.12}$$

式中：P_2——水质综合污染指数；

I_i——第 i 种污染物的分污染指数；

ω_i——第 i 种污染物的权重值；

n——污染物的种类数。

评价中选用酚、氰、铬、砷和汞作为评价因子，并按 P_2 值的大小划分出水质分级标准见表 5.6。

表 5.6 按 P_2 值的水质分级标准

P_2	级别	分级依据
<0.2	清洁	多数项目未检出，个别检出也在标准内
0.2～0.4	尚清洁	检出值均在标准内，个别接近标准
0.4～0.7	轻污染	有一项目检出值超过标准
0.7～1.0	中污染	有两项检出值超过标准
1.0～2.0	重污染	全部或相当部分检出值超过标准
>0.2	严重污染	相当部分项目检出值超过标准 1 到数倍

例 5.3 已知某城区河流水质的实测数据见表 5.5，若该河流水质分级标准为表 5.6，试计算水污染指数 P_2，并判别水质状况。

解 根据式（5.11）得各种污染物的权重值如下：pH 为 0.304，SO_4^{2-} 为 0.031，Cl^- 为 0.028，COD 为 0.206，BOD_5 为 0.154，DO 为 0.217，NO_3-N 为 0.014，

NO_2-N为 0.046，酚为 0，CN^- 为 0，As 为 0，Cr^{6+} 为 0，Hg 为 0。

由 ω_i 和 I_i，得 $P_2 = \sum_{i=1}^{n}\omega_i I_i = 0.288$。查表 5.6 可知该河流水质属于尚清洁级。

3）几何平均法

几何平均法是用所有分污染指数的平均值与所有分污染指数中的最大值相乘开方得出的水污染指数，用以评估水质状况。其计算式子如下：

$$P_3 = \sqrt{\max\left(\frac{C_i}{S_i}\right)\frac{1}{n}\sum_{i=1}^{n}\frac{C_i}{S_i}} \tag{5.13}$$

式中：P_3——水质综合污染指数；

C_i——第 i 种污染物的实测值；

S_i——第 i 种污染物的评价标准；

n——参加评价的污染物的种类数。

按照 P_3 值的大小，对水质分级标准划分见表 5.7（不同的水体容许作适当调整）。

表 5.7　按 P_3 值的水质分级标准

P_3	<0.2	0.2～0.7	0.7～1.0	1～3	3～5	>5
级别	清洁	尚清洁	轻污染	中污染	重污染	严重污染

几何平均法不但考虑了各种污染物的共同作用，同时还重点突出了污染物中最大污染贡献的污染物的影响。

例 5.4　某河流水质的实测数据如表 5.5，试用式（5.13）计算水污染指数 P_3，并确定水质级别。

解　因为 $\max\left(\frac{C_i}{S_i}\right)$ =max（0.87，0.09，0.08，0.59，0.44，0，0.13，0.04，0，0，0，0，0.62）=0.87

$$\frac{1}{13}\sum_{i=1}^{13}\frac{C_i}{S_i} = \frac{1}{13}(0.87,0.09,0.08,0.59,0.44,0,0.13,0.04,0,0,0,0,0.62) = 0.22$$

所以 $P_3 = \sqrt{\max\left(\frac{C_i}{S_i}\right)\frac{1}{n}\sum_{i=1}^{n}\frac{C_i}{S_i}} = \sqrt{0.87\times 0.22} = 0.437$

查表 5.7 可知该河流水质为尚清洁级。

2. 分级评价法

分级评价是将评价因子的代表值与各类水体的分级标准分别进行对照比较，确定其单项的污染分级，然后进行等级指标的综合叠加，综合评价水体的类别或等级。在具体评分时，可采用十分制分级法或百分制分级法，也可同时采用两种分级法。

1）百分制分级法

通常选取 10 个评价因子，将评价因子的实测值对照“地表水水质分级、评价标准”，如表 5.8 所示，得出单项因子的评分分值，然后式（5.14）计算出总分，再根据

表 5.9 所示水质分级表，对水质进行分级。

$$M = \sum_{i=1}^{10} A_i \text{，（其中 } A_i \text{ 为因子 } i \text{ 的评分值）} \tag{5.14}$$

表 5.8　地表水水质分级、评价标准

污染级别		COD	DO	氰化物	酚	石油类	铅	汞	砷	镉	铬
理想级	mg/L	<3	>6	<0.01	<0.001	<0.01	<0.01	<0.0005	<0.01	<0.001	<0.01
	评分值	10	10	10	10	10	10	10	10	10	10
良好级	mg/L	<8	>5	<0.05	<0.01	<0.3	<0.05	<0.002	<0.04	<0.005	<0.05
	评分值	8	8	8	8	8	8	8	8	8	8
污染级	mg/L	<10	>4	<0.1	<0.02	<0.6	<0.1	<0.005	<0.08	<0.01	<0.1
	评分值	6	6	6	6	6	6	6	6	6	6
重污染级	mg/L	<50	>3	<0.25	<0.05	<1.2	<0.2	<0.025	<0.25	<0.05	<0.25
	评分值	4	4	4	4	4	4	4	4	4	4
严重污染级	mg/L	≥50	≤3	≥0.25	≥0.05	≥1.2	≥0.2	≥0.025	≥0.25	≥0.05	≥0.25
	评分值	2	2	2	2	2	2	2	2	2	2

例 5.5　现测得某河段水体中含有 DO 3.5mg/L，酚 0.015mg/L，CN 0.04mg/L，As 0.03mg/L，Cr 0.16mg/L，Hg 0.0004mg/L，COD 9.5mg/L，石油类 0.35mg/L，Cd 0.025mg/L，Pb 0.06mg/L，用百分制分级予以评价。

解　根据各评价因子的实测值，按照评分标准见表 5.8 所示，各因子评分为：

DO 4，酚 6，CN 8，As 8，Cr 4，Hg 10，COD 6，石油类 6，Cd 4，Pb 6

总评分：$M = \sum_{i=1}^{10} A_i = (4+6+8+8+4+10+6+6+4+6) = 62$

根据水质分级标准，见表 5.9 所示，判断该水质为污染级。

表 5.9　地表水水质分级、评价标准

M	100～96	95～76	75～60	59～40	<40
水质等级	理想级	良好级	污染级	重污染级	严重污染级

2）配套方法

还可采用与国家地表水环境质量标准相配套的方法进行分级评价，该分级评价法将地表水水质标准分为六级，前三级分别于现行的地表水水质标准的第一、二、三级相同，对超出地表水三级标准的污染水质按其不同浓度所产生的污染程度，分为轻、中、重污染三级。

本评价方法在地表水水质标准所列的 20 个监测项目中选取 15 个作为评价因子。水质等级及其分值如表 5.10 所示。

表 5.10　地表水水质分级

水质等级	单因子评分值	总评分值
第一级(Ⅰ)	10	145～150
第二级(Ⅱ)	9	135～144
第三级(Ⅲ)	8	120～134
第四级(Ⅳ)	6	110～119
第五级(Ⅴ)	3	90～109
第六级(Ⅵ)	1	15～89

例 5.6　现测得 A、B 两条河流的各因子实测值如表 5.11 所示，用表 5.10 所示的分级标准给予评价。

表 5.11　A、B 两条河流水质评价

评价因子	A 河流		B 河流	
	实测值	相应评分值	实测值	相应评分值
臭(级)	一级	10	二级	9
色度(度)	18	8	30	6
溶解氧 DO	8.2	10	4.0	8
生化需氧量(BOD)	2.6	9	3.52	8
化学需氧量(COD)	4.4	9	27.30	3
挥发酚类(酚)	0.003	9	0.013	6
氰化物(CN)	未检出	10	0.041	9
铜(Cu)	0.03	8	0.67	6
砷(As)	痕量	10	0.110	6
总汞(Hg)	未检出	10	未检出	6
镉(Cd)	未检出	10	0.001	10
铬(Cr^{6+})	0.006	10	0.007	10
铅(Pb)	0.01	10	(二级)※	(9)※
石油类	0.01	10	0.4	8
大肠菌群	<500	10	<1000	9
总分值	Σ143		Σ117	
结果表示	$\frac{143}{\text{Ⅱ}}$		$\frac{117}{V(\text{COD})}$	

注：※为缺少实测值的因子可用近期测定值代替，并加括号以示区别。

解　根据各因子的实测值，对照表 5.10 得出各个评价因子的相应评分值，A 河流各评价因子多在Ⅰ～Ⅱ之间，总分值为 143，属于Ⅱ级水质，结果表示为 $\frac{143}{\text{Ⅱ}}$；B 河流的评价因子中有四项属于轻污染，一项属中污染，总分值为 117，属于中污染，其中污染最重的因子为 COD，属于Ⅴ级污染，其评价结果为 $\frac{117}{V(\text{COD})}$，(117) 的括号表示评价因子的浓度有代用数据，整个水质等级评定为Ⅴ级污染，(COD) 表示最严重的污染因子为 COD。

3. 有机污染物综合评价

依据氨氮与溶解氧饱和百分率之间的相互关系，我国环保工作者根据上海黄浦江水质受有机污染突出的问题，经过长期实际观察和试验积累的经验，提出了有机污染综合评价A，其定义为

$$A=\frac{BOD_i}{BOD_0}+\frac{COD_i}{COD_0}+\frac{NH_3\text{-}N_i}{NH_3\text{-}N_0}-\frac{DO_i}{DO_0} \tag{5.15}$$

式中：BOD_i、COD_i、$NH_3\text{-}N_i$、DO_i——分别为各评价因子的实测值；

BOD_0、COD_0、$NH_3\text{-}N_0$、DO_0——分别为各评价因子的标准值。

在计算时，根据黄浦江的具体情况，各项标准值规定为：BOD_0＝4mg/L、COD_0＝6mg/L、$NH_3\text{-}N_0$＝1mg/L、DO_0＝4mg/L，由式（5.15）可知，当前三项分别大于1，第四项小于1时，则A值必大于2，所以，定$A\geqslant 2$为开始受到有机污染的标志，并根据A值的大小，分级评定水质受到有机物质污染的程度，水质评价分级如表5.12所示。

表5.12 有机污染物综合评价分级

综合评价值A	污染程度分级	水质质量评价	综合评价值A	污染程度分级	水质质量评价
<0	0	良好	2～3	3	轻污染
0～1	1	较好	3～4	4	重污染
1～2	2	一般	>4	5	严重污染

有机污染综合评价值A可以综合地评价水质受有机污染的情况，在实际工作中，证明在受到有机污染物质较严重的河段是适用的。

4. 底质质量评价方法

底质质量评价的评价方法大致与水质评价方法相同，可以用指数法或其他方法进行。但在计算底质的污染物分污染指数时，由于缺乏相应评价标准，因此，通常是在进行评价区土壤中有害物质自然含量调查的基础上，计算底质污染物的分污染指数。其计算公式如下：

$$I_i=\frac{C_i}{L_i} \tag{5.16}$$

式中：I_i——底质中第i种污染物的分污染指数；

C_i——底质中第i种污染物的实测值；

L_i——评价区土壤中第i种污染物的自然含量上限。

在求出底质污染物分污染指数后，可以用计算水污染指数的方法进行底质质量指数的综合，并根据底质质量指数进行底质分级，见表5.13（不同的水域底质可能有不同的质量分级标准）。

表5.13 底质质量分级

底质质量指数	分级
<1.0	清洁
1.0～2.0	轻污染
>2.0	污染

三、地下水水质评价方法

由于地下水埋藏于地质介质中，受地质构造、水文地质条件及地球化学条件等多因素的影响，且水质的污染十分缓慢和复杂，所以地下水的水质评价较地面水更为困难。因而地下水质量评价工作主要限于那些已经或将要以地下水作为供水源的城市或工业区，且须以已获得的该城市的水文地质基础资料和地下水水质监测资料作基础。

不同地区，由于工业布局不同，污染源不同，污染物质组成也就存在很大差异；因此，地下水质量评价参数的选择，要根据研究区的具体情况而定。一般情况下，可把地下水污染物质分为常见理化指标（如 K^+、Na^+、Ca^{2+}、Mg^{2+}、SO_4^{2-}、Cl^-、pH、矿化度、总硬度等）、有毒的金属物质（如汞、铬、镉、铅、砷）和非金属物质（如氟化物、氰化物等）、有机有害物质（如酚、有机氮磷等）和微生物（如细菌、病虫卵、病毒等）。此外，地表污染源、地质结构、地貌特征、植被、人类开挖工程、水文地质条件及地下水开发现状等，都直接影响地下水的质量好坏，所以在选择评价参数时，也应对其加以考虑。

（一）评价标准

地下水大多数作为饮用水源，故一般都以饮用水卫生标准作为评价标准。但饮用水卫生标准只能表示人体对地下水中各种元素的适应能力，标准本身也会随着环境的变化和病理学研究的深入而改变。再者，地下水污染要经历一个从量变到质变的过程，仅仅用卫生学标准往往不能反应地下水的量变过程。为此，可采用污染起始值作为地下水水质的评价标准。计算公式如下：

$$X_0 = \overline{X} + 2\delta = \overline{X} + 2\sqrt{\frac{\sum(\overline{X} - X_i)^2}{n-1}} \tag{5.17}$$

式中：X_0——污染起始值；

X——背景值调查的平均结果；

X_i——背景值调查中污染物的实际含量；

N——背景值调查样品的数量；

δ——样品数据的总体标准偏差。

（二）评价方法

本节重点介绍内梅罗指数法，水质指数计算公式如下：

$$I_j = \sqrt{\frac{\left(\max\frac{C_i}{S_{ij}}\right)^2 + \left(\frac{1}{n}\sum_{i=1}^{n}\frac{C_i}{S_{ij}}\right)^2}{2}} \tag{5.18}$$

式中：I_j——水质项目 i 在水用途 j 时的水质指数；

C_i——水质项目 i 的实测值；

S_{ji}——水质项目 i 在不同水的用途 j 时的标准值；

$\max(C_i/S_{ij})$——水的各种指标 C_i/S_{ij} 中的最大值；

$\sum(C_i/S_{ij})/n$——水的各种指标（C_i/S_{ij}）中的平均值。

$$I = W_1 I_1 + W_2 I_2 + W_3 I_3 \tag{5.19}$$

式中：I——总水质指数；

I_j——水质项目 i 在水用途 j 时的水质指数；

W_1、W_2、W_3——分别为水体不同用途所占的权重，$W_1+W_2+W_3=1$。

该指数在地下水评价的应用也是将水质分为饮用水、灌溉水和工业冷却水三种用途，用分类水质指数计算，求出总水质指数。

根据计算结果和地下水污染的实际情况，将地下水的污染分为三级，并以此进行污染程度分区：

（1）$I>1$，说明地下水综合污染较重，必须考虑控制其发展，不能作饮用水源。

（2）$I=0.5\sim1$，说明地下水遭到污染，应引起有关方面的重视。

（3）$I<0.5$，说明地下水基本未污染。

第二节　水质检验报告编写

一、水质检验报告范例

（一）地表水水质检测报告范例（表 5.14）

表 5.14　地表水水质检测报告

报告编号：20100324-2

国家城市供水水质监测网××市监测站

地表水水质检测报告

样 品 名 称：××河原水

送 检 单 位：××水务有限公司

报告发送日期：2010 年 3 月 24 日

共 4 页 第 1 页

续表

<table>
<tr><td>样品名称</td><td colspan="5">××河原水</td></tr>
<tr><td>样品编号</td><td colspan="2">20100324Y29W-2</td><td>报告编号</td><td colspan="2">20100125-2</td></tr>
<tr><td rowspan="2">委托单位</td><td>名称</td><td colspan="2">××水务有限公司</td><td>联系电话</td><td>1234567-6004</td></tr>
<tr><td>地址</td><td colspan="2">×××省××市××区××</td><td>邮政编码</td><td>711000</td></tr>
<tr><td>样品来源</td><td colspan="2">送检</td><td>样品数量</td><td colspan="2">5500mL</td></tr>
<tr><td>样品状态</td><td colspan="2">清</td><td>抽、送样日期</td><td colspan="2">2101-3-24</td></tr>
<tr><td>监测日期</td><td colspan="2">2101-3-24</td><td>检验类别</td><td colspan="2">地表水</td></tr>
<tr><td rowspan="5">监测依据/方法</td><td>序号</td><td colspan="3">监测依据/方法</td><td>选用</td></tr>
<tr><td>1</td><td colspan="3">GB3838—2002《地表水环境质量标准》</td><td>√</td></tr>
<tr><td>2</td><td colspan="3">GB5750.1～GB5750.13—2006《生活饮用水标准检验方法》</td><td>√</td></tr>
<tr><td></td><td colspan="3"></td><td></td></tr>
<tr><td></td><td colspan="3"></td><td></td></tr>
<tr><td rowspan="5">监测结论</td><td colspan="5">□所检测项目符合 GB3838—2002《地表水环境质量标准》Ⅲ类水质要求相应项目限量要求，未检项目由送检单位自查。</td></tr>
<tr><td colspan="5">□根据所检测项目分析，该水符合 GB3838—2002《地表水环境质量标准》Ⅲ类水质要求，可用于作为集中式生活饮用水地表水源。</td></tr>
<tr><td colspan="5">□根据所检测项目分析，该水中______________ GB3838—2002《地表水环境质量标准》Ⅲ类水质要求，不宜作为集中式生活饮用水地表水源。</td></tr>
<tr><td colspan="5">□其他用途水质评价由送检单位自审。</td></tr>
<tr><td colspan="5">备注：</td></tr>
<tr><td>制表</td><td colspan="2"></td><td>站内职务</td><td colspan="2"></td></tr>
<tr><td>审核</td><td colspan="2"></td><td>站内职务</td><td colspan="2"></td></tr>
<tr><td>签发</td><td colspan="2"></td><td>站内职务</td><td colspan="2"></td></tr>
<tr><td colspan="3"></td><td colspan="2">检测单位章</td><td></td></tr>
<tr><td colspan="6">签发日期 年 月 日</td></tr>
</table>

共 4 页 第 2 页

报告编号 20100324-2

检测结果汇总

样品编号 20100324Y29W-2 标准依据 GB3838—2002(Ⅲ类)

序号	检验项目	单位	标准限值	检测结果	备 注
1	温度	℃	人为造成的环境水温变化应限值在：周平均最大温升≤1；周平均最大温降≤2	周平均最大温升≤1；周平均最大温降≤2。	—
2	pH	无量纲	6～9	7.40	—
3	溶解氧	mg/L	≥5	9.2	—
4	高锰酸盐指数	mg/L	≤6	12.80	—
5	化学需氧量(COD)	mg/L	≤20	21.50	—

续表

序号	检验项目	单位	标准限值	检测结果	备 注
6	五日生化需氧量(BOD_5)	mg/L	≤4	17.69	—
7	氨氮	mg/L	≤1.0	＜0.02	—
8	总磷	mg/L	≤0.2	0.08	—
9	总氮(以N计)	mg/L	≤1.0	3.9	—
10	铜	mg/L	≤1.0	＜0.0075	—
11	锌	mg/L	≤1.0	＜0.05	—
12	氟化物(以F^-计)	mg/L	≤1.0	0.25	—
13	硒	mg/L	≤0.01	＜0.001	—
14	砷	mg/L	≤0.05	0.002	—
15	汞	mg/L	≤0.0001	＜0.0001	—
16	镉	mg/L	≤0.005	＜0.001	—
17	铬(六价)	mg/L	≤0.05	＜0.004	—
18	铅	mg/L	≤0.05	＜0.005	—
19	氰化物	mg/L	≤0.2	＜0.002	—
20	挥发酚	mg/L	≤0.005	＜0.002	—
21	石油类	mg/L	≤0.05	＜0.05	—
22	阴离子表面活性剂	mg/L	≤0.2	＜0.10	—
23	硫化物	mg/L	≤0.2	＜0.02	—
24	粪大肠菌群	个/L	≤10000	未检出	—
25	硫酸盐(以SO_4^{2-}计)	mg/L	≤250	21.66	—
26	氯化物(以Cl^-计)	mg/L	≤250	10	—
27	硝酸盐(以N计)	mg/L	≤10	0.54	—
28	铁	mg/L	≤0.3	0.73	—
29	锰	mg/L	≤0.1	＜0.05	—

共4页 第3页

注 意 事 项

一、本报告经签字盖章后生效（各页间加盖骑缝章）。

二、对本报告中检验结果有异议者，请于收到报告之日起七天内向本站提出。

三、委托样品，本站仅对样品负责，检验结果供委托人了解样品品质用。

四、本报告非经过本站同意，不得以任何方式复制，经同意复制的复印件，应由本站加盖公章确认。

五、本报告未经同意不得作为商品广告使用。

名　称：国家城市供水水质监测网××市监测站

地　址：××市××区××路××街×××号

邮　编：100005

电　话：(010) 1234567

共4页 第4页

（二）生活饮用水检测报告范例（表 5.15）

表 5.15 生活饮用水检测报告

样品受理编号:09XE123

××市环境监测检验中心

检 测 报 告

样 品 名 称:生活饮用水水源水地表水
送 检 单 位:××动力服务公司
报告发送日期:2009 年 8 月 29 日

共 4 页 第 1 页

××市环境检测中心检测报告

报告（样品受理）编号：09XE123　　　　报告日期：2009 年 08 月 28 日

样品名称	生活饮用水水源水（地表水）	数　量	5000mL
包　装	塑料壶、玻璃瓶	收样日期	2009 年 08 月 24 日
检验日期	08 月 24 日至 08 月 28 日	检验项目	砷、铅、铜等
检验依据	GB5750.1～GB5750.13—2006《生活饮用水标准检验方法》		

检 验 结 果

序号	检验项目	单位	标准限值	检测结果	备 注
1	pH	无量纲	6～9	8.13	—
2	铁	mg/L	≤0.3	0.55	—
3	锰	mg/L	≤0.1	<0.01	—
4	铜	mg/L	≤1.0	<0.01	—
5	锌	mg/L	≤1.0	<0.08	—
6	铅	mg/L	≤0.05	<0.009	—
7	镉	mg/L	≤0.005	<0.0005	—
8	汞	mg/L	≤0.0001	<0.0002	—
9	硒	mg/L	≤0.01	<0.001	—
10	铬（六价）	mg/L	≤0.05	<0.004	—
11	砷	mg/L	≤0.05	0.01	—
12	总氮（以 N 计）	mg/L	≤1.0	0.3	—
13	总磷	mg/L	≤0.2	0.025	—

续表

序号	检验项目	单位	标准限值	检测结果	备　注
14	石油类	mg/L	≤0.05	未检出	—
15	硫酸盐（以 SO_4^{2-} 计）	mg/L	≤250	20	—
16	氯化物（以 Cl^- 计）	mg/L	≤250	1.0	—
17	硝酸盐（以 N 计）	mg/L	≤10	1.06	—
18	氨氮	mg/L	≤1.0	<0.02	—
19	氰化物	mg/L	≤0.2	<0.002	—
20	化学需氧量（COD）	mg/L	≤20	14.50	—
21	挥发酚	mg/L	≤0.005	<0.002	—
22	阴离子表面活性剂	mg/L	≤0.2	<0.10	—
23	溶解氧	mg/L	≥5	9.2	—
24	高锰酸盐指数	mg/L	≤6	12.80	—
25	五日生化需氧量（BOD_5）	mg/L	≤4	17.69	—
26	硫化物	mg/L	≤0.2	<0.02	—

检验机构盖章：

检验者：	审核者：

共 4 页 第 2 页

××市环境检测中心检测报告

报告（样品受理）编号：09XE123　　　　报告日期：2009 年 08 月 27 日

样品名称	生活饮用水水源水（地表水）	数　　量	5000mL
包　　装	灭菌瓶	采样日期	2009 年 08 月 24 日
收样日期	2009 年 08 月 24 日	检验日期	08 月 24 日至 08 月 28 日
检验依据	GB5750.1～GB5750.13—2006《生活饮用水标准检验方法》		
检测项目	粪大肠菌群		

检 验 结 果

序号	检验项目	单位	标准限值	检测结果	备　注
1	粪大肠菌群	MPN/mL	不得检出	200	

检验机构盖章：

检验者：	审核者：	签发者：

共 4 页 第 3 页

续表

××市环境检测中心卫生学评价报告			
报告(样品受理)编号:09XE123		报告日期:2009年08月27日	
客户名称	××动力服务公司	地　　址	××区×路×街××号
样品名称	生活饮用水水源水(地表水)	电　　话	13890123×××
样品数量	5500mL	检验类别	抽检
包　　装	灭菌瓶、玻璃瓶、塑料壶	采样日期	2009年08月24日
收样日期	2009年08月24日	检验日期	08月24日至08月28日
送样人	×××,×××		
检验者:	审核者:	签发者:	

注:①引用技术法规、标准《生活饮用水卫生标准(GB5749—2006)》、地表水环境质量标准(GB3838—2002);

②检验结果见09XE123号检验报告;

③卫生学评价参考标准为《生活饮用水卫生标准(GB5749—2006)》、《地表水环境质量标准(GB3838—2002)》规定,对××动力服务公司生活饮用水水源水(地表水)进行抽检与卫生学评价;

④本次抽检样品所测指标铁(国家标准:≤0.3mg/L)不符合生活饮用水标准,其他指标符合地表水水源Ⅲ类水质标准。

检验机构盖章:

共4页 第4页

(三)环境监测快报范例(表5.16)

表5.16　环境监测快报

快报类型:			第　页共　页
填报单位:			第　　期
填报时间:	年　月　日		
编报事由			
监测结果			
分析结论			
填报者	审核者	负责人	

(四)环境监测季(年)度报表范例(表5.17)

表5.17　废水监测情况季(年)度报表

废水类型		排污单位名称					季(年)度	
污染源名称		监测点名称	监测频次	污染因子名称	最低允许浓度	最高允许浓度	平均监测浓度	总控指标
污染源性质								
介质排放方式								
介质排放去向								
介质季(年)排放量/t								

续表

废水类型		排污单位名称					季/年度	
污染源名称		监测点名称	监测频次	污染因子名称	最低允许浓度	最高允许浓度	平均监测浓度	总控指标
治理设施名称								
治理设施设备价值/元								
治理设施应运行时间/(h/d)								
治理设施实际运行时间/(h/d)								
标志污染物名称								
标志污染物进水浓度/(mg/L)								
标志污染物出水浓度/(mg/L)								
季(年)处理量/t								
处理达标量/t								
季(年)治理设施运行费用/元								
治理情况								
治理年度								
投资情况/万元								
	总投资							
	自筹							
监测单位		监测时间		填报人		审核		负责人

二、水质检验报告格式设计

按照监测报告表达的深度，可分为实测结果数据型和评价结果文字型两大类；按照选择表达形式，可分为书面型和音像型两大类；根据监测报告表达的广度，可分为项目监测报告、水质监测快报、水质监测月报告、水质监测季报告、水质监测年报告和水质监测报告书等类型。

（一）项目监测报告

监测机构按照某种方法进行的单项或多项检测项目编报的报告就是项目检测报告。项目检测报告应包括以下信息：

（1）报告名称。

（2）监测机构的名称和地址。

（3）报告的唯一标识（如编号）、页码和总页数。

（4）样品的描述和明确的标识。

（5）样品的特性、状态及处置。

（6）样品接收日期、监测分析日期。

（7）所使用测试方法、采用的标准。

（8）与测试方法的偏离、补充或例外情况与测试有关的其他情况（如环境条件）说明。

（9）测试、检查和导出结果中不合格标识。

（10）对测试结果的不确定度的说明。

（11）检测结论。

（12）对报告的内容负责的人员职务、签字和签发日期，检测机构盖章。

（13）对测试结果代表范围及程度的声明。

（14）报告未经监测机构批准不得复制的声明。

（二）水质监测快报

水质监测快报是指采用文字型、一事一报的方式，报告重大污染事故、突发性水污染事故和对环境质量造成重大影响的应急监测情况，以及在监测过程中发现的异常情况及其原因分析和对策建议。

污染事故监测快报应在事故发生后24h内报出第一期，并应在事故影响期间内按照环保主管部门确定的日期连续编制各期快报。水质监测快报应在每次监测任务完成后5d内报到环保主管部门。

水质监测快报应包括以下信息：

（1）报告名称，如“水污染事故监测快报”。

（2）监测机构名称和地址。

（3）报告的唯一标识（如编号）及页号和总页数。

（4）检测地点及时间。

（5）事件的时间、地点及简要过程和分析。

（6）污染因子或环境因素检测结果。

（7）对短期内环境质量态势的预测和分析。

（8）事件原因的简要分析。

（9）结论与建议。

（10）对报告内容负责人员的职务和签名、监测站盖章。

（三）水环境监测月报告

环境监测月报告是一种简单、快速报告水环境质量状况及水污染问题的数据型报告。环境监测机构应在每月5日前将上月监测情况上报环保主管部门和上级监测站。

环境监测月报告应包括以下信息：

（1）报告名称，如“地表水监测月报告”、“地表水污染监测月报告”。

（2）报告编制单位名称和地址。

（3）报告的唯一标识（如序号）、页码和总页数。

（4）被监测水体名称、地点。

（5）检测项目的检测时间及结果。

（6）检测简要分析，包括与前月分对比分析结果、当月主要问题及原因分析、变化趋势预测、管理控制对策建议等。

(7) 对报告内容负责的人员职务和签名。

(8) 报告签发日期、监测站盖章。

(四) 水环境监测季报告

水环境监测季报告是一种在时间和内容上介于月报告和年报告之间的简要报告水环境质量状况或水质污染问题的数据型报告。环境监测机构应在每季度第一个月的15日之前，将该季度环境监测情况上报环保主管部门和上级监测站。

一般水环境监测季报告，应包括以下信息：

(1) 报告名称，如“水环境质量监测季报告”或“水环境污染监测季报告”。

(2) 报告编制单位名称、地址。

(3) 报告的唯一标识(如序号)、页码和总页数。

(4) 监测水体名称、地址及各监测点情况。

(5) 监测技术规范执行情况。

(6) 监测数据情况。

(7) 各环境要素和污染因子的监测频率、时间及结果。

(8) 单要素水质评价及结果。

(9) 本季度主要问题及原因简要分析。

(10) 水环境质量变化趋势估计及改善水环境管理工作的建议。

(11) 水环境污染治理工作效果、监测结果及综合整治考验结果。

(12) 对报告内容负责的人员职务和签名。

(13) 报告的签发日期、监测单位盖章。

(五) 水环境监测年报告

环境监测年报告是环境监测重要的基础技术资料，是环境监测机构重要的监测成果之一。国家环境质量监测网成员单位，正式以微机网络有线传输方式，逐级上报环境质量监测年报告，应在每年1月20日前将上年度环境监测年报告报到省级中心站。

环境监测年报告应包括以下信息。

(1) 报告名称，如“水环境质量监测年报告”，“水环境污染监测年报告”等。

(2) 报告年度。

(3) 报告唯一标识、页码和总页数。

(4) 环境监测工作概况，主要包括：

①基本情况：监测站人员构成统计表，监测机构及组织情况表，监测站仪器、设备统计表等；②监测网点情况：各环境要素质量监测网点情况表，污染源监测网点情况表等；③监测项目、频率和方法、水环境要素监测项目频率和方法统计表；④评价标准、水质等各环境要素评价执行情况表，污染源评价标准等；⑤数据处理及实验室质量控制等。

(5) 检测结果统计图表。

（6）环境监测相关情况，主要包括环境条件情况、社会经济情况、年度水环境监测大事记等。

（7）当年环境质量或环境污染情况分析评价，主要包括水质量评价及趋势分析、水质污染评价及趋势分析、各环境要素和主要污染因子存在的主要问题及原因分析、与上年度对比分析结果、水污染治理效果总结、强化水环境管理及监测的对策建议等。

（8）对报告内容负责的人员职务、签名及签发日期。

（六）水环境监测报告书

水环境监测报告书包括以下几部分内容：

（1）概况。

（2）监测工作开展情况。

（3）污染源监测情况综述。包括污染源环境监测情况汇总表、污染源分布统计图、污染源监测数据统计图、污染源综合等标污染负荷单位类别分布图、污染源分布地域图、重点地区污染源分布情况等。

（4）废水监测情况。除文字说明外，还应该包括：废水监测情况汇总表、监测数据达标率排污单位分布统计图、等标污染负荷废水类型分布统计图、等标污染负荷排污单位类型统计图、主要污染物排放量排污单位统计图、等标污染负荷重点排污单位排序表、废水治理设施配置及运转率单位类别分布统计图、废水受控污染物去除量分布统计图等。

（5）其他污染源及环境质量监测情况。

（6）综合结论及建议。

此外，环境监测报告书封面或首页加盖编报单位公章，必须写明编报人员姓名、审核人员姓名和编报单位负责人姓名，正文中不便表现的数据、图、表可作为附件附在正文后。

三、相关图表的绘制方法

环境质量评价图是用不同的符号、线条或颜色来表示各种环境要素的质量或各种环境单元的综合质量的分布特征和变化规律的图，是环境质量评价报告书中不可缺少的部分。环境质量评价图使用各种制图方法，形象地反映一切与环境质量有关的自然和社会条件、污染物和污染源、污染与环境质量及各种环境指标的时空分布。环境质量图既是环境质量研究的成果，又是环境质量评价结果的表示方法。好的环境质量图不但可以节省大量的文字说明，而且具有直观、可以量度和对比等优点，有助于了解环境质量在空间上分异的原因和在时间上发展的趋向，这对进行环境区划和制定环境保护措施都有一定的意义。

凡是以地理地图为底图的环境质量评价图统称为环境质量评价地图。它是环境质量评价所独有的图，专门为表示环境质量评价各参数的时空分布而设计。环境质量评价地图包括：

（1）环境条件图，如自然条件和社会条件。

(2) 环境污染现状图，包括污染源分布图、污染物及其浓度分布图、主要污染源和污染物评价图等。

(3) 环境质量评价图，包括污染物污染指数图、单项环境质量评价图、环境质量综合评价图等。

(4) 环境质量影响图，反映环境质量变化对人和生物的影响等。

(5) 环境规划图。

(一) 水环境质量评价图的制图方法

1. 符号法

在确定的地点如监测点、污染源等处，用一定形状或不同颜色的符号表示各种环境要素以及与之有关的事物，如某项监测指标、浓度或环境质量的优劣等。符号的形状有长柱、圆圈、方块等多种，我国在《环境质量报告书技术规定》中对编图图式做了规定。

若不是用符号的大小表示某种特征的数量关系，则应保持符号大小一致；有量值大小区别时，其符号大小或等级差别应做到既明显又不失调，而且符号的位置应准确，使整幅图美观、大方、匀称。

凡是以各种几何图形（圆形、正方形、长方形、正三角形、菱形、正五边形、正六边形、星形等）符号表示环境要素，定位时以图形的中心作为实地中心位置；凡用宽底符号（烟囱、水塔等）定位时，以符号底部中心点作为实地的中心位置；线状符号（河流、公路、铁路、管道等）以符号中心线表示实际位置；用其他不规则符号定位时，以中心点为实地位置。如有标注，应该标注在符号的右下角。

2. 定位图表法

定位图表法是在确定的地点或各地区中心，用图表表示该地点或该地区某些环境特征。此法适于编制采样点上各种污染物浓度值或污染指数值图、风向频率图、各区工业构成图。

3. 类型图法

根据某些指标，对具有相同指标的区域，用同一种晕线或颜色表示；对具有不同指标的各个环境区域，用不同的晕线或颜色表示。此法适用于编制河流水质图、环境区域图等。

4. 等值线法

利用一定的观测资料或调查资料，内插出等值线，用来表示某项指标在空间内的连续分布和渐变状况。它是在环境质量评价制图中常用的方法，适用于编制、各种污染物的等浓度线图或等指数线图。

5. 网格法

网格法又称为微分面积叠加法。按照数学上有限单元的概念，当这些微分面积足够小时，可以认为其内部状况是均一的。若将整个评价区域划分成许多等面积的小方格，称其为环境单元。环境单元的大小主要取决于评价的精度、评价的范围和底图比例尺。具有相同性质的环境单元用同一晕线或颜色表示，不同性质的环境单元用不用的晕线或颜色表示。

6. 类型分区法

类型分区法又称底质法，在一定区域范围内，按照环境特征分区，并用不同的晕线或颜色将各分区的水环境质量特征显示出来。这种方法常常用于绘制水环境功能分区图、水环境规划图等。

7. 区域水环境质量表示法

将规定范围内（区段、区域、流域等）的某种环境要素质量、综合质量，以及可以反映环境质量的综合等级，用各种不同的符号、线条或颜色表示出来，以清楚看到水环境质量的空间变化。

（二）环境质量评价中的普通图

环境质量评价中的普通图是指在分析各种资料数据时，为了便于说明这些数据之间的内在联系、相对关系而采用的各种图表。

1. 分配图

用于表示分量和总量的比例，即百分数的图形表示法。例如不同污染物的污染负荷比、污灌面积占耕地面积的比例等。

2. 时间变化图

常用曲线图表示各种污染物浓度、环境要素在时间上的变化，如日变化、季变化、年变化等。

3. 相对频率图

污染物浓度测定值常在一个范围内变动，因而应以平均值或某一保证频率下的取值代表这一点的污染物浓度值。常见的相对频率图有风向频率图、风速频率图等。

4. 累积图

累积图表示污染物在不同空间（地点、生物体内）的累积量，一般以累积量与时间的关系作图。

5. 过程线图

过程线图表示某污染物在运动的进程中，其污染量（或浓度）随距离的变化关系，或污染量（或浓度）随时间的变化关系。

6. 相关图

相关图是相关分析时绘的图，也是水环境质量评价中常绘的图，一般用来表示现象之间的相关联系，如污染物浓度与某些因素的相关关系。

环境质量评价图的类型很多，不能一一列举。总之，图表的绘制是为水环境质量评价服务的，它的取舍应该以既说明问题又明确精炼为原则，不应过度追求图的多样性。

四、水质检验报告编写注意事项

各类水质检测报告是水质监测成果的主要表达方式，是整个水环境监测工作的最终产品，其质量优劣与否、完成是否及时，都直接影响着环境监测工作效率。作为环境管理决策的重要依据，各类检测报告除内容要完整，图表和文字表述应准确、清晰、明确和客观以外，还应遵循以下原则。

1. 准确性原则

各类水质监测报告首先是要为人们提供一个确切的环境质量信息。所以，各类监测报告必须实事求是，准确可靠，数据翔实，观点明确。

2. 及时性原则

各类水质监测报告是为环境决策和环境管理服务，这种服务必须及时有效。因此，必须建立和实行切实可行的报告制度，建立专门的综合分析机构，保证报告的时效性。

3. 科学性原则

水质监测报告的编制不是简单的数据资料汇总，必须运用科学的理论、方法和手段表示阐释监测结果及水环境质量变化规律，为环境管理提供科学依据。

4. 可比性原则

水质监测报告的表述应统一、规范，内容、格式等应遵守统一的技术规定，结论应有时间的连续性，成果的表达形式应具有时间、空间的可比性，便于汇总和对比分析。

5. 社会性原则

水质监测报告要易于上级部门及社会各界接受和利用，使其在各个领域中尽快发挥作用。

技能实训

项目一　校园给水水质分析与评价

一、实训目的

(1) 熟悉生活饮用水（自来水）水质检验的内容、工作的程序，学会制订简单的水质监测方案。

(2) 熟悉常用水质分析仪器使用和水质分析方法，学会饮用水水样采集、样品处理、指标测定和数据处理等方法。

(3) 学会编写生活饮用水水质检验报告。

二、实训原理

根据《城市供水水质标准》（CJ/T206—2005），对管网水的浑浊度、色度、臭和味、余氯、菌落总数、耗氧量等指标检测每月不少于2次。管网中应维持足够的消毒剂残留量，尽量减少溶解性有机物，特别是易生物降解有机质，它可以为微生物提供营养物质。同时应防止管道材料腐蚀和预防形成沉积物，除去铁和锰，尽量减少混凝剂的残留量，使浊度达标。

饮用水进入输配水系统可能含有非寄生的阿米巴虫、各种异养菌及真菌，在适宜的条件下，它们可在管道中形成生物膜。所以，保持输配水系统中合适的消毒剂残留量可防止生物污染，但消毒剂副产物的不良影响要降至最低。

控制pH使其对管道腐蚀性最小，并提高水的稳定性。若不能将水的腐蚀性降至最低，饮用水就会受到污染，并影响水的味道和外观。富含锰和铁的地下水难免会出现锰和铁超标，再受消毒剂的强氧化作用，会不断形成氧化锰和氢氧化铁等絮状沉淀。

若管网主要采用铸铁或钢管，时间较长极有可能造成管网水的铁、锰、色度、浊度增高，细菌、大肠杆菌超标。

三、实训准备

1. 仪器和试剂

测定水样pH、余氯、色度、浑浊度、硬度、溶解氧、菌落总数、所需的仪器和试剂。

2. 相关水质标准

(1)《城市供水水质标准》(CJ/T206—2005)。

(2) 测定方法标准。

生活饮用水pH、余氯、色度、浑浊度、硬度、溶解氧、电导率、菌落总数等指标的测定方法标准。

四、实训过程

1. 样品采集

根据预测水质指标的测定要求选择合适的水样采集方法，若无特殊要求应按照测定细菌总数和总大肠菌群的取样方法采集水样。

2. 水质指标测定

根据城市供水水质标准要求，选择pH、余氯、色度、浊度、硬度、溶解度、菌落总数、氨氮、COD和高锰酸盐指数等水质指标进行测定。

3. 数据处理、水质评价和撰写报告

(1) 数据记录。将实验数据填写到实验记录表中，表式样参见表5.15。

(2) 水质评价。按照《城市供水水质标准》(CJ/T206—2005)、对校园生活饮用水进行评价。

(3) 编写水质检验报告。参照表5.15《生活饮用水检测报告》，编制校园生活饮用水水质检测报告。

五、实训成果

（1）×××校园给水水质检验报告。

（2）实训总结报告（实习的收获、不足与心得体会）。

六、注意事项

（1）根据监测指标选择取样容器，测微生物指标的取样容器需提前灭菌。

（2）测定微生物指标须在取样当天测定。

项目二　校园排水水质分析与评价

一、实训目的

（1）训练综合实验的设计及组织能力，培养团队合作精神、增强认识问题、分析问题和解决问题的能力。

（2）进行校园水污染源调查，确定环境监测因子。

（3）进一步熟悉化学容氧量、碱度、SS、总 N、总 P、BOD_5、色度、味等生活污水主要污染物测定技术。

（4）学会选择评价标准、评价因子和评价方法，进行水质评价，会编制水质检验评价报告。

二、实训原理

参见污染源水质监测评价的相关内容。

三、实训准备

（一）文献资料

（1）学校简介。

（2）相关标准。包括《地表水环境质量标准》（GB 3838—2002）、《污水综合排放标准》（GB 8978—1996）和水质指标测定方法标准等。

（二）仪器试剂

所需仪器及实验试剂与单项指标测定的仪器、试剂相同。

四、实训过程

1. 搜集、整理有关基础资料

首先搜集、整理包括校园概况、废水主要来源、排污口、排放量及排入河流类型等基础资料。再在污染源和污染物调查的基础上，确定校园污水主要污染物和主要污染源。最后根据校园废水的来源和排入地表水类型，依据《地表水环境质量标准》（GB

3838—2002)、《污水综合排放标准》(GB 8978—1996) 的相关规定，确定本次监测的项目并填入表5.18。

2. 水样采集

水样的采集、运输和保存均按国家《水和废水监测技术规范》进行。

3. 确定水质评价因子

水质评价因子应根据水质评价目的和影响水质的主要污染物来确定。根据校园废水的来源和《污水综合排放标准》(GB 8978—1996) 的相关规定，确定本次监测的项目和分析方法。

4. 水质监测

将各监测数据记录表5.18。

表5.18　校园水质监测项目、分析方法及数据记录表

序号	监测项目	分析方法	方法来源	所用仪器及型号	检测结果
1					
2					
…					
n					

5. 水质评价

计算校园排水的污染指数、评价其是否达到排放标准、并提出污水处理建议。

6. 编报水质检测评价报告

五、实训成果

(1) ×××校园排水水质检验报告。

(2) 实训总结报告（实习的收获、不足与心得体会)。

小结

本章通过校园给水（自来水）水质分析及排水（校园污水）水质现状评价等工作过程为例，主要介绍了水质评价基础知识、水质评价基本程序，主要污染源和主要污染物调查与分析的方法，评价因子的选择，重点介绍了污染指数法和分级评价法，还介绍了水质检测报告的内容、格式及编制水质检验报告的原则。通过本章的学习，要求能够简述水质评价的类型、程序，能够选择合适的评价因子和评价方法对客户给水、排水的水质进行检验评价，并在此基础上，能按照客户的要求编写水质检验报告书。

作业

(1) 水质评价的主要步骤是什么？

(2) 为什么要进行环境背景值的调查?

(3) 污染源调查的目的和内容是什么?

(4) 某地区有甲、乙、丙三个企业，年污水排放量与污染物监测结果如表5.19所示。若污染物最高允许排放浓度为：悬浮物250mg/L、BOD_5 60mg/L、酚0.5mg/L、石油类10mg/L，试确定该地区的主要污染物和主要污染源。

表5.19 某地区企业年污水排放量与污染物监测值

企业	污水量/(万 t/a)	悬浮物/(mg/L)	BOD_5/(mg/L)	酚/(mg/L)	石油类/(mg/L)
甲	592.5	413.2	914.8	0.062	7.22
乙	237.5	173.6	99.2	0.01	0.892
丙	409.0	1207.6	550.0	0.004	1.016

(5) 某河段实测水质数据见表5.20，按照GB3838—2002标准，试分别采用算术平均值、加权平均值和几何平均值计算水质指数，并按照表5.4、表5.6、表5.7进行水质分级。

表5.20 某河段实测水质监测值

监测项目	pH	COD_{cr}	DO	氨氮	总磷	石油类	挥发酚	Hg	总Cd	Cr^{6+}	铜	锌
水质数据	7.8	17	5.8	0.6	0.1	0.07	0.004	0.00006	0.0043	0.039	0.6	0.8

知识链接

地表水体的生物学评价

水的生物学评价是从生物学角度来研究受污染水体，包括河流、湖泊、水库和海域中的生物结构和功能变化，了解水体受污染的程度与水生生物遭受危害的状况。

1. 污水生物体系法

污水生物体系法是根据水体受污染后形成的特有生物群落进行水污染生物学评价的水体评价方法。被有机物污染的河流，由于自净过程而自上游往下游形成一系列的连续带，在每一带中都有特殊的物理、化学和生物学特征，出现不同的生物种类，从而形成特有污水生物体系，可据此污水生物体系判断河流被有机物污染的程度。污水生物体系各污染带的化学和生物学特征见表5.21。

表5.21 水质生物学评价分级特征

特征	多污带	α-中污带	β-中污带	寡污带
化学过程	腐败现象引起还原和分解作用明显开始	水和底泥中出现氧化作用	到处进行着氧化作用	因氧化使矿化作用达到完成阶段
溶解氧(20℃)	全无	有一些，$(2\sim6)\times10^{-6}$	较多，$(6\sim8)\times10^{-6}$	很多，$>8\times10^{-6}$

续表

特征	多污带	α-中污带	β-中污带	寡污带
BOD_5	很高，$>10\times10^{-6}$	高，$(5\sim10)\times10^{-6}$	较低，$(2.5\sim5)\times10^{-6}$	低，$<2.5\times10^{-6}$
硫化氢的形成	有强烈的硫化氢气味	硫化氢气味消失	无	无
水中有机物	有大量高分子有机物	高分子有机物分解产生胺酸	很多脂肪酸胺化合物	有机物全部分解
底泥	往往有黑色硫化铁存在，故常呈黑色	在底泥中硫化铁氧化成氢氧化铁，故不呈黑色	不呈黑色	底泥大部分已氧化
水中细菌	大量存在，每1mL水达100万个以上	很多，每1mL水达10万以上	数量减少，每1mL水中在10万个以下	少，每1mL水中在100个以下
栖息生物的生态学特征	所有动物都是细菌摄食者；均能耐pH的急剧变化；耐低溶解氧的厌气性生物，对硫化氢、氨等毒性有强烈的抗性	以摄食细菌的动物占优势，还有肉食性动物，一般对溶解氧及pH变化有高度适应性；尚能容忍氨，对H_2S耐性弱	对溶解氧及pH变动适应性差，对腐败性毒无长时间耐性	对溶解氧和pH的变动适应性很差，对H_2S等腐败性毒耐性极差
植物	无硅藻、绿藻、接合藻以及高等植物出现	藻类大量发生，有蓝藻、绿藻、接合藻及硅藻出现	硅藻、绿藻、接合藻的多种类出现，为鼓藻类主要分布区	水中藻类少，但着生藻类多
动物	微型动物为主，原生动物占优势	微型动物占大多数	多种多样	多种多样
原生动物	有变形虫、纤毛虫，但无太阳虫、双鞭毛虫及吸管虫	逐渐出现太阳虫、吸管虫，但无双鞭毛虫	太阳虫和吸管虫等中耐污性弱的种类出现，双鞭毛虫也出现	仅有少数鞭毛虫和纤毛虫
后生动物	仅有少数轮虫、蠕形动物、昆虫幼虫出现，水螅、淡水海绵、苔藓动物、小型甲壳类、贝类、鱼类不能生存	贝类、甲壳类、昆虫出现，但无淡水海绵及苔藓动物；鱼类中的鲤、鲫、鲶等可在此带栖息	淡水海绵、苔藓动物、水螅、贝类、小型甲壳类、两栖动物、鱼类均有多种出现	除各种动物外，昆虫幼虫种类极多

2. 生物指数法

根据生物种群结构变化与水体污染关系，运用数学公式反映生物种群或群落结构的变化，用以评价水体环境质量的值数称为生物指数。如贝克（Beck）生物指数是根据生物对有机物的耐性，把从采样点采到的底栖大型无脊椎动物分成两大类，Ⅰ类是对有机物污染缺乏耐性的种类，Ⅱ类是对有机物污染有中等程度耐性的种类，利用它们来评价水体污染。计算公式为：

$$BI = 2n_{\text{I}} + n_{\text{II}} \tag{5.20}$$

式中：BI——生物指数；

n_{I}——Ⅰ类动物种类数目；

n_{II}——Ⅱ类动物种类数目。

根据生物指数可以进行水质的生物分级，当 BI＝0 时，水质严重污染；当 BI＝1～10 时，水质中度污染；当 BI＞10 时，水质清洁。

3. 群落多样性指数法

利用水生生物群落的种类和个体数量的比值评价水质。群落多样性指数的计算公式很多，而目前使用较多是下式：

$$\overline{d} = -\sum_{i=1}^{s}(n_i/N)\ln(n_i/N), \quad i = 1,2,\cdots,s \tag{5.21}$$

式中：n_i——单位面积上第 i 种的个体数；

N——单位面积上各类生物的总个体数；

s——生物种类数。

根据群落多样性指数进行生物分级，当 $\overline{d}=0$ 时，水质严重污染；$\overline{d}=0\sim1$ 时，水质重污染；当 $\overline{d}=1\sim2$ 时，水质中污染；当 $\overline{d}=2\sim3$ 时，轻污染；$\overline{d}>3$，水质清洁。

第六章　水质检验工职业技能鉴定

学习目标

（1）熟悉水质检验工职业技能鉴定大纲，了解水质检验工职业技能鉴定评分办法。

（2）熟悉水质检验工职业技能鉴定试题题型，掌握基本应考答题技巧。

（3）了解水质检验工职业技能鉴定申报及职业资格证书办理方法。

必备知识

（1）高级水质检验工职业技能鉴定考试大纲及评分办法。

（2）中级水质检验工职业技能鉴定考试大纲及评分办法。

（3）高级水质检验工技能鉴定考核试题类型及基本应考技巧。

选修知识

（1）初级水质检验工职业技能鉴定考试大纲及评分方法。

（2）我国的就业准入、持证上岗与职业资格证书制度。

（3）我国职业资格分级和职业技能鉴定组织实施办法。

项目引导

项目：高级水质检验工职业技能鉴定

教学引导：本章在引导大家完成高级水质检验工职业技能鉴定技能操作考核和理论知识考核试题的过程中，了解、熟悉和掌握水质检验工职业技能鉴定的考核形式、考核内容、试题类型和应考技巧。

课前思考题

（1）什么是职业技能鉴定？职业技能鉴定是如何组织实施的？

（2）水质检验工职业技能鉴定的考核内容有哪些？如何考核？

（3）如何申报和备考水质检验工职业技能鉴定？

（4）怎样才能尽快成为一名合格的水质检验工？

第一节 职业技能鉴定概述

一、我国的就业准入、持证上岗和职业资格证书制度

我国实行就业准入持证上岗制度是原劳动与社会保障部（现为人力资源和社会保障部）在2000年第6号令发布的《招用技术工种从业人员规定》中提出并强制执行的。《规定》确定了包括化学检验工等43类生产、运输设备操作人员，动物检疫检验员等3类农林牧渔水利生产人员，推销员等30类商业服务业人员和秘书等6类办事人员及有关人员等工种（职业）实行就业须持职业资格证书上岗。

《劳动法》第八章第十九条规定："国家确定职业分类，对规定的职业技能标准，实行职业资格证书制度，由经过政府批准的考核鉴定机构负责对劳动者实施职业技能考核鉴定"。《职业教育法》第一章第八条规定："实施职业教育应当根据实际需要，同国家制定的职业分类和职业等级标准相适应，实行学历文凭、培训证书和职业资格证书制度"。这些法规的颁布实施为我国推行职业资格证书制度和开展职业技能鉴定确定了法律依据。

就业准入持证上岗制度，就是凡从事技术复杂、通用性广、涉及到国家财产、人民生命安全和消费者利益的职业（工种）的劳动者，必须经过培训鉴定并取得职业资格证书以后方可就业。因此，实行持证上岗是国家《劳动法》和《职业教育法》执法的需要，也是有关职业（工种）劳动者就业的需要。

职业资格证书制度是劳动就业制度的一项重要内容，也是一种特殊形式的国家考试制度。它是指按照国家制定的职业技能标准或任职资格条件，通过政府认定的考核鉴定机构，对劳动者的技能水平或职业资格进行客观公正、科学规范的评价和鉴定，对合格者授予相应的国家职业资格证书。我国职业资格证书分为五个等级，分别为初级（五级）、中级（四级）、高级（三级）、技师（二级）、高级技师（一级）。职业资格证书是劳动者具有从事某一职业所必备的学识和技能的证明；是劳动者求职、任职、开业的资格凭证；是用人单位招聘、录用劳动者的主要依据；是我国公民境外就业、劳务输出法律公正的有效证件。

二、职业资格分级

根据人力资源和社会保障部颁布的《国家职业标准制定技术规程》的规定，我国的职业资格分为五级，分别对应初级工、中级工、高级工、技师和高级技师。各等级的具体标准为：

1. 国家职业资格五级

即初级工，要求能够运用基本技能独立完成本职业的常规工作。

2. 国家职业资格四级

即中级工，要求能够熟练运用基本技能独立完成本职业的常规工作；并在特定情况下能够运用专门技能完成较为复杂的工作，能够与他人进行合作。

3. 国家职业资格三级

即高级工，要求能够熟练运用基本技能和专门技能完成较为复杂的工作，包括完成部分非常规性工作、能够独立处理工作中出现的问题，能指导他人进行工作或协助培训一般操作人员。

4. 国家职业资格二级

即技师，要求能够熟练运用基本技能和专门技能完成较为复杂的、非常规性的工作，掌握本职业的关键操作技能技术，能够独立处理和解决技术或工艺问题，在操作技能技术方面有创新，能组织指导他人进行工作，能培训一般操作人员，具有一定的管理能力。

5. 国家职业资格一级

即高级技师，要求能够熟练运用基本技能和特殊技能在本职业的各个领域完成复杂的、非常规性的工作，熟练掌握本职业的关键操作技能技术，能够独立处理和解决高难度的技术或工艺问题，在技术攻关、工艺革新和技术改革方面有创新，能组织开展技术改造、技术革新和进行专业技术培训，具有管理能力。

三、职业技能鉴定

职业技能鉴定是国家职业资格证书制度的重要组成部分，是一项基于职业技能水平的考核活动，属于标准参照型考试。职业技能鉴定是考试考核机构对劳动者从事某职业所应掌握的技术理论知识和实际操作能力做出的客观测量和评价。开展职业技能鉴定，推行国家职业资格证书制度，是国家人力资源能力建设的重要组成部分，是国家实施人才战略的重要举措。对于高职院校学生，尤其是工程技术类、管理类专业学生，提高实践能力和创新能力，拓宽就业空间具有重要意义。

（一）职业技能鉴定的组织实施

我国的职业技能鉴定实行政府指导下的社会化管理体制，即按照《国家职业标准制定技术规程》等相关法律政策，在政府人力资源与社会保障行政部门领导下，职业技能鉴定指导中心组织实施，由职业技能鉴定所（站）负责对劳动者技能水平进行评价和认定的工作体制。该工作体制它包括政策、组织实施、质量保证和监督检查四个系统。

考核鉴定结束后，职业技能鉴定所（站），负责将考核合格人员名单报相应职业技能鉴定指导中心审查、汇总，并按照国家规定的证书编码方案和填写格式办理职业资格证书。职业资格证书经同级人力资源和社会保障行政部门验印后，由职业技能鉴定所（站）送交申报者本人。

（二）职业技能鉴定申报

申报参加职业技能鉴定者，要根据所申报职业的资格条件，确定自己申报鉴定的等级。申报者须持有本人所在单位开具的工作年限证明，经鉴定机构审查符合要求后，方可到鉴定所（站）报名，领取准考证。参加技能鉴定者可到人力资源和社会保障行政部门批准的培训机构参加培训，携带准考证参加统一的鉴定考试。

参加不同级别鉴定的人员，其申报条件不尽相同，考生要根据鉴定公告的要求，按国家职业标准的规定，确定申报的级别。各级别职业资格的申报条件分别为：

1. 初级工

申报初级工，即申报国家职业资格五级，应为具备以下条件之一者：

(1) 经本职业初级正规培训达规定标准学时数，并取得毕（结）业证书。

(2) 在本职业连续见习工作2年以上。

2. 中级工

申报中级工，即申报国家职业资格四级，应为具备以下条件之一者：

(1) 取得本职业初级职业资格证书后，连续从事本职业2年以上，经本职业中级正规培训达规定标准学时数，并取得毕（结）业证书。

(2) 取得本职业初级职业资格证书后，连续从事本职业工作3年以上。

(3) 连续从事本职业工作4年以上。

(4) 取得经教育或人力资源和社会劳动保障行政部门审核认定的、以中级技能为培养目标的中等以上职业学校本职业（专业）毕业证书。

3. 高级工

申报高级工，即申报国家职业资格三级，应为具备以下条件之一者：

(1) 取得本职业中级职业资格证书后，连续从事本职业工作2年以上，经本职业高级正规培训达规定标准学时数，并取得毕（结）业证书。

(2) 取得本职业中级职业资格证书后，连续从事本职业工作4年以上。

(3) 取得经教育或劳动保障行政部门审核认定的、以高级技能为培养目标的高等职业学校（含高级技工学校）本职业（专业）毕业证书。

(4) 取得本职业中级职业资格证书的本专业或相关专业大专毕业生，连续从事本职业工作2年以上。

4. 技师

申报技师，即申报国家职业资格二级，应为具备以下条件之一者：

(1) 取得本职业高级职业资格证书后，连续从事本职业工作5年以上，经本职业技师正规培训达规定标准学时数，并取得毕（结）业证书。

(2) 取得本职业高级职业资格证书后，连续从事本职业工作6年以上。

(3) 取得本职业高级职业资格证书的高级技工学校本职业（专业）毕业生，连续从事本职业工作二年以上。

(4) 取得本职业高级职业资格证书的大学本科本专业或相关专业毕业生，并从事本职业工作1年以上。

5. 高级技师

申报高级技师，即申报国家职业资格一级，应为具备以下条件之一者：

(1) 取得本职业技师职业资格证书后，连续从事本职业工作3年以上，经本职业高级技师正规培训达规定标准学时数，并取得毕（结）业证书。

（2）取得本职业技师职业资格证书后，连续从事本职业工作5年以上。

（三）职业技能鉴定考核

1. 鉴定考核内容

职业技能鉴定的考核内容是依据国家职业技能标准和职业技能鉴定规范（即考试大纲）确定的，主要包括职业知识、操作技能和职业道德3个方面。

2. 鉴定考核方式

一般分为理论知识考核和操作技能考核两部分。理论知识考试采用闭卷笔试方式，技能操作考核采用现场实际操作、模拟操作或生产作业项目等方式。职业技能鉴定所用试题均须从国家职业技能鉴定统一题库中提取。理论知识考试时间为90～120min，技能操作考核时间为90～240min。理论知识考试和技能操作考核均实行百分制，二者的考核成绩皆达60分以上，方为合格。技师、高级技师鉴定还须进行综合评审。

3. 鉴定场所及考官

理论知识考试在标准教室进行；（水质检验）技能操作考核在具备必要检测仪器设备的实验室进行。实验室的环境条件、仪器设备、试剂、标准物质、工具及待测样品应能满足鉴定项目需求，各种计量器具必须计量检定合格，且在检定有效期内。

理论知识考试每个标准教室不少于2名考评人员，考评员与考生配比为1∶20；技能操作考核每个考场（实验室）不少于3名考评员，要求考评员与考生配比为1∶10。

第二节 水质检验工职业技能鉴定考核大纲

水质检验工是使用检测分析设备对水的物理、化学、微生物学指标以及净水药剂等相关原材料进行分析检验的人员。水质检验工职业技能鉴定考核大纲是对水质检验人员的职业能力水平进行考核、评价和资格认证的依据，也是职业教育机构（院校）培训水质检验人员的教学大纲和水质检验人员提高职业能力的学习大纲。大纲将水质检验工职业技能鉴定考核分为职业道德考核、理论知识考核和操作技能考核三部分，其具体考核要求分述如下。

一、水质检验工职业道德要求

水质检验工职业道德考核内容包括职业道德基本知识和职业守则。职业守则是对职业道德基本知识的总结提炼，是水质检验工必须认真遵守道德底线和工作准则。水质检验工应恪守的职业守则为：

（1）遵守国家法律、法规和企业的各项规章制度。

（2）认真负责，实事求是，坚持原则，一丝不苟地依据标准进行检验和判定。

（3）刻苦学习，钻研业务，不断提高基础理论水平和操作技能。

（4）遵守操作规程，注意安全。

（5）敬业爱岗，团结同志，协调配合。

二、水质检验工知识理论要求

水质检验工要掌握的知识理论包括基本知识（基础理论知识）、专业知识（专业基础知识和专业知识）和相关知识（质量管理知识、安全文明生产知识与环境保护知识）。初级、中级和高级水质检验工职业技能鉴定知识理论考核的具体要求（考核大纲）分别为：

（一）初级水质检验工知识理论要求

初级水质检验工职业技能鉴定的知识理论要求见表 6.1。

表 6.1 初级水质检验工职业技能鉴定理论考核内容一览表

鉴定项目	考核内容	分值比重
基本知识 40%	1. 了解水的基本物理化学性质	3%
	2. 明确水质检验工作在自来水生产过程中的重要地位	3%
	3. 熟知本单位生产工艺流程中的质控点控制的水质项目、控制的幅度和采样频率	10%
	4. 了解《生活饮用水卫生标准》的基本内容及本地区水源水质的特征，以及相关水质指标的卫生学意义	10%
	5. 熟知玻璃仪器的分类和正确使用方法： (1)软、硬质玻璃材料和性能区别； (2)量器类、容器类、特殊玻璃仪器的用途	 2% 3%
	6. 熟知常用化学试剂的质量规格和用途	3%
	7. 熟知水质化验中常用的法定计量单位	3%
	8. 熟知本工种岗位的各项制度、规程的要求	3%
专业知识 40%	1. 掌握有效数字的正确运用和修约规则	2%
	2. 掌握容量分析方法的基本原理： (1)中和滴定法； (2)沉淀滴定法； (3)氧化还原法； (4)络合滴定法； (5)比色法； (6)溶液浓度和分析结果的表示方法和意义	 3% 3% 3% 3% 3% 3%
	3. 掌握水质常规检验项目的检测方法	10%
	4. 熟知常规检验项目的国家标准和企业标准	2%
	5. 掌握无菌室消毒和无菌操作的基本要求	2%
	6. 掌握需矾量、需氯量试验的方法和意义	2%
	7. 掌握水质常规化验项目中相关的标准曲线绘制方法	2%
	8. 了解化验用蒸馏水、纯水、超纯水的标准及应用范围	2%

续表

鉴定项目	考核内容	分值比重
相关知识 20%	1. 掌握常用电热设备的安全使用和保养方法(马福炉、干燥箱、培养箱、真空泵、水浴锅、电炉及蒸馏设备等)	3%
	2. 掌握小型分析仪器的使用环境要求及保养方法(各类分析天平、分光光度计、酸度计、浊度仪等)	3%
	3. 掌握强酸、强碱、剧毒和易燃易爆等危险化学药品的安全使用及保存方法	3%
	4. 掌握化验室高压容器或设备的安全使用保管知识(钢瓶、空气压缩机、灭菌器等)	2%
	5. 掌握化验室消防器材的使用方法存放及更新的要求	1%
	6. 掌握化验室废气、废液、废渣的处理知识	2%
	7. 了解水处理工艺流程及净化知识	3%
	8. 了解微机的基本知识	3%

(二) 中级水质检验工知识理论要求

中级水质检验工职业技能鉴定的知识理论要求见表6.2。

表6.2 中级水质检验工职业技能鉴定理论考核内容一览表

鉴定项目	考核内容	分值比重
基本知识 40%	1. 熟知实验室用水的等级、技术指标、应用范围和制备方法	4%
	2. 熟知本单位生产工艺流程中质控点,控制的水质项目、幅度、采样频率及意义	5%
	3. 熟知《生活饮用水卫生标准》中主要指标的卫生学意义: (1)感官性状指标; (2)细菌学指标; (3)氟化物、铁、锰、铝、pH、氯化物、硫酸盐; (4)本地区水源水、饮用水水质的特征及相关水质指标的卫生学意义	 4% 3% 7% 4%
	4. 熟知玻璃仪器的分类和正确使用: (1)计量器具的等级分类; (2)容器和量器的基本校正方法; (3)专用玻璃仪器的正确使用方法	 2% 2% 2%
	5. 熟知化学试剂的等级分类、正确使用和存管要求	2%
	6. 了解混凝、沉淀、过滤、消毒等净水工艺单元的基本功能和相互关系	2%
	7. 熟知本职业的各项制度、规程	3%
专业知识 40%	1. 掌握水质分析中的有关计算知识: (1)溶液的配制、标定及浓度换算; (2)分析结果的计算和表示方法; (3)利用 Dixon 检验法、Grubbs 检验法进行分析数据的取舍	6%
	2. 掌握化验室质量控制的基础知识: (1)标准曲线的回归计算和应用; (2)常用分析误差的计算、表示方法的意义; (3)质量控制图的绘制及使用方法	6%

续表

<table>
<tr><th>鉴定项目</th><th>考 核 内 容</th><th>分值比重</th></tr>
<tr><td rowspan="4">专
业
知
识
40%</td><td>3. 熟知容量分析、重量分析、比色分析和分光光度法的基本原理</td><td>10%</td></tr>
<tr><td>4. 了解小型仪器(分光光度计、酸度计、电导仪、浊度仪、各类分析天平)的基本结构和工作原理</td><td>5%</td></tr>
<tr><td>5. 初步了解大型仪器分析的有关知识,了解原子吸收分析和气相色谱分析的基本知识</td><td>3%</td></tr>
<tr><td>6. 了解《生活饮用水标准检验法》中水质检验项目的检验方法及原理</td><td>10%</td></tr>
<tr><td rowspan="4">相关
知识
20%</td><td>1. 熟知电热设备、电器设备的安全使用及管理知识</td><td>5%</td></tr>
<tr><td>2. 熟知强酸、强碱、剧毒及易燃等危险品的安全使用方法和管理知识</td><td>5%</td></tr>
<tr><td>3. 了解水源卫生防护的有关规定及意义</td><td>5%</td></tr>
<tr><td>4. 具有微机应用基础知识,掌握信息输入、输出等基本操作方法</td><td>5%</td></tr>
</table>

(三) 高级水质检验工知识理论要求

高级水质检验工职业技能鉴定的知识理论要求见表 6.3。

表 6.3 高级水质检验工职业技能鉴定理论考核内容一览表

<table>
<tr><th>鉴定项目</th><th>考 核 内 容</th><th>分值比重</th></tr>
<tr><td rowspan="6">基
本
知
识
40%</td><td>1. 熟知国家《生活饮用水卫生标准》中的水质指标及其卫生意义</td><td>15%</td></tr>
<tr><td>2. 熟知水处理工艺流程各工序的功能和产水构筑物的运行参数</td><td>8%</td></tr>
<tr><td>3. 熟知混凝的基本原理</td><td>5%</td></tr>
<tr><td>4. 熟知消毒的基本原理</td><td>5%</td></tr>
<tr><td>5. 对水质深度处理的有关知识有较深了解</td><td>4%</td></tr>
<tr><td>6. 掌握本职业的常用外文术语</td><td>3%</td></tr>
<tr><td rowspan="4">专
业
知
识
40%</td><td>1. 系统地掌握水质分析、水处理方面的知识:
(1)水质分析知识;
(2)水化学及水微生物学知识;
(3)水处理知识</td><td>
4%
4%
4%</td></tr>
<tr><td>2. 基本了解大型仪器分析知识:
(1)原子吸收分析知识;
(2)气相色谱分析知识;
(3)液相色谱分析知识;
(4)离子色谱分析知识;
(5)电化学分析的有关知识;
(6)水样浓缩、富集、萃取等前处理知识</td><td>
2%
2%
2%
2%
2%
2%</td></tr>
<tr><td>3. 较全面地掌握化验技术管理知识:
(1)系统地掌握化验室化验质量的控制方法;
(2)了解水质检验和水处理的新技术、新工艺</td><td>
2%
2%</td></tr>
<tr><td>4. 全面了解《生活饮用水标准检验方法》</td><td>12%</td></tr>
</table>

续表

鉴定项目	考核内容	分值比重
相关知识 20%	1. 掌握化验室中常用计量器具的分类和在用计量器具的检定日期	4%
	2. 熟知电热、电器设备的安全使用方法及管理知识，并掌握一般事故的处理方法	3%
	3. 熟知强酸、强碱、剧毒及易燃等危险品的管理知识，并掌握意外伤害事故的急救和处理方法	2%
	4. 掌握化验室一般的消防常识和处理火灾事故的基础知识	2%
	5. 熟知水源卫生防护的有关规定及其意义	4%
	6. 具有使用微机整理分析处理水质检验数据的知识	5%

三、水质检验工操作技能要求

（一）初级水质检验工操作技能要求

初级水质检验工职业技能鉴定的操作技能要求见表 6.4。

表 6.4　初级水质检验工职业技能鉴定操作技能考核内容一览表

鉴定项目	考核内容	分值比重
操作技能 100%	1. 能正确采集和保存测试感官性状及一般化学及微生物学指标的水样	10%
	2. 能正确洗涤和使用化验室常用的各种玻璃仪器	10%
	3. 能正确使用各类分析天平、酸度计、浊度仪、分光光度计等小型分析仪器	15%
	4. 能独立配制、正确使用和保管化验室常用的操作液和相关洗液	10%
	5. 能正确完成细菌学检验中的消毒、灭菌、培养基配制等操作	10%
	6. 能独立完成水质常规项目的检验	25%
	7. 能根据水质检验的结果，初步评价水质	10%
	8. 能执行化验室安全制度	10%

（二）中级水质检验工操作技能要求

中级水质检验工职业技能鉴定的操作技能要求见表 6.5。

表 6.5　中级水质检验工职业技能鉴定操作技能考核内容一览表

鉴定项目	考核内容	分值比重
操作技能 100%	1. 掌握常用基准物的物理化学性质和使用条件	3%
	2. 能配制和标定有关标准溶液	10%
	3. 能独立完成指定项目的化验任务	25%
	4. 能完成水厂常用净水剂有效成分及有害成分的化验任务	5%
	5. 能初步分析，判断化验过程中出现的问题	5%
	6. 在指导下能应用新的水质分析方法	7%

续表

鉴定项目	考核内容	分值比重
操作技能100%	7. 根据生产需要能参与改善水质和新工艺新技术的生产性试验	7%
	8. 能独立进行需矾量、需氯量试验	5%
	9. 根据水质化验结果，能对净水工艺中的水质异常情况提出改善水质的措施、建议	8%
	10. 掌握化验室质量控制的基本方法并能独立绘制质量控制图，应用质量控制图控制常规项目的分析质量	15%
	11. 能参与化验室日常管理，并指导初级工完成例行水质检验	5%
	12. 能够根据原水水质检验结果，对原水进行水质评价	5%

（三）高级水质检验工操作技能要求

高级水质检验工职业技能鉴定的操作技能要求见表 6.6。

表 6.6 高级水质检验工职业技能鉴定操作技能考核内容一览表

鉴定项目	考核内容	分值比重
操作技能100%	1. 熟练、准确地掌握水质检验技能，能用不同的化验方法进行对比实验	15%
	2. 能独立完成水样的各种前处理技术操作	15%
	3. 能够应用和推广新的水质化验方法和技术； (1)配合技术人员研究、应用新的分析方法； (2)配合技术人员研究、应用新型混凝剂、助凝剂、助滤剂等科研工作	 5% 5%
	4. 能独立解决水质检验中的实际问题： (1)水样中检测干扰的排除； (2)试剂提纯(结晶法、蒸馏法、萃取法等)； (3)能排除纯水装置的一般故障； (4)能排除仪器、设备的一般故障	 5% 4% 3% 3%
	5. 能根据水质分析数据进行水质评价	15%
	6. 具有初步分析评价水质与净水药剂、净水构筑物相互关系的能力。能根据水处理中出现的异常情况，提出相应处理对策，并能配合技术人员解决有关问题	8%
	7. 能够实施化验室分析质量控制工作	8%
	8. 能对水厂净水构筑物进行有关水质方面的技术性能测定	8%
	9. 能对中、初级工进行业务指导： (1)实际操作技能； (2)实验室管理基础知识； (3)水质检验与净水工艺质量监督	 2% 2% 2%

第三节　水质检验工技能操作考核

一、初级水质检验工技能考核样题

初级水质检验工职业技能鉴定的操作技能考核一般设基本技能、滴定分析和常规分析三部分，各自考核时间分别为20min、20min和20min，占分比例分别为30%、30%和40%，总分值为三部分得分之和，总分100分。

（一）基本操作（样题）——洗涤玻璃器皿

1. 准备要求

1）材料准备（表6.7）

表6.7　洗涤玻璃器皿基本操作考核材料准备一览表

序　号	名　称	规　格	数　量	备　注
1	重铬酸钾		20g	
2	浓盐酸		200mL	
3	工业浓硫酸		400mL	
4	蒸馏水		5～10L	
5	肥皂		1块	
6	去污粉		1盒	

2）设备准备（表6.8）

表6.8　洗涤玻璃器皿基本操作考核设备准备一览表

序　号	名　称	规　格	数　量	备　注
1	电热恒温干燥箱		1台	
2	通风橱		1个	
3	托盘天平		1台	

3）工具、用具和量具准备（表6.9）

表6.9　洗涤玻璃器皿基本操作考核器具准备一览表

序　号	名　称	规　格	数　量	备　注
1	移液管	任意	1支	
2	容量瓶		1个	
3	试剂瓶	250mL，500mL	3个	2个500mL
4	比色管		1支	
5	三角瓶		1个	
6	烧杯	50mL	5个	

续表

序号	名称	规格	数量	备注
7	滤纸		若干	
8	量筒	500mL	2个	
9	玻璃棒		1根	
10	药匙		1把	
11	毛刷		若干	
12	玻璃仪器柜		1个	

2. 操作考核规定及说明

1）操作程序说明

(1) 配制重铬酸钾洗液（400mL）。

(2) 盐酸洗液的配制（400mL）。

(3) 洗涤玻璃器皿。

(4) 清理现场。

2）考核规定说明

(1) 如操作违章，将停止考核。

(2) 考核采用百分制，考核项目得分按鉴定比重进行折算。

3）考核方式说明

该项目为实际操作试题，考核过程按评分标准及操作过程进行评分。

4）测量技能说明

本项目主要测试考生对洗涤玻璃器皿的操作技能及熟练程度。

3. 考核时限

(1) 准备时间为2min（不计入考核时间）。

(2) 正式操作时间为20min。

(3) 提前完成操作不加分，超时操作按规定标准评分。

4. 评分记录表（表6.10）

表6.10　初级水质检验工操作技能考核评分记录表

现场号：________　工位号：________　性别：________

试题名称：洗涤玻璃器皿　　考核时间：20min

序号	考核内容	评分要素	配分	评分标准	检测结果	扣分	得分	备注
1	配制重铬酸钾洗液	配制重铬酸钾洗液，称取20g重铬酸钾，加入40mL水	10	配制用药剂称取错误扣5分；未缓慢倒入硫酸扣5分				
		加热溶解，稍冷却后，慢慢加入浓硫酸360mL，至沉淀刚好溶解为止	10	硫酸量加入错误扣5分；配制过程中有硫酸溅出或洒落扣5分				
		使用托盘天平	10	托盘天平操作有误扣10分				

续表

序号	考核内容	评分要素	配分	评分标准	检测结果	扣分	得分	备注
2	配制盐酸洗液	量取液体，配制 1＋1 盐酸洗液 400mL	10	不会计算溶质、溶剂体积扣 5 分； 配制过程中有盐酸溅出、洒落扣 5 分				
		使用通风橱	10	未在通风橱中进行扣 5 分； 通风橱使用不当扣 5 分				
3	洗涤玻璃器皿	选择洗液，准备洗涤	10	洗液选错扣 5 分； 洗涤仪器之前未洗手扣 5 分				
		洗涤移液管、容量瓶、比色管、烧杯、三角瓶和试剂瓶	10	未用蒸馏水荡洗扣 5 分； 洗完后玻璃器皿壁上未均匀润湿，每有一处扣 5 分				
		小心使用重铬酸钾洗液	5	重铬酸钾洗液有溅、滴出不得分； 洗液用完后未倒回原瓶扣 5 分				
		控干移液管、三角瓶、试剂瓶、烘干容量瓶、烧杯(模拟)	10	控干玻璃器皿时未倒置扣 5 分； 电烘箱使用不当扣 5 分				
		分类保存洗涤的玻璃仪器	10	玻璃仪器存放杂乱无序扣 4 分； 仪器柜隔板与器皿之间未垫滤纸扣 4 分； 未关紧柜门扣 2 分				
4	清理现场	操作完成后，摆放好用具	5	未清理现场扣 5 分				
5	安全文明操作	按国家颁发有关法规或行业自定有关规定操作		未按规定穿戴劳保用品从总分中扣 5 分，违反操作规程一次从总分中扣 5 分；严重违规取消考核				
6	考核时限	按规定时间完成		超时停止操作考核				
合计			100					

考评员：＿＿＿＿＿＿ 核分员：＿＿＿＿＿＿ ＿＿年＿＿月＿＿日

(二) 滴定分析（样题）——配制一般常用试剂

1. 准备要求

1) 材料准备（表 6.11）

表 6.11 配制一般常用试剂滴定分析操作考核材料准备一览表

序 号	名 称	规 格	数 量	备 注
1	草酸钠		100g	
2	氢氧化钠		100g	
3	盐酸		500mL	
4	蒸馏水		5L	
5	标签纸		若干张	

2）设备准备（表 6.12）

表 6.12 配制一般常用试剂滴定分析操作考核设备准备一览表

序 号	名 称	规 格	数 量	备 注
1	通风柜		1个	
2	分析天平		1台	
3	托盘天平		1台	

3）工具、用具和量具准备（表 6.13）

表 6.13 配制一般常用试剂滴定分析考核器具准备一览表

序 号	名 称	规 格	数 量	备 注
1	容量瓶	500mL	2个	
2	烧杯	50mL,100mL	3个	
3	玻璃试剂瓶	500mL	2个	
4	聚乙烯塑料试剂瓶	500mL	2个	
5	滴瓶	100mL	2个	
6	量筒	100mL	2个	
7	玻璃棒		1根	
8	药匙		1把	
9	称量纸		若干	

2. 操作考核规定及说明

1）操作程序说明

（1）配制 500mL 0.1mol/L 草酸钠溶液。

（2）配制 500mL 20g/L 氢氧化钠溶液。

（3）配制 100mL 1∶3 盐酸溶液。

（4）清理现场。

2）考核规定说明

（1）如操作违章，将停止考核。

（2）考核采用百分制，考核项目得分按鉴定比重进行折算。

3）考核方式说明

该项目为实际操作试题，考核过程按评分标准及操作过程进行评分。

4）测量技能说明

本项目主要测试考生配制一般常用试剂的操作技能及熟练程度。

3. 考核时限

（1）准备时间：2min（不计入考核时间）。

（2）正式操作时间：20min。

（3）提前完成操作不加分，超时操作按规定标准评分。

4. 评分记录表（表 6.14）

表 6.14　初级水质检验工操作技能考核评分记录表

现场号：＿＿＿＿＿＿　工位号：＿＿＿＿＿＿　性别：＿＿＿＿＿＿

试题名称：配制一般常用试剂　　　　考核时间：20min

序号	考核内容	评分要素	配分	评分标准	检测结果	扣分	得分	备注
1	配制 500mL 0.1mol/L 草酸钠溶液	用分析天平准确称取草酸钠 6.7000g	10	未使用称量纸扣 5 分 分析天平使用不当扣 5 分				
		做好记录	5	未做记录扣 5 分				
		溶解草酸钠固体，转移至容量瓶并定容至 500mL	10	溶液未定量转移扣 5 分； 溶液定容时，液面偏高或偏低扣 5 分				
		标签填写清晰、全面，贴好标签	5	未贴标签不得分 标签填写错一项扣 1 分				
2	配制 500mL 20g/L 氢氧化钠溶液	用托盘天平称取氢氧化钠 10g	10	未使用称量纸扣 5 分； 托盘天平使用不当扣 5 分				
		在小烧杯里溶解，冷却后转移至容量瓶中，转移溶液时用蒸馏水洗小烧杯数次再倒入容量瓶中	10	转移溶液时未洗小烧杯 3 次以上并倒入容量瓶扣 5 分； 转移过程中有溶液洒到瓶外扣 5 分				
		用蒸馏水定容至刻度线	5	溶液定容时，液面偏高或偏低扣 5 分				
		把氢氧化钠溶液倒入试剂瓶贴好标签	10	试剂瓶选择错误扣 5 分 未贴标签不得分； 标签填写错一项扣 1 分				
3	配制 100mL 1∶3 盐酸溶液	计算盐酸和蒸馏水的用量	10	未正确计算盐酸或蒸馏水体积扣 5 分 使用量筒姿势不规范扣 5 分				
		用量筒量取盐酸 25mL，量取蒸馏水 75mL	5	使用量筒姿势不规范扣 5 分				
		在烧杯里混合均匀	10	未在通风柜中进行扣 5 分				
		把盐酸溶液倒入带有胶头滴管的试剂瓶里，贴好标签	5	未贴标签不得分 标签填写错一项扣 1 分				
4	清理现场	操作完成后，摆放好用具	5	未清理现场扣 5 分				
5	安全文明操作	按国家颁发有关法规或行业自定有关规定操作		未按规定穿戴劳保用品从总分中扣 5 分，违反操作规程一次从总分中扣 5 分；严重违规取消考核				
6	考核时限	按规定时间完成		超时停止操作考核				
合　计			100					

考评员：＿＿＿＿＿＿＿　核分员：＿＿＿＿＿＿＿　＿＿年＿＿月＿＿日

（三）仪器操作（样题）——测定 pH

1. 准备要求

1）材料准备（表 6.15）

表 6.15 仪器操作考核测定 pH 材料准备一览表

序 号	名 称	规 格	数 量	备 注
1	中性标准缓冲溶液	pH=6.86	100mL	
2	碱性标准缓冲溶液	pH=10.01	100mL	
3	待测水样		500mL	预先配制一定 pH 的水样
4	蒸馏水		3 L	

2）设备准备（表 6.16）

表 6.16 仪器操作考核测定 pH 设备准备一览表

序 号	名 称	规 格	数 量	备 注
1	pH 计	Sension 3 型	1 台	

3）工具、用具和量具准备（表 6.17）

表 6.17 仪器操作考核测定 pH 器具准备一览表

序 号	名 称	规 格	数 量	备 注
1	小烧杯	100mL	3 个	
2	滤纸		若干张	
3	洗瓶	500mL	1 个	

2. 操作考核规定及说明

1）操作程序说明

(1) 校准 pH 计（两点校准）。

(2) 测定水样 pH。

(3) 清理现场。

2）考核规定说明

(1) 如操作违章，将停止考核。

(2) 考核采用百分制，考核项目得分按鉴定比重进行折算。

3）考核方式说明

该项目为实际操作试题，考核过程按评分标准及操作过程进行评分。

4）测量技能说明

本项目主要测试考生测定 pH 的操作技能及熟练程度。

3. 考核时限

(1) 准备时间为 2min（不计入考核时间）。

(2) 正式操作时间为 20min。

(3) 提前完成操作不加分，超时操作按规定标准评分。

4. 评分记录表（表 6.18）

表 6.18　水质检验工初级操作技能考核评分记录表

现场号：____________　工位号：____________　性别：____________

试题名称：测定 pH　　考核时间：20min

序号	考核内容	评分要素	配分	评分标准	检测结果	扣分	得分	备注
1	校准 pH 计（两点）	接通电源，按下仪器 I/O/EXIT 开关键进入读数模式，开机预热 5min	5	仪器开机预热未达 5min 扣5 分				
		用蒸馏水淋洗电极，并用滤纸把水吸干	10	未用蒸馏水淋洗扣 5 分； 未用滤纸吸干扣 5 分				
		在读数模式下，按下 CAL 键，进入校准模式	10	不能进入校准模式不得分				
		屏幕显示 Standard 和 1 时，把电极放入第一种标准缓冲溶液中，按 READ/ENTER 键实施校准。	10	在 pH 校准过程中使用搅拌子或旋转及搅动电极扣 10 分				
		当读数稳定并可接受时，屏幕显示 Standard 和 2，将探头从第一种缓冲液中拿出，用蒸馏水淋洗后，用滤纸吸干放入第二种缓冲液，按 READ/ENTER 键实施校准	10	未放入第二种缓冲液就实施校准不得分； 未用蒸馏水淋洗扣 5 分； 未用滤纸吸干扣 5 分				
		读数稳定并可接受时，屏幕显示 Standard 和 3，按 EXIT 键，屏幕会出现斜率值及图标 Store 和验证斜率值	10	不能验证斜率值是否符合要求扣 10 分				
		斜率值符合要求后，保存校准值并返回到读数模式	10	未保存斜值就返回读数模式扣 5 分				
2	测定水样 pH	将探头从缓冲液中拿出，用蒸馏水淋洗后，用滤纸吸干	10	未用蒸馏水淋洗扣 5 分； 未用滤纸吸干扣 5 分				
		放入待测水样进行测定 pH	10	测定过程中使用搅拌子或旋转及搅动电极扣 10 分				
		读数稳定后，记录测定结果	10	结果误差超出±0.1 扣 10 分				
3	清理现场	操作完成后，摆放好用具	5	未清理现场扣 5 分				
4	安全文明操作	按国家颁发有关法规或行业有关规定操作		未按规定穿戴劳保用品从总分中扣 5 分，违反操作规程一次从总分中扣 5 分；严重违规取消考核				
5	考核时限	按规定时间完成		超时停止操作考核				
合　计			100					

考评员：______________　核分员：______________　_____年___月___日

二、中级水质检验工操作技能考核样题

中级水质检验工职业技能鉴定的操作技能考核一般设基本操作、滴定分析和仪器操作三部分，各自考核时间分别为40min、20min和20min，占分比例分别为30%、30%和40%，总分值为三部分得分之和，总分100分。

（一）基本操作（样题）——总硬度测定

1. 准备要求

1）材料准备（表6.19）

表6.19 基本操作考核总硬度测定材料准备一览表

序号	材料准备	规格	数量	备注
1	EDTA标准溶液	0.010mol/L	1000mL	
2	氨-氯化铵缓冲溶液	(20+100)/1000	100mL	
3	铬黑T溶液	0.5%	50mL	
4	水样		5000mL	
5	蒸馏水		5000mL	

2）用具准备（表6.20）

表6.20 基本操作考核总硬度测定用具准备一览表

序号	名称	规格	数量	备注
1	锥形瓶	150mL	10个	
2	酸式滴定管	25mL	5个	
3	大肚移液管	50mL	5个	
4	滴瓶	125mL	5个	
5	洗耳球		5个	
6	化验室常用洗涤工具		若干	
7	计算用草纸		若干	

2. 操作考核规定及说明

1）操作程序说明

（1）准备工作。

（2）使用滴定管。

（3）取样。

（4）调节pH。

（5）加指示剂。

（6）滴定。

（7）计算。

（8）清理场地。

2）考核规定说明

（1）如操作违章或未按操作程序执行操作，将停止考核。

（2）考核采用百分制，考核项目得分按鉴定比重进行折算。

（3）考核方式说明：该项目为实际操作，考核过程按评分标准及操作过程进行评分。

（4）测量技能说明：本项目主要测试考生对总硬度测定掌握的熟练程度。

3. 考核时限

（1）准备时间：1min（不计入考核时间）。

（2）正式操作时间：20min。

（3）提前完成操作不加分，到时停止操作考核。

4. 评分记录表（表 6.21）

表 6.21　中级水质检验工操作技能考核评分记录表

现场号：__________　工位号：__________　性别：__________

试题名称：总硬度的测定（EDTA 络合滴定法）　考核时间：20min

序号	考核内容	评分要素	配分	评分标准	检测结果	扣分	得分	备注
1	准备工作	选择工具、用具	5	少选、错选一件扣 1 分				
2	使用滴定管	用 EDTA 标准溶液润洗酸式滴定管 3 次；将标准溶液直接加入滴定管中；试漏、排气泡、调零	15	标准溶液未摇匀或未润洗一次各扣 2 分； 标准溶液未直接加入扣 5 分； 未试漏、排气泡、调零各扣 2 分				
3	取样	将水样摇匀，洗 50mL 大肚移液管 3 次；用大肚吸管吸取 50mL 水样于 150mL 锥形瓶中	20	使用移液管错误停止操作； 水样未摇匀扣 5 分； 未洗大肚移液管扣 6 分； 少洗一次扣 3 分； 取样体积多于或少于 50mL 扣 6 分				
4	调节 pH	在水样中加 10mL 氨-氯化铵缓冲溶液，摇匀	5	加入缓冲溶液量多于或少于 10mL 扣 5 分				
5	加指示剂	在水样中加入 0.5%铬黑 T 指示剂 3 滴摇匀，水样呈紫红色	10	未加指示剂停止操作； 少加 1 滴指示剂扣 3 分				
6	滴定	控制滴定速度（每秒 2～3 滴），确定终点；及时记录 EDTA 用量	25	控制滴定速度错误扣 10 分； 终点判断有误扣 10 分； 未记录 EDTA 用量扣 5 分				
7	计算	计算水样总硬度 $c=\dfrac{v_1\times 0.01\times\frac{100.09}{1000}\times 1000\times 1000}{v_2(\text{水样体积})}$	20	公式错误不得分； 未计算扣 15 分； 计算结果误差在： >±5%扣 5 分； ≥±10%扣 10 分				

续表

序号	考核内容	评分要素	配分	评分标准	检测结果	扣分	得分	备注
8	清理场地	清理场地，收工具		未收、少收工具从总分中扣3分； 场地不清洁从总分中扣5分				
9	安全文明操作	按国家或行业颁发有关安全规定执行操作		每违反一项规定从总分中扣5分；严重违规取消考核				
10	考核时限	在规定时间内完成		到时停止操作考核				
	合　计		100					

考评员：＿＿＿＿＿＿＿＿　　核分员：＿＿＿＿＿＿＿＿　　＿＿＿年＿＿月＿＿日

（二）滴定分析（样题）——配制与标定EDTA标准溶液

1. 准备要求

1）材料准备（表6.22）

表6.22　滴定分析考核配制与标定EDTA标准溶液用具准备一览表

序　号	名　称	规　格	数　量	备　注
1	锌标准溶液	0.01mol/L	500mL	
2	EDTA-Na_2试剂	分析纯	500g	
3	氨水	10%	500mL	
4	蒸馏水		5000mL	
5	铵缓冲溶液	pH=10	250mL	
6	铬黑T指示剂	0.5%	100mL	

2）设备准备（表6.23）

表6.23　滴定分析考核配制与标定EDTA标准溶液设备准备一览表

序　号	名　称	规　格	数　量	备　注
1	托盘天平		1台	
2	水浴锅	四联	1台	

3）工具、用具和量具准备（表6.24）

表6.24　滴定分析考核配制与标定EDTA标准溶液器具准备一览表

序　号	名　称	规　格	数　量	备　注
1	滴定管	50mL	2支	
2	移液管	10mL	2支	
3	烧杯	200mL	4个	
4	三角瓶	150mL	5个	

续表

序　号	名　称	规　格	数　量	备　注
5	容量瓶	1000mL	2个	
6	大肚移液管	25mL	2支	
7	常用洗涤用具		1套	
8	计算器		1个	供计算用
9	洗耳球		1个	
10	洗瓶		1个	

2. 操作考核规定及说明

1）操作程序说明

（1）计算 EDTA-Na_2 的用量。

（2）配制 EDTA 标准溶液。

（3）标定 EDTA 标准溶液。

（4）计算 EDTA 标准溶液浓度。

（5）清理场地。

2）考核规定说明

（1）如操作违章或未按操作程序执行操作，将停止考核。

（2）考核采用百分制，考核项目得分按鉴定比重进行折算。

（3）考核方式说明：该项目为实际操作；考核过程按评分标准及操作过程进行评分。

（4）测量技能说明：本项目主要测试考生配制、标定 EDTA 标准溶液的操作技能及熟练程度。

3. 考核时限

（1）准备时间：2min（不计入考核时间）。

（2）正式操作时间：40min。

（3）提前完成操作不加分，到时停止操作考核。

4. 评分记录表（表 6.25）

表 6.25　中级水质检验工操作技能考核评分记录表

现场号：________　　工位号：________　　性别：________

试题名称：配制与标定 EDTA 标准溶液　　　　考核时间：40min

序号	考核内容	评分要素	配分	评分标准	检测结果	扣分	得分	备注
1	计算 EDTA-Na_2 的用量	计算配制 1L 0.01mol/L EDTA 溶液所需 EDTA-Na_2 的用量；$0.01\times372=3.72g$	10	计算公式错误扣 5 分； 计算结果错误扣 5 分				

续表

序号	考核内容	评分要素	配分	评分标准	检测结果	扣分	得分	备注
2	配制EDTA标准溶液	用托盘天平称取3.72g EDTA于烧杯中用水浴锅加热溶解，水温控制在60～70℃	10	称量EDTA质量不准扣3分；水浴锅使用未先加水后通电扣2分；水浴温度错误扣5分				
		把溶解后的EDTA转移到1000mL的容量瓶中	10	未定量转移扣5分；定容错误扣5分				
3	标定EDTA标准溶液	润洗滴定管	2	未润洗滴定管扣5分				
		向滴定管中加EDTA标准溶液50mL	10	未排气泡扣5分；加入EDTA标准溶液的方法错误扣5分				
		移取锌标准溶液25mL于三角烧瓶中，取锌标准溶液时必须用大肚移液管	3	未定量移取锌标准溶液扣3分				
		用氨水调整溶液的pH，调整溶液的pH至中性	5	调整溶液的pH错误扣5分				
		加缓冲溶液5mL，指示剂溶液3～4滴	10	加入试剂品种错误扣5分 加入试剂体积错误扣5分				
		用EDTA标准溶液滴定锌标准溶液至终点，开始滴定时可以见滴或成线，近终点必须逐滴加入	10	控制滴定速度开始未滴成线扣5分；近终点未逐滴加入扣5分				
		观察溶液颜色，确定终点，但不得将三角瓶拿到外面观察颜色，记录用量	10	终点错误扣5分；滴定完未立即记录扣5分				
		平行滴定3次	5	三次测定误差未小于0.10mL扣5分				
4	计算EDTA标准溶液浓度	取3次标定结果平均值计算EDTA标准溶液的浓度，计算公式为 $c_1v_1=c_2v_2$	15	计算公式错误不得分；计算结果错误扣10分				
5	清理场地	清理场地，收工具		未收、少收工具从总分中扣3分；场地不清洁从总分中扣5分				
6	安全文明操作	按国家或行业颁发有关安全规定执行操作		每违反一项规定从总分中扣5分；严重违规取消考核				
7	考核时限	在规定时间内完成		到时停止操作考核				
		合　计	100					

考评员：__________　　核分员：__________　　____年__月__日

(三) 仪器操作 (样题)——电子天平使用

1. 准备要求

1) 材料准备 (表 6.26)

表 6.26 仪器操作考核电子天平使用的材料准备一览表

序 号	名 称	规 格	数 量	备 注
1	氯化钠	分析纯	200g	

2) 设备准备 (表 6.27)

表 6.27 仪器操作考核电子天平使用的设备准备一览表

序 号	名 称	规 格	数 量	备 注
1	电子天平	AG104	1 台	
2	托盘天平		1 台	

3) 工具、用具和量具准备 (表 6.28)

表 6.28 仪器操作考核电子天平使用的器具准备一览表

序 号	名 称	规 格	数 量	备 注
1	软毛刷		1 把	
2	手套		1 副	
3	药勺		1 把	
4	三等砝码		1 套	
5	烧杯	50mL,100mL	各 1 个	

2. 操作考核规定及说明

1) 操作程序说明

(1) 检查天平。

(2) 称量化学试剂。

(3) 清理场地。

2) 考核规定说明

(1) 如操作违章或未按操作程序执行操作，将停止考核。

(2) 考核采用百分制，考核项目得分按鉴定比重进行折算。

(3) 考核方式说明：该项目为实际操作；考核过程按评分标准及操作过程进行评分。

(4) 测量技能说明：本项目主要测试考生对使用电子天平的操作技能及熟练程度。

3. 考核时限

(1) 准备时间：2min (不计入考核时间)。

（2）正式操作时间：20min。

（3）提前完成操作不加分，到时停止操作考核。

4. 评分记录表（表6.29）

表6.29 中级水质检验工操作技能考核评分记录表

现场号：________ 工位号：________ 性别：________

试题名称：使用电子天平 考核时间：20min

序号	考核内容	评分要素	配分	评分标准	检测结果	扣分	得分	备注
1	检查天平	检查天平的水平度	10	未检查天平的水平度不得分				
		检查天平两侧门及天窗门，不得有空气流动	5	未检查不得分				
		检查天平室有无振动源，检查天平时室内人员要尽量避免走动，非要走动时要轻，室内不许大声喧哗	10	未检查不得分				
		检查天平各部位有无灰尘或水气，如有用毛刷刷干净，刷灰尘时要轻、稳	10	未检查天平各部位灰尘或水气不得分； 刷灰时用力过重或不稳扣5分				
2	称量化学试剂	粗称化学试剂	10	未按要求粗称化学试剂扣10分				
		天平清零	10	天平未清零扣10分				
		检查称量时严禁用手直接接触称量器皿	10	直接用手接触称量器皿扣10分				
		称量时对所称试剂要轻拿轻放，不得把多余试剂放回试剂瓶	10	未轻拿轻放扣5分； 把多余的试剂放回试剂瓶不得分				
		检查试剂称量的准确度	10	误差在 ±0.2mg扣2分； ±0.3mg扣4分； ±0.4mg扣6分； ±0.5mg扣8分； ±0.6mg以上不得分				
		记录所称试剂的质量，填写仪器使用记录	15	未记录称量结果扣10分； 未填写仪器使用记录扣5分				
3	清理场地	清理场地，收工具		未收、少收工具从总分中扣3分； 场地不清洁从总分中扣5分				
4	安全文明操作	按国家或行业颁发有关安全规定执行操作		每违反一项规定从总分中扣5分；严重违规取消考核				
5	考核时限	在规定时间内完成		到时停止操作考核				
		合计	100					

考评员：________ 核分员：________ ____年__月__日

三、高级水质检验工技能考核样题

高级水质检验工职业技能鉴定的操作技能考核一般设滴定分析、仪器分析和生化分析三部分，各自考核时间分别为180min、120min和120min，占分比例分别为30%、30%和40%，总分值为三部分得分之和，总分100分。

（一）滴定分析（样题）——重铬酸钾法测定化学需氧量

1. 准备要求（表6.30）

1）材料准备

表6.30 滴定分析考核重铬酸钾法测定化学需氧量的材料准备一览表

序 号	名 称	规 格	数 量	备 注
1	重铬酸钾标准溶液	0.025mol/L	1000mL	1/6 $K_2Cr_2O_7$
2	硫酸亚铁铵标准溶液	0.025mol/L	1000mL	
3	试亚铁灵指示剂		1000mL	
4	硫酸-硫酸银溶液	500mL浓硫酸+5g硫酸银	500mL	
5	硫酸汞	结晶或粉末	若干	

2）设备准备（表6.31）

表6.31 滴定分析考核重铬酸钾法测定化学需氧量的设备准备一览表

序 号	名 称	规 格	数 量	备 注
1	托盘天平		1台	
2	回流装置		2套	
3	加热电炉		2套	
4	铁架台		1个	

3）工具、用具和量具准备（表6.32）

表6.32 滴定分析考核重铬酸钾法测定化学需氧量的器具准备一览表

序 号	名 称	规 格	数 量	备 注
1	移液管	10mL	若干	
2	洗瓶	250mL	1个	
3	酸式滴定管	50mL	1支	
4	吸耳球		1个	
5	石棉网垫		1块	
6	玻璃珠	个	若干	沸石亦可
7	药匙		1把	

2. 操作考核规定及说明

1）操作程序说明

（1）仪器准备。

（2）测前准备。

（3）测定。

（4）计算。

（5）清理现场。

2）考核规定说明

（1）如操作违章，将停止考核。

（2）考核采用百分制，考核项目得分按鉴定比重进行折算。

3）考核方式说明

该项目为实际操作试题，考核过程按评分标准及操作过程进行评分。

4）测量技能说明

本项目主要测试考生测定化学需氧量（重铬酸钾法）的操作技能及熟练程度。

3. 考核时限

（1）准备时间为 2min（不计入考核时间）。

（2）正式操作时间为 180min。

（3）提前完成操作不加分，超时操作按评分标准评分。

4. 评分记录表（表 6.33）

表 6.33　高级水质检验工操作技能考核评分记录表

现场号：__________ 工位号：__________ 性别：__________

试题名称：重铬酸钾法测定化学需氧量　　　　考核时间：60min

序号	考核内容	评分要素	配分	评分标准	检测结果	扣分	得分	备注
1	仪器准备	正确装配仪器设备	5	装配回流装置错误扣 5 分				
		正确组装滴定装置	5	组装滴定装置错误扣 5 分				
		正确组装冷却装置	5	组装回流装置扣 5 分				
2	测前准备	合理分取水样并稀释至 20mL，置于 250mL 磨口回流三角瓶中	5	加入水样扣 10 分				
		准确加入 10.00mL 重铬酸钾标准溶液及数粒小玻璃珠，连接磨口回流装置	10	未根据需氧量选择合适浓度的重铬酸钾浓度扣 5 分；未加入沸石（玻璃珠）扣 5 分				
		从冷凝管中慢慢加 30mL 硫酸-硫酸银溶液，混合均匀，根据水样中 Cl^- 含量加入硫酸汞	10	加注硫酸-硫酸银错误扣 5 分；未根据水样中 Cl^- 含量加注硫酸汞扣 5 分				
		准确加热回流 2h（自开始沸腾时计时）	10	记录回流时间错误扣 5 分；加热失败（爆沸、烧干、停止操作）扣 5 分				

续表

序号	考核内容	评分要素	配分	评分标准	检测结果	扣分	得分	备注
2	测前准备	冷却后用 90mL 水冲洗冷凝管,取下三角瓶,溶液总体积不少于 140mL	10	未冷却后就冲洗冷凝管扣5分; 总体积少于 140mL 扣 5 分				
3	测定	再度冷却,滴加 3 滴试亚铁灵指示剂,用硫酸亚铁铵标准溶液滴定	5	未准确加入指示剂扣 3 分; 滴定操作方法错误扣 2 分				
		正确判断终点(黄色—蓝绿色至红褐色)	5	终点判断错误扣 5 分				
		记录硫酸亚铁铵标准溶液用量	5	未准确记录标准溶液用量扣5分				
		测定水样的同时以 20.00mL 蒸馏水按同样操作步骤作空白试验	10	未同时做空白试验扣 10 分				
4	计算	根据公式正确计算水样中耗氧量: $COD_{Cr}=(V_0-V_1)c\times 8\times 1000/V$ 式中: COD_{Cr}—用重铬酸钾法测定的需氧量,mg/L; V_0—滴定空白时,硫酸亚铁铵标准溶液用量,mL; V_1—滴定水样时,硫酸亚铁铵标准溶液用量,mL; c—硫酸亚铁铵标准溶液的浓度,mol/L; 8—$1/2O_2$ 摩尔质量,g/mol; V—水样的体积,mL	10	公式错误不得分; 未计算结果扣 5 分; 结果错误扣 5 分				
5	清理现场	操作完成后,摆放好用具	5	未清理现场扣 5 分				
6	安全文明操作	按国家颁发有关法规或行业有关规定操作		未按规定穿戴劳保用品扣 5 分,违反操作规程一次从总分中扣 5 分,严重违规取消操作				
7	考核时限	按规定时间完成		超时停止操作				
合 计			100					

考评员:__________ 核分员:__________ ____年__月__日

（二）仪器分析（样题）——氨氮测定

1. 准备要求

1）材料准备（表 6.34）

表 6.34 仪器分析考核氨氮测定的材料准备一览表

序号	名称	规格	数量	备注
1	无氨纯水		若干	
2	氨氮标准贮备液	1.00mg/mL	1000mL	
3	氨氮标准溶液	10.0mg/L	1000mL	
4	硫代硫酸钠溶液	0.35 %	100mL	0.4mL 可去除 200mL 水样中余氯含量为 1mg/L 的余氯
5	硫酸锌溶液	10 %	100mL	
6	氢氧化钠溶液	24 %	100mL	
7	酒石酸钾钠	50 %	500mL	不含氨
8	纳氏试剂		1000mL	本品有毒谨慎使用，加入水样中 2h 内出现浑浊应重配

2）设备准备（表 6.35）

表 6.35 仪器分析考核氨氮测定的设备准备一览表

序 号	名 称	规 格	数 量	备 注
1	分光光度计	722 型	1 台	

3）工具、用具和量具准备（表 6.36）

表 6.36 仪器分析考核氨氮测定的器具准备一览表

序 号	名 称	规 格	数 量	备 注
1	三角瓶	250mL	1 个	
2	比色管	50mL	10 支	
3	移液管	1mL，2mL，3mL，5mL，10mL	各 1 支	
4	吸耳球		1 个	
5	坐标纸	15cm×15cm	若干	
6	直尺	20cm	1 把	
7	定时钟		1 座	
8	吸量管	1mL	2 支	

2. 操作考核规定及说明

1）操作程序说明

（1）制备水样。

（2）测前准备。

（3）测定。

（4）计算。

（5）保养仪器。

（6）清理现场。

2）考核规定说明

（1）如操作违章，将停止考核。

（2）考核采用百分制，考核项目得分按鉴定比重进行折算。

3）考核方式说明

该项目为实际操作试题，考核过程按评分标准及操作过程进行评分。

4）测量技能说明

本项目主要测试考生对测定氨氮的操作技能及熟练程度。

3. 考核时限

（1）准备时间为 2min（不计入考核时间）。

（2）正式操作时间为 40min。

（3）提前完成操作不加分，超时操作按评分标准评分。

4. 评分记录表（表 6.37）

表 6.37　高级水质检验工操作技能考核评分记录表

现场号：__________　工位号：__________　性别：__________

试题名称：氨氮测定　考核时间：40min

序号	考核内容	评分要素	配分	评分标准	检测结果	扣分	得分	备注
1	制备水样	正确根据水样中余氯的含量去除余氯。利用 2.0mL 硫酸锌和 0.08～1mL 氢氧化钠澄清 200mL 浑浊水样，取上清液过滤	10	未根据水样中余氯含量去除余氯扣 5 分； 未利用硫酸锌和氢氧化钠澄清水样扣 5 分				
		根据水样氨氮含量取水样。若水样浓度大于 2.0mg/L 时，取一定量水样，并在 50mL比色管中稀释至刻度	10	分取水样氨氮含量不在标准系列范围内扣 5 分； 分取水样及稀释不准扣 5 分				
2	测前准备	在 6 支 50mL 比色管中准确吸取 0～10mL 氨氮标准溶液	6	吸取标准溶液未达到要求一项扣 1 分，共 6 项				
		并用纯水稀释至 50mL	6	稀释不准一项扣 1 分，共 6 项				
		向标准系列管及水样中分别加入 1mL 酒石酸钾钠，混匀后再加入 1mL 纳氏试剂，混匀后放置 10min，加入试剂顺序不允许颠倒	10	加入试剂不准确扣 5 分； 未放置 10min 直接测定扣 5 分； 加入试剂顺序错误停止操作				

续表

序号	考核内容	评分要素	配分	评分标准	检测结果	扣分	得分	备注
3	测定	仪器预热 15min，选择吸收波长 420nm	8	仪器未预热 15min 扣 3 分； 未选择吸收波长扣 5 分				
		选择比色皿，氨氮含量大于 30μg 用 1cm 比色皿，含量小于 30μg 用 3cm 比色皿，选择纯水为参比液	10	未按要求选择比色皿扣 3 分； 未选择参比液不得分； 比色皿放置位置错误扣 4 分； 比色皿使用不符合要求扣 3 分				
		测定吸光度并记录读数	10	未测定吸光度不得分； 未记录读数扣 5 分； 记录读数错误扣 5 分				
4	计算	绘制标准曲线	10	未绘制标准曲线不得分； 绘制不准确扣 5 分； 浓度换算错一个扣 1 分，共 5 分				
		根据吸光度从曲线上查出水样管中氨氮含量并根据公式 $C=M/V$ 计算水样中氨氮的含量 式中：C—水样中氨氮（N）的浓度，mg/L； M—从标准曲线上查得的样品管中氨氮的含量，μg； V—水样体积，mL	10	未根据吸光度查氨氮的含量不得分； 未计算扣 10 分； 计算结果误差 >±5% 扣 5 分； >±10% 扣 10 分； >±20% 不得分				
5	保养	正确保养分光光度计	5	未保养分光光度计扣 5 分				
6	清理现场	操作完成后，摆放好用具	5	未清理现场扣 5 分				
7	安全文明操作	按国家颁发有关法规或行业有关规定操作		未按规定穿戴劳保用品扣 5 分，违反操作规程一次从总分中扣 5 分，严重违规取消操作				
8	考核时限	按规定时间完成		超时停止操作				
		合　计	100					

考评员：____________　　核分员：____________　　____年__月__日

（三）生化分析（样题）——检验总大肠菌群及革兰氏染色

1. 准备要求

1）材料准备（表 6.38）

表 6.38　生化分析考核检验总大肠菌群及革兰氏染色的材料准备一览表

序　号	名　称	规　格	数　量	备　注
1	培养基	平皿品红亚硫酸钠培养基	1 个	
2	培养基	乳糖蛋白胨培养液	3 管	

续表

序 号	名 称	规 格	数 量	备 注
3	水样		500mL	
4	滤膜	ϕ3.5cm,孔径0.45μm	100mL	
5	初染色液	草酸铵结晶紫染液	100mL	滴瓶装
6	助染剂		100mL	滴瓶装
7	乙醇溶液	95%	100mL	滴瓶装
8	复染剂	沙黄溶液	100mL	滴瓶装
9	纯水		500mL	滴瓶装

2）设备准备（表6.39）

表6.39 生化分析考核检验总大肠菌群及革兰氏染色的设备准备一览表

序 号	名 称	规 格	数 量	备 注
1	培养皿	ϕ90mm	三支	已灭菌
2	恒温箱	PYX-DHS-40X-50	1台	其他型号亦可
3	滤器	333mL	1套	
4	真空泵		1台	
5	显微镜		1台	

3）工具、用具和量具准备（表6.40）

表6.40 生化分析考核检验总大肠菌群及革兰氏染色的器具准备一览表

序 号	名 称	规 格	数 量	备 注
1	酒精灯		1盏	
2	酒精棉球		若干	
3	无齿镊子		1把	
4	洗瓶	500mL	1个	

2. 操作考核规定及说明

1）操作程序说明

（1）消毒用具。

（2）过滤及菌落培养。

（3）涂片。

（4）染色。

（5）镜检。

（6）复发酵及结果判定。

（7）清理现场。

2）考核规定说明

（1）如操作违章，将停止考核。

（2）考核采用百分制，考核项目得分按鉴定比重进行折算。

3）考核方式说明

该项目为实际操作试题，考核过程按评分标准及操作过程进行评分。

4）测量技能说明

本项目主要测试考生检验总大肠菌群及革兰氏染色的操作技能及熟练程度。

3. 考核时限

（1）准备时间：2min（不计入考核时间）。

（2）正式操作时间：120min。

（3）提前完成操作不加分，超时操作按评分标准评分。

4. 评分记录表（表 6.41）

表 6.41 高级水质检验工操作技能考核评分记录表

现场号：＿＿＿＿＿＿ 工位号：＿＿＿＿＿＿ 性别：＿＿＿＿＿＿

试题名称：检验总大肠菌群及革兰氏染色 考核时间：40min

序号	考核内容	评分要素	配分	评分标准	检测结果	扣分	得分	备注
1	用具消毒	滤膜放入烧杯中加入蒸馏水，置于沸水浴中煮沸灭菌 3 次，每次 15min，前 2 次煮沸后需换水洗涤 2～3 次	10	滤膜煮沸次数未达到标准扣4 分； 未达到煮沸时间扣 3 分； 未换水洗涤扣 3 分				
		用点燃的酒精棉球火焰将滤器灭菌	10	对滤器进行灭菌错误扣 5 分； 酒精灯使用错误扣 5 分				
2	过滤及菌落培养	用无菌镊子夹取灭菌滤膜边缘，贴在已灭菌滤床上，稳妥地固定好滤器	10	用未灭菌的镊子夹取滤膜扣 3 分； 未夹取滤膜边缘扣 2 分； 滤器固定不稳扣 5 分				
		将 333mL 水样注入滤器中，打开滤器阀门，在负压 0.05MPa 下抽滤	5	未能在正确负压下抽滤扣 5 分				
		水样滤完后，再抽 5s，关上滤器阀门，取下滤器，用已灭菌的镊子夹取滤膜边缘	7	未多抽 5s 扣 2 分； 未关滤器阀门即取滤器扣 2 分； 取滤膜时镊子未灭菌扣 3 分				
		移放在品红亚硫酸钠培养基上，滤面朝上，滤膜应与培养基完全贴紧，两者间不得留有气泡	8	滤膜方向错误扣 5 分； 滤膜与培养基之间留有气泡扣 3 分				
		平皿倒置，放入 37℃恒温箱内培养 22～24h	5	未倒置平皿扣 3 分； 未知恒温箱正确温度及培养时间扣 2 分				

续表

序号	考核内容	评分要素	配分	评分标准	检测结果	扣分	得分	备注
3	涂片	挑选符合下列特征菌落进行革兰氏染色、镜检：(1)紫红色具有金属光泽的菌落；(2)深红色不带或略带金属光泽的菌落；(3)淡红色中心色较深的菌落	5	未知大肠杆菌的主要特征扣5分				
		在洁净载玻片中央滴1滴蒸馏水，用无菌接种环，无菌操作法挑取培养24h的菌落接种在水滴中，涂成菌膜，加热固定	5	未用无菌操作法扣3分； 涂片错误扣2分				
4	染色	载玻片凉至室温，将草酸铵结晶紫染液，滴在涂片菌膜上，染色液完全覆盖痕迹，染色1min，倾去染液用洗瓶水冲洗干净，弃去多余水	5	固定后载玻片未凉即染色停止操作； 染色液覆盖不完全扣5分； 染色时间错误扣2分； 水洗错误扣1分； 冲洗不净扣2分				
		加助染剂，助染剂要覆盖完全，助染1min后用水冲洗干净，弃去多余水或用滤纸吸干(切勿擦拭)	5	助染时间未到1min扣3分； 未用水冲洗扣2分				
		95%乙醇滴洗脱色，稍加摇动载玻片至流出的乙醇不出现紫色为止，脱色时间为20～30s；用水冲净乙醇	5	脱色时间不准扣3分； 脱色不完全扣2分； 未用水冲洗停止操作				
		加复染剂，复染1min水洗干净，用滤纸吸干后置于油镜下观察	5	复染时间不准扣2分； 未用水冲洗扣2分； 水洗后未用滤纸吸干扣1分				
5	镜检	在油镜下革兰氏阴性菌呈红色，革兰氏阳性菌呈紫色	5	不知道在油镜下观察革兰氏阳性、阴性菌的正确颜色扣5分				
6	复发酵及结果判定	将G^-无芽孢杆菌接种于乳糖蛋白胨培液养，37℃ 24h产酸产气者，判定为总大肠菌群阳性。1L水中总大肠菌群数等于膜上生长的大肠菌群菌落数乘以3	5	未判断总大肠菌群是否阳性扣3分； 未计算1L水样中大肠菌群的总数扣2分				
7	清理现场	操作完成后，摆放好用具	5	未清理现场扣5分				

续表

序号	考核内容	评分要素	配分	评分标准	检测结果	扣分	得分	备注
8	安全文明操作	按国家颁发有关法规或行业有关规定操作		未按规定穿戴劳保用品扣5分,违反操作规程一次从总分中扣5分,严重违规取消操作				
9	考核时限	按规定时间完成		超时停止操作				
合　计			100					

考评员：________　核分员：________　____年__月__日

第四节　水质检验工知识理论考核

水质检验工理论知识考核，一般考试形式为闭卷，考试时间为120min。下面以高级水质检验工理论知识考核为例，介绍水质检验工职业技能鉴定理论知识考核的试题类型及内容重点，旨在帮助大家掌握水质检验工技能鉴定考核理论知识试题的应答技巧。

高级水质检验工理论知识考核试卷的卷头及试题说明，以及各试题的类型及考核内容如下：

×××职业技能鉴定中心
高级水质检验工理论知识考核试题（卷）

单位：________ 姓名：________ 准考证号：________ 考场：________ 成绩：________

说明：1. 考试形式为闭卷；考试时间为120分钟；

2. 本试题（卷）请一律用蓝黑钢笔或圆珠笔作答，否则视为作弊，试卷作废。

3. 请将答案写在试题规定的位置，否则视为无效，不记分。

一、判断正误（正确的在括弧内打“√”，错误的打“×”，每小题1分，共10分）

1. 感光性溶液宜用棕色滴定管。（　）

2. 在分析化学实验中常用化学纯的试剂。（　）

3. 移液管使用前必须进行体积校正。（　）

4. 用纯水洗涤玻璃仪器时，使其既干净又节约用水的方法原则是少量多次。（　）

5. 容量瓶、滴定管、吸量管不可以加热烘干，也不能盛装热的溶液。（　）

6. 滴定分析所使用的滴定管按照其容量及刻度值不同分为：微量滴定管、半微量滴定管和常量滴定管三种。（　）

7. 在分析测定中，测定的精密度越高，则分析结果的准确度越高。（　）

8. 把不同采样点同时采集的各个瞬时水样混合后所得到的样品称混合水样。（　）

9. 应当根据仪器设备的功率、所需电源电压指标来配置合适的插头、插座、开关

和保险丝，并接好地线。（ ）

10. 检验报告必须有三级签字——检验者、复核者、批准者——才有效。（ ）

二、选择题（每小题有四个答案，请将你认为其中唯一正确的一个答案的序号填写在括弧内，每小题2分，共计30分）

1. 使用碱式滴定管正确的操作是（ ）。
A. 左手捏于稍低于玻璃珠近旁　　B. 左手捏于稍高于玻璃珠近旁
C. 右手捏于稍低于玻璃珠近旁　　D. 右手捏于稍高于玻璃珠近旁

2. 如发现容量瓶漏水，则应（ ）。
A. 调换磨口塞　　B. 在瓶塞周围涂油
C. 停止使用　　D. 摇匀时勿倒置

3. 使用移液管吸取溶液时，应将其下口插入液面以下（ ）。
A. 0.5～1cm　　B. 5～6cm　　C. 1～2cm　　D. 7～8cm

4. 放出移液管中的溶液时，当液面降至管尖后，应等待（ ）以上。
A. 5s　　B. 10s　　C. 15s　　D. 20s

5. 欲量取9mL HCL配制标准溶液，选用的量器是（ ）
A. 吸量管　　B. 滴定管　　C. 移液管　　D. 量筒

6. 欲配制1000mL 0.1mol/L HCl溶液，应取浓度为12mol/L的浓盐酸（ ）。
A. 0.84mL　　B. 8.3mL　　C. 1.2mL　　D. 12mL

7. 将浓度为5mol/L NaOH溶液100mL，加水稀释至500mL，则稀释后的溶液浓度为（ ）mol/L。
A. 1　　B. 2　　C. 3　　D. 4

8. 水样消解过程中（ ）。
A. 不得使组分因产生挥发性物质或产生沉淀而造成损失
B. 不得使组分因获得或失去电子而造成化合价改变
C. 不得使组分发生配合、螯合作用
D. 不得使组分的化学性质发生改变

9. 称取硅酸盐试样1.0000g，在105℃下干燥至恒重，又称其质量为0.9793g，则该硅酸盐中湿存水分质量分数为（ ）。
A. 97.93%　　B. 96.07%　　C. 3.93%　　D. 2.07%

10. 汽油等有机溶剂着火时不能用（ ）灭火。
A. 沙子　　B. 水　　C. 二氧化碳　　D. 四氯化碳

11. 如有汞液洒落在地面上，要立刻采取（ ）措施。
A. 用笤帚扫除，以加快汞的蒸发
B. 将活性炭粉撒在汞上面，以吸收汞
C. 将硫磺粉撒在汞上面，以减少汞的蒸发
D. 用自来水冲洗，再用干抹布擦干

12. 测定（　　）的水样可加入氯化汞作保存剂。

A. 金属　　B. COD　　C. BOD_5　　D. 总氮

13. 采集测铬水样的容器，只能用（　　）试剂浸洗。

A. 氢氧化钠溶液　　B. 盐酸

C. 铬酸洗液　　D. 10%硝酸

14. 当被测水样 pH 为 6～8，应选（　　）试液校正仪器。

A. pH＝6.86 的混合磷酸盐溶液　　B. pH＝9.18 的硼砂溶液

C. pH＝4.00 的邻苯二甲酸氢钾溶液　　D. 去离子水

15. 铬的毒性与其存在状态密切相关，下列中毒性最强的是（　　）。

A. 三价铬　　B. 四价铬

C. 五价铬　　D. 六价铬

16. 化学需氧量常用于表征水中（　　）的污染程度。

A. 有机物及无机物　　B. 有机碳总量

C. 有机物　　D. 有机物与还原性无机物

三、填空题（每空 1 分，共 20 分。）

1. 用水刷洗玻璃仪器时，若器壁有尘物，用________刷洗，最后用________淋洗，一般为________次。洗净的仪器（能不能）________用布或纸擦干。

2. 将固体试剂加入试管时的具体方法是________。

3. 量取 8mL 液体，用________ mL 的量筒最合适，如果大了，结果会________。

4. 我国化学试剂分为________纯、________纯、________纯和实验试剂。

5. 使用分析天平称量时不准用手直接拿取________和________。

6. 我国化学试剂分为________纯、________纯、________纯和实验试剂。

7. “恒重”是重量法定量分析常用的技术之一，是指两次称重相差不超过________ g。

8. 悬浮物又称作________，是指水样通过孔径为________ μm 的滤膜时，截留在滤膜上并于________℃下烘干至恒重的固体物质。

9. pH 定义为水中____。

四、解释下列专用符号的含义（每小题 1 分，共 10 分）

1. $BOD_{5,20}$　　2. DO

3. AAS　　4. COD

5. SS　　6. HPLC

7. TDS　　8. GC

9. ppm　　10. EDTA

五、简答题（每小题 10 分，共 30 分）

1. 为什么要进行水样消解？常用的消解方法有哪些？消解好的水样具备什么特征？

2. 原子吸收分光光度法测定重金属的原理是什么？该方法有什么优缺点？

3. 水样硬度的含义是什么？EDTA 滴定法测定水样总硬度的原理是什么？

作业

(1) 什么是职业技能鉴定？职业技能鉴定如何组织实施？

(2) 如何申报职业技能鉴定？申报职业技能鉴定应注意哪些事项？如何办理职业技能资格证书？

(3) 职业技能鉴定的考核内容包括哪些方面？职业技能鉴定的考核方式有哪些？

(4) 水质检验工的职业守则包括哪些内容？遵守这些职业守则对成为合格的水质检验工有什么意义？

(5) 中级水质检验工应具备哪些知识和技能？

(6) 高级水质检验工应具备哪些知识和技能？

小结

本章以水质检验工职业技能鉴定的申报、考核等过程为主线，介绍我国的就业准入持证上岗和资格证书制度，职业资格分级和职业技能鉴定组织实施办法。重点介绍水质检验工职业技能鉴定考核大纲，高级水质检验工职业技能鉴定的操作技能考核样题和知识理论考核样题，分析水质检验工职业技能鉴定考核的考核方式、考核内容和试题类型。

知识链接

水质检验员岗位职责

1. 城市供水行业水质检验人员岗位职责

(1) 严格按照《检测作业指导书》、《仪器设备操作和维护作业指导书》开展各项检测工作，按时保质保量完成检测任务，及时出具并上报检测报告。

(2) 服从室主任对日常检测工作的指导和安排。

(3) 熟悉仪器设备的使用及维护方法，严格遵守《仪器设备操作和维护作业指导书》的相关规定，每次使用前后要认真检查仪器，并如实填写《仪器运行记录表》。仪器设备发生故障，要及时报告仪器负责人。

(4) 严格遵守分析质量控制程序，认真填写原始记录。原始记录和检测报告经校对签字后，送室主任审核，保证检测数据准确无误。

(5) 发现检测结果出现异常时，要认真进行复查，并及时将情况向室主任或质量负责人报告。

（6）了解数据处理分析基础理论，能独立进行有关数据的处理分析，保证及时正确检测数据报出。

（7）努力学习业务知识，刻苦钻研检测技术，不断提高检测水平。

（8）按分析项目的要求对水样瓶进行清洗、晾干等处理。细菌检测人员应为采样员提供符合细菌项目检测要求的洁净无菌采样容器，确保水样不受污染。

（9）非检测用物品不得带入实验室内。

2. 污水处理厂（部门）水质检验人员岗位职责

（1）遵守公司及厂部各项规章制度，认真负责地完成各入网企业、泵站、污水处理厂的污水水样采集、登记、运送、化验、保管工作。

（2）加强业务学习，熟练掌握污水入网标准、处理排放标准，化验分析技术和操作技能，不断提高化验分析水平。对承担的检测项目要做到理解原理，操作正确，严守规程，准确无误。

（3）认真执行安全操作规程，规范穿戴，安全操作，文明生产，做好化验室卫生清洁工作，加强化验室仪器及危险化学品的管理工作。

（4）认真做好分析检测前的各项准备工作；认真配制各自检测项目所需试剂；及时记录、计算、整理、填写检测分析报表，做到字迹工整、数据清晰、实事求是。发现异常情况应及时告知班组长。

（5）分析检测结束后及时完成实验室清理工作，将所有玻璃器皿洗刷干净放回原处，做到现场环境整洁，工作交接清楚，安全检查周全到位。

（6）热爱本职工作，发扬团结协作精神，服从化验班组长管理。

（7）积极工作，认真完成厂部下达的各项工作任务。

主要参考文献

长江流域水环境监测中心. 1998. 水质监测规范（SL219－1998）. 北京：中国水利水电出版社.
陈晓宏，江涛. 2007. 水环境评价与规划. 北京：中国水利水电出版社.
崔执应，张波. 2006. 水分析化学. 北京：北京大学出版社.
高晓松，薛富. 2007. 分析化学. 北京：科学出版社.
国家环保总局. 2002. 城镇污水处理厂污染物排放标准（GB18918—2002）. 北京：中国环境科学出版社.
国家环保总局. 2002. 水污染物排放总量监测技术规范（HJ/T 92—2002）. 北京：中国环境科学出版社.
国家环保总局《水和废水监测分析方法》编委会. 2002. 水和废水监测分析方法（第 4 版）. 北京：中国环境科学出版社.
洪林. 2010. 水质监测与评价. 北京：中国水利水电出版社.
马春香，边喜龙. 2009. 实用水质检验技术. 北京：化学工业出版社.
马玉琴. 2002. 环境监测. 武汉：武汉工业大学出版社.
聂麦茜. 2003. 环境监测与分析实践教程. 北京：化学工业出版社.
孙新忠，范建华，张永波，等. 2001. 水质分析方法与技术. 北京：地震出版社.
王英健，杨永红. 2007. 环境监测. 北京：化学工业出版社.
威尔茨. B. 1989. 原子吸收光谱法. 李家熙译. 北京：地质出版社.
武汉大学. 1995. 分析化学（第 3 版）. 北京：高等教育出版社.
奚旦立，孙裕生，刘秀英. 2004. 环境监测（第 3 版）. 北京：高等教育出版社.
谢炜平. 2008. 环境监测实训指导. 北京：中国环境科学出版社.
张宝军. 2008. 水环境监测与评价. 北京：高等教育出版社.
张克荣. 2000. 水质理化检验. 北京：人民卫生出版社.
中国城镇供水协会. 2005. 水质检验工. 北京：中国建材工业出版社.
邹家庆. 2003. 工业废水处理技术. 北京：化学工业出版社.